Augusto Leggio

ENERGIA E AMBIENTE
IERI, OGGI E DOMANI

Una analisi storica, tecnica e geopolitica

Augusto Leggio

ENERGIA E AMBIENTE IERI, OGGI E DOMANI
Una analisi storica, tecnica e geopolitica

ISBN 978-1-291-53236-4

Prima edizione: agosto 2013, Roma

Seconda edizione, riveduta, ampliata e corretta febbraio 2014

Questo libro contiene materiale coperto dalla licenza Creative Commons CC BY-SA , per i dettagli su questo tipo di licenza, visitare l'url:

http://creativecommons.org/licenses/by-sa/3.0/legalcode

Figura 1 In Copertina, Argomenti trattati nel testo: Ambiente: **Energia della natura,** Carbone, Petrolio e gas: **Scoperta di Edwin Drake nel 1859 del primo giacimento di petrolio a Titusville in Pennsylvania;** Denaro: **Il prestatore su pegno e sua moglie (Quentin Matsys, 1466-514);** Guerre: **Allegoria della guerra (Metamorfosi di Hendrick Goltius, 1558-1616).**

Il libro é dedicato alla memoria di Alessandro Dal Monte, Primario dell'Istituto Ortopedico Rizzoli di Bologna, fondatore dell'Ortopedia e Traumatologia pediatrica, che ha restituito il sorriso a tanti bambini infelici

INDICE

ENERGIA E AMBIENTE IERI, OGGI E DOMANI   3

METODOLOGIE E ITINERARI DI LETTURA   11

Nota sulle fonti   14

Nota sulle tecniche di analisi adottate   14

Ringraziamenti   16

PREMESSA E SOMMARIO   18

1. L'ENERGIA NELLA STORIA PASSATA   30

1.1 DEFINIZIONI DELL'ENERGIA E STORIA FINO AL XX° SECOLO   30
  1.1.1 Definizioni   30
  1.1.2 Storia delle fonti energetiche non rinnovabili   36
    1.1.2.1 Carbone   43
    1.1.2.2 Petrolio   48
    1.1.2.3 Gas   63
    1.1.2.4 Energia nucleare   66
  1.1.3 Storia delle fonti energetiche rinnovabili   72
    1.1.3.1 Energia idroelettrica   74
    1.1.3.2 Energia eolica   78
    1.1.3.3 Energia solare   79
    1.1.3.4 Energia dall'idrogeno   81
    1.1.3.5 Energia geotermica   85
    1.1.3.6 Energia dal moto ondoso   86
    1.1.3.7 Energia da biomasse   87
  1.1.4 Storia della produzione dell'Energia dalle varie fonti   91
    1.1.4.1 Energia dal vapore   93
    1.1.4.2 Energia dal carbone, petrolio e gas   100
    1.1.4.3 Energia dallo scorrimento e dalle cadute d'acqua   102

1.1.5 Storia dell'Energia elettrica   104
    1.1.5.1 Primi esperimenti e scoperte   104
    1.1.5.2 Elettricità per le telecomunicazioni   110
    1.1.5.3 Elettricità per l'illuminazione   112
    1.1.5.4 Elettricità per la meccanica (Elettromeccanica)   114

2. STORIA RECENTE DELL'ENERGIA — 118

2.1 MINACCE TRASCORSE E RISCHI GEOPOLITICI ATTUALI
118

  2.1.1 Guerre mondiali 1915-18 e 1939-45   120
  2.1.2 Crisi egiziana e guerra dei sei giorni 1945 e 1967   121
  2.1.3 Iran-Irak 1980 – 1988   122
  2.1.4 Irak 1990 – 1991 (*Desert Storm*)   124
  2.1.5 Afghanistan 2001 – in corso (*Enduring Freedom*)   127
  2.1.6 Seconda guerra in Iraq (Guerra del Golfo) 2003-2011   129
  2.1.7 Balcani e Mar Caspio 1991 – Tensioni in corso   134
  2.1.8 Libia 2011   139
  2.1.9 Ideologia delle strategie di potere USA   144
  2.1.10 Tecniche di asservimento di Stati geo-strategici   149
  2.1.11 Tecniche di asservimento di Stati europei deboli   162

3. FUTURO DELL'ENERGIA — 173

3.1 FUTURO PROSSIMO DELL'ENERGIA E DELL'AMBIENTE 173
  3.1.1 Evoluzione dello stato energetico e ambientale del pianeta   173
  3.1.2 Fattori geopolitici che influenzano l'energia e l'ambiente   178
  3.1.3 Possibili scenari del futuro energetico   182
  3.1.4 Rischi geopolitici passati, presenti e futuri indotti dall'energia   187
  3.1.5 Medio e Grande Oriente: un crogiolo geopolitico   192
  3.1.6 Armamenti tradizionali e armamenti innovativi   195

3.2 FUTURO A MEDIO-LUNGO TERMINE DELL'ENERGIA E DELL'AMBIENTE — 208
  3.2.1 Limiti della crescita   208
  3.2.2 Esaurimento delle riserve strategiche essenziali   212
  3.2.3 Il caso dell'Afghanistan   214
  3.2.4 Evoluzione dei consumi energetici e incremento della domanda 218
  3.2.5 Degradazione ambientale, fame e fallimento di Stati   218
  3.2.6 Effetti ed accelerazione del riscaldamento globale   224

3.2.7 Energia: sistema complesso in transizione 227

3.3 MIGLIORAMENTO DELLE RETI ELETTRICHE **229**
   3.3.1 Miglioramento dell'efficienza della rete elettrica 230
   3.3.2 Miglioramento della resilienza della rete elettrica 236

3.4 PROGETTI DI MIGLIORAMENTO DELL'EFFICIENZA ENERGETICA E DELL'AMBIENTE **240**
   3.4.1 Integrazione della fusione con la fissione nucleare 240
   3.4.2 Produzione di syngas 241
   3.4.3 Celle fotovoltaiche ad alto rendimento 241
   3.4.4 Motori a cogenerazione che convertono calore in elettricità 242
   3.4.5 Creazione di motori ad onda d'urto 242
   3.4.6 Nuovi apparati di condizionamento di cibi e ambienti 242

3.5 TECNOLOGIE AVANZATE PER DIMINUIRE IL RISCALDAMENTO GLOBALE **243**
   3.5.1 Abbattimento della CO_2 proveniente dal carbone 244
   3.5.2 Immissione di zolfo nella stratosfera 244
   3.5.3 Immissione nella troposfera di foschìa del mare 245
   3.5.4 Immissione nello spazio di oggetti che provocano ombra 245

3.6 PROGETTO ENERGETICO E AMBIENTALE EU-MENA **246**
   3.6.1 Premessa 246
   3.6.2 Motivazioni a sostegno del progetto 247
   3.6.3 Architettura e Analisi del progetto 251
   3.6.4 Conclusioni 254

3.7 INTERSEZIONE DEI RISCHI ENERGETICI CON ULTERIORI TIPOLOGIE DI RISCHIO **256**
   3.7.1 Rischi sistemici 256
   3.7.2 Rischi derivanti da teorie economiche errate 259
   3.7.3 Rischi derivanti dalle distorsioni della globalizzazione 264
   3.7.4 Rischi derivanti dalla distorsione della comunicazione 271
   3.7.5 Rischi indotti dalla crisi economico- finanziaria 276
   3.7.6 Rischi indotti da criminalità organizzata e corruzione 286
   3.7.7 Rischio di creazione di molteplici conflitti locali 290

4. STRATEGIE ENERGETICHE, REGOLAZIONE E AUTORITA'   **295**

4.1 Premessa	**295**
4.1.1 Governi e Autorità amministrative indipendenti	295
4.2 Regolazione europea dell'energia	**296**
4.2.1 Autorità amministrative indipendenti e regolazione	296
4.2.2 Fasi europee di regolazione	298
4.2.3 Progetto europeo	300
4.3 Regolazione dell'energia in USA e UK	**303**
4.3.1 Stati Uniti d'America	303
4.3.2 Gran Bretagna	306
4.4 STRATEGIE ENERGETICHE EUROPEE	**312**
4.4.1 Premessa	312
4.4.2 Sfide infrastrutturali energetiche europee	314
4.4.3 Necessità di approcci innovativi	332
4.5 ZONE D'OMBRA TRA SVILUPPO ENERGETICO E PROTEZIONE AMBIENTALE	**334**
4.5.1 Incremento dei consumi energetici e dell'inquinamento	334
4.5.2 Incoerenza tra l'acquisizione di nuove riserve e il progressivo inquinamento ambientale	336
4.6 STRATEGIE ENERGETICHE IN ITALIA	**337**
4.6.1 Storia recente del nostro Paese e del suo sviluppo energetico	337
4.6.2 Nuova strategia energetica nazionale SEN	343
4.6.3 Considerazioni sulla strategia energetica italiana SEN	345

CONSIDERAZIONI FINALI   **348**

APPROFONDIMENTO: "SISTEMI COMPLESSI"   **357**

INDICE DEI NOMI, ACRONIMI E TOPONIMI   **361**

INDICE DELLE FIGURE   **369**

MINIDIZIONARIO DI TERMINI TECNICI   **373**

BIBLIOGRAFIA

METODOLOGIE E ITINERARI DI LETTURA

È naturale domandarsi il perché si sia voluto scrivere questo libro.

Le motivazioni sono diverse: innanzitutto, perché l'energia condiziona in tutti i sensi la nostra vita: l'energia provvede alla nostra capacità di movimento su terra e sotto terra, sul mare e nell'aria, riscalda le abitazioni e i luoghi di lavoro, illumina le nostre case, gli uffici, gli edifici chiusi, le strade, le piazze e i monumenti; ci fa comunicare gli uni con gli altri anche a grandissime distanze: in una parola, l'energia trascende anche centinaia di migliaia di volte le capacità di cui disponiamo naturalmente e ci consente di oltrepassare i nostri limiti fisici.

Pertanto, l'energia è benefica, ma è anche pericolosa: il conoscerla e saperla ben utilizzare non solo serve per risparmiare le risorse di cui siamo naturalmente dotati, ma ci rende più efficaci e più rapidi nelle nostre azioni; peraltro presenta notevoli rischi e quindi conoscerla contribuisce ad attutirli e ad evitarli.

Nonostante l'energia sia essenziale al benessere del genere umano, i suoi meccanismi sia naturali sia creati dall'intervento dell'uomo sono poco conosciuti non solo dalla gran parte della popolazione ma, in generale, anche dalle classi alte e dal mondo della cultura.

È infatti sostanzialmente ignorato dalla massima parte delle persone, dai mezzi di comunicazione di massa e da molte istituzioni il fatto che stiamo vivendo un ulteriore periodo di evoluzione globale dell'energia, evoluzione che può essere ascritta sia a fenomeni naturali, sia a fenomeni prodotti dall'uomo nell'ambito di una logica tesa fondamentalmente al benessere proprio o del gruppo di appartenenza.

L'evoluzione energetica, iniziata da alcuni anni, attualmente in corso e in rapida accelerazione, farà terminare un periodo di "energia abbondante" durato circa due secoli, e sospingerà il mondo intero verso un periodo non solo di "energia diversa" ma, fondamentalmente, di "energia scarsa".

L'approfondimento della materia energetica è pertanto non solo un diritto di ciascuno a conoscere la realtà che condiziona e condizionerà sempre di più la propria vita, ma anche il dovere di conoscere come la sapremo gestire al meglio perché da ciò dipenderà il benessere delle generazioni che ci seguiranno.

Il libro appartiene al filone della divulgazione scientifica ed è suddiviso in più parti.

La prima parte definisce i fenomeni e i concetti fondamentali dell'energia e ne racconta la storia dall'inizio delle civiltà fino al diciannovesimo secolo.

La seconda esamina la storia successiva descrivendo in particolare i conflitti che si sono verificati nel secolo passato e ultimamente, la dottrina statunitense che le giustifica e le conseguenti tecniche di asservimento di Stati geo-strategici e di Stati europei deboli.

La terza è dedicata al futuro prossimo venturo dell'energia, al suo impatto sull'ambiente e al futuro a più lungo termine; descrive i vari progetti tesi al miglioramento dei rendimenti energetici degli apparati e delle reti energetiche e quelli dedicati alla attenuazione del riscaldamento globale; infine, indica le possibilità di intersezione dei rischi energetici con ulteriori tipologie di rischio che hanno iniziato a manifestarsi sin dalla metà del ventesimo secolo e che minacciano l'esistenza stessa dell'umanità.

La quarta tratta la regolazione dell'energia con particolare riguardo agli Stati Uniti, alla Gran Bretagna e all'Europa; analizza inoltre le strategie energetiche europee e italiane unitamente alle connesse sfide infrastrutturali.

I fenomeni sono esaminati secondo logiche semplici tratte dalla Scienza, dalla Storia e dall'Etica, le quali sono state

assunte quali pilastri concettuali per esprimere valutazioni di merito.
Le valutazioni espresse tendono, per quanto possibile, ad un **unico fine: la ricerca della verità, troppo spesso offuscata da volontà politiche o dai mezzi di comunicazione di massa per interessi di parte, timori o ignoranza.**
In riferimento ai fenomeni esaminati, sono state riportate anche opinioni contrastanti: ciò può essere ascritto a più motivi: il primo può derivare da valutazioni di gruppi d'interesse che sostengono tesi contrapposte; il secondo può derivare dal fatto che la natura e gli esseri umani costituiscono sistemi complessi in cui nello stesso istante possono coesistere comportamenti contraddittori; il terzo può derivare dalla rapida evoluzione del sistema globale per cui una verità oggettiva precedente può essere smentita da una verità oggettiva susseguente.

Le parti secondo cui è articolato il testo sono suddivise in capitoli, paragrafi e sotto-paragrafi.

Il libro può essere letto in più modi: il lettore amante della sintesi può scorrere l'Indice, la "Premessa e Sommario" e le "Considerazioni finali".
Il lettore che desidera cogliere gli aspetti più singolari dell'analisi effettuata, aggiungerà la lettura dei paragrafi 2.1, 3.1, 3.2, 3.6, 3.7, 4.3, 4.4 e 4.6.
Il lettore analitico e selettivo leggerà in sequenza il libro saltando gli argomenti che non lo interessano o di cui già conosce i contenuti.
Il lettore analitico e desideroso di una visione approfondita e completa leggerà pazientemente tutto il libro.
Per una lettura completa, veloce ed essenziale, il testo può essere anche letto in modalità semigrafica scorrendone le figure: esse contengono un breve titolo riassuntivo dei concetti che si vogliono esprimere e spesso anche considerazioni di maggior dettaglio.

I concetti e le considerazioni fondamentali sono esposti in grassetto.

Oltre alle figure, il testo è corredato da un Indice dei nomi, dei toponimi e degli acronimi, da un Indice delle figure, da un Minidizionario di termini al fine di agevolare la comprensione da parte del lettore degli aspetti tecnici e da una Bibliografia che elenca i testi e i documenti considerati più significativi.

Nota sulle fonti

Le fonti a cui si è attinto provengono fondamentalmente dalla letteratura scientifica specializzata, dalla stampa anglo-americana ed europea sui temi trattati, da documenti di istituzioni multilaterali e di governi, da analisi di istituti di ricerca pubblici e privati, dal Web e in particolare da Wikipedia.

Le incisioni riguardanti il passato sono tratte dalla biblioteca personale dello scrivente.

Nota sulle tecniche di analisi adottate

L'analisi è stata svolta sulla base di tre riferimenti fondamentali: la Storia, la Scienza e l'Etica.

Per quanto attiene alla **Storia**, essa costituisce un modello di Conoscenza definito come "l'insieme degli eventi umani, considerati nel loro svolgimento" o "la narrazione sistematica dei fatti memorabili della collettività umana eseguita secondo un metodo di analisi critica"; è notorio che essa è "Maestra di vita", offre i fondamenti dell'esperienza e costituisce un modello di analisi di eccezionale valore.

La **Scienza** crea modelli scientifici che si basano sul metodo sperimentale e sulla invenzione di teorie basate su leggi matematiche. Sono considerati soddisfacenti, nel senso che è presumibile interpretino al meglio la realtà, quando rispondono a criteri di **copertura** (il loro campo di validità è ampio perché risulta da un numero elevato di osservazioni sperimentali), di **semplicità** (sono definiti da un numero limitato di parametri), di **coerenza** (non sono contraddittori), di **plausibilità** (si integrano logicamente nei modelli precedenti resi validi da lunga esperienza) e di **fertilità** (suscitano interpretazioni illuminanti e innovazioni concettuali).

L'**Etica** si ritrova nei modelli filosofici e religiosi.
I modelli filosofici riflettono sul modo di concepire il mondo e la vita e ne ricercano una spiegazione coerente. Cercano di rispondere a domande riguardanti: la Conoscenza, la Metafisica, la Fisica, la Cosmologia, la Psicologia, la Logica, la Religione e la Politica. La filosofia cerca di essere omnicomprensiva e si esprime tramite proposizioni qualitative basate principalmente sulla logica. Ogni scuola di pensiero ha storicamente creato un modello che tende a superare il precedente. La validità nel tempo dei modelli filosofici è pertanto diversa rispetto a quella dei modelli scientifici; in generale, mentre il portato dei fondamentali modelli scientifici è comunemente accettato, i modelli filosofici non sono oggetto di posizioni condivise.

I modelli religiosi sono fondati sulla fiducia in un testimone credibile che esprime un livello di sapienza talmente elevato che ne fa presumere da parte delle popolazioni l'origine ispirata o trascendente. Tutti i modelli religiosi, anche se talora appaiono contrastanti nelle loro credenze, sono formidabili apportatori di valori in quanto tendono ad orientare i comportamenti terreni secondo visioni che superano l'esistenza in vita. Peraltro, pur nelle loro differenziazioni, tutti sono apportatori di valori etici nel senso che sostanzialmente impongono al singolo l'adesione al bene comune piuttosto che al bene proprio o a quello del gruppo di appartenenza a discapito degli altri.

Il tema su cui si vuole effettuare l'analisi è costituito dall'Energia globale e dal suo impatto sull'Ambiente nel passato, nel presente e nel futuro possibile, salvo taluni riferimenti a situazioni energetiche regionali e nazionali.

L'energia è considerata nel testo come un Sistema complesso e, per la sua analisi, è stata anche ricordata la branca della scienza omonima nel sotto-paragrafo "3.2.7 Energia: sistema complesso in transizione", mentre una esposizione più dettagliata di ciò che si intende con questo termine si trova nell'Approfondimento "Sistemi complessi".

Ringraziamenti

La volontà di analizzare in profondità le tematiche che trascendono l'esperienza lavorativa la quale consente a ciascuno di offrire testimonianze di vita vissuta, mi è stata trasmessa da molte persone con cui ho avuto la fortuna di studiare e lavorare e a cui devo molto.

Non potrò infatti mai dimenticare Edoardo Amaldi, Antonio Ruberti, Renato De Mattia, Mario Sarcinelli, Guido Mario Rey e Alberto Zuliani che mi hanno insegnato ad inerpicarmi sugli aspri sentieri dell'approfondimento scientifico per migliorare e far evolvere l'organizzazione di grandi istituzioni con determinazione, pazienza, costanza e spirito cooperativo nella prospettiva di apportare un contributo fattivo al miglioramento del nostro Paese.

Essenziali sono state le lezioni apprese, improntate alla necessità di approfondimento delle tematiche, alla ricerca delle migliori soluzioni, alla correttezza dei comportamenti, al rispetto e al coinvolgimento del personale che, con entusiasmo e spirito di sacrificio, ha sempre fatte proprie le sfide che dovevano essere affrontate e superate.

Non posso far altro che esprimere loro un caro ringraziamento. Ringrazio ancora tutti gli Autori dei testi e gli editorialisti del quotidiano Il Sole 24 Ore da cui ho tratto buona parte degli spunti, delle considerazioni e dei dati che ho riportato; questo libro non avrebbe mai potuto vedere la luce senza il fondamentale apporto della loro scienza ed esperienza: chi scrive si è limitato, citando le fonti, ad organizzare le tessere predisposte da ciascun Autore in un mosaico per quanto possibile coerente, al fine di fornire al lettore una visione sufficientemente completa.

Ringrazio infine Alessandro Martini e a Vincenzo Randazzo che hanno verificato l'attendibilità tecnico-ingegneristica degli aspetti energetici, Pierluigi Campregher che ha arricchito con la propria esperienza i contenuti geopolitici, Alberto Zuliani e Sandro Bologna che hanno corretto imprecisioni ed errori sotto vari profili e infine mia moglie Paola che ha sopportato pazientemente il tempo che ho sottratto alle cure familiari per scrivere il testo e lo ha rivisto con scrupolo ed attenzione.

PREMESSA E SOMMARIO

Il presente lavoro, presentato in una prima e parziale bozza il 24 Aprile 2012 nel Convegno organizzato dalla Fondazione ICSA[1] presso la Casa dell'Aviatore in Roma, costituisce un approfondimento di una serie di ricerche effettuate dall'autore sin dal 1997 ed esposte nella Bibliografia. Esse derivano da una sua singolare esperienza in tema di gestione e controllo, per conto del Governo italiano, di una presunta minaccia di interruzione globale di tutti i sistemi informativi pubblici e privati (cosiddetto *millennium bug* o Y2k) allo scoccare dell'anno 2000, derivante dalla prassi invalsa nel mondo informatico di definire la data con le sole 2 ultime cifre, al fine di risparmiare spazio di memoria nei calcolatori che le tecnologie dell'epoca fornivano in dimensioni esigue. Tale esperienza – effettuata a livello mondiale e in stretta cooperazione tra governi, infrastrutture pubbliche e imprese private – dopo il superamento della banale problematica tecnica, non fu dimenticata dagli Stati più lungimiranti e dette luogo all'istituzione di enti dedicati alla supervisione e al controllo dei sistemi informativi e del funzionamento dei settori economici e sociali fondamentali che furono, da quel momento in poi, denominati "infrastrutture critiche", in quanto condizionano il vivere civile della popolazione di ogni paese industrializzato, sono tutte interconnesse tra loro e

---

[1] La Fondazione ICSA (*Intelligence Culture and Strategic Analysis*) si occupa in maniera innovativa dei temi della sicurezza e della protezione delle Infrastrutture Critiche, della difesa e dell'*intelligence*. Ha sede a Roma e opera tramite un Consiglio scientifico per orientare la Fondazione nell'implementazione di analisi di tipo strategico, sistemico e storiografico e individuare scenari preditivi e informativi sui temi della sicurezza nazionale.

costituiscono un insieme che si é soliti chiamare "mondo post-moderno". Ma tale esperienza fornì risultati del tutto imprevisti: essendo l'informatizzazione (*Information Technology* IT) un indicatore certo del livello organizzativo raggiunto da ciascun settore infrastrutturale, essa ne svelò nel dettaglio il funzionamento, le interdipendenze, le possibili propagazioni di rischi lungo le interconnessioni funzionali (effetto *domino*), il rango di ciascun settore sotto il profilo sistemico e i rispettivi rapporti di potere. Dall'analisi di tali interconnessioni (esemplificate in Fig. 2 in riferimento ad una approfondita ricerca effettuata all'epoca in Gran Bretagna), si trasse la fondamentale risultanza che **l'approvvigionamento dei combustibili e dei carburanti, l'elettricità, il gas, l'acqua e i trasporti sono i settori che condizionano tutti gli altri e che si situano pertanto al vertice delle responsabilità e del potere.**

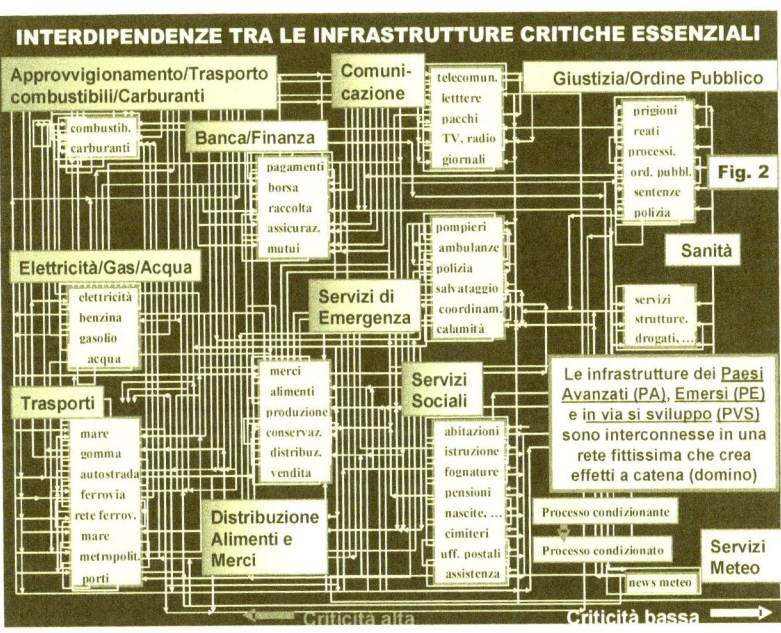

È da notare che i settori prima indicati appartengono tutti al macro-settore energetico. Quindi, **l'energia in tutte le sue forme, applicazioni, gestioni, funzionamenti, comportamenti e poteri è l'infrastruttura essenziale per la vita dei singoli individui e delle comunità ad ogni livello.**
Non c'è pertanto da sorprendersi se gli Stati, non solo nella storia ma, con particolare impegno dall'affermarsi della rivoluzione industriale in poi (e, in particolare, dello sviluppo massivo dell'elettricità), abbiano voluto gestire l'energia secondo logiche di monopolio pubblico verticalmente integrato.

Il testo è organizzato nel modo seguente.
Nella prima parte si espongono alcuni concetti teorici sulla fisica dell'energia; in particolare, si definiscono i criteri di sostenibilità dell'energia e le varie tecnologie disponibili.
Poi, si tratta brevemente la storia delle principali fonti energetiche non rinnovabili (carbone, petrolio, gas, energia nucleare) e delle forme di energia rinnovabile (energia idroelettrica, eolica, solare, all'idrogeno, geotermica, dal moto ondoso e da biomasse).
Nella seconda parte viene esposta la storia recente dell'energia, la crescita dei consumi energetici e il declino delle riserve naturali in concomitanza all'evoluzione dei paesi emersi ed emergenti e ai conflitti per il loro possesso che hanno scavato un solco sanguinoso nel secolo appena trascorso che prosegue oggi secondo modalità ancora più virulente e diffuse.
Nella terza parte, in riferimento alla necessità di equilibrio tra domanda crescente di energia e disponibilità decrescente delle riserve naturali non rinnovabili, si dà uno sguardo al futuro, nella prospettiva di creare un modello distribuito dell'energia elettrica in contrapposizione al modello accentrato che la ha caratterizzata sin dall'insorgere della rivoluzione industriale.
Inoltre, si analizzano le varie ricerche ancora allo stadio sperimentale e le possibilità di sostituire i combustibili fossili

con le fonti energetiche rinnovabili pulite, diminuendo in conseguenza il degrado ambientale.

Infine, si espongono in maggior dettaglio le varie tipologie di rischio energetico (instabilità, danni ambientali, esaurimento delle riserve energetiche e minerarie essenziali allo sviluppo, conflitti bellici per il loro possesso in spregio all'etica naturale e al diritto internazionale, abusi di mercato, estrema volatilità dei prezzi).

Ancora, si trattano le iniziative concrete tese al miglioramento delle rese energetiche delle infrastrutture esistenti, alla predisposizione di future infrastrutture energetiche di rilievo internazionale, allo sviluppo delle energie rinnovabili e alla preservazione dell'ambiente che viene progressivamente inquinato in massima parte dall'utilizzo dei combustibili fossili, ma anche da talune tipologie di energia rinnovabile.

Infine, si valutano le interdipendenze dei rischi energetici con ulteriori tipologie di rischio (fallimenti regolatori e di vigilanza, fallimento sistemico delle infrastrutture bancarie e finanziarie o di altre infrastrutture critiche, sbilanciamenti fiscali e reddituali cronici, declino degli Stati e trionfo del potere finanziario globale, incremento delle disuguaglianze, scomparsa della classe media, rischi per le democrazie, disparità informative e distributive rilevanti, abusi tecnologici mirati a compiere reati e a screditare le persone, corruzione e criminalità, intese nel senso lato di privilegiare l'interesse proprio o della categoria a cui si appartiene rispetto al bene comune, incremento insostenibile della povertà delle popolazioni).

La quarta parte è dedicata alla regolazione.

L'attenzione è stata puntata sulla difficile ripartizione di ruoli tra Governi e Autorità amministrative indipendenti (Aai), sulla regolamentazione energetica in essere presso gli Stati Uniti e la Gran Bretagna, sul progetto riguardante le strategie energetiche europee al fine di realizzare il mercato comune dell'energia, su quello relativo allo sfruttamento dell'irraggiamento dei deserti del Sahara e della penisola arabica, nonché sulle sfide da affrontare e risolvere in un contesto molto complesso di per sé, a cui si devono aggiungere le ulteriori complicazioni derivanti dalla attuale crisi economico-finanziaria, imprenditoriale, sociale e della giustizia.

Talune considerazioni conclusive terminano il testo.

Esso ha carattere divulgativo, di informazione generale e segue una logica del tipo *"helicopter view"*. Il lettore bene informato perdonerà le imprecisioni, le manchevolezze, i possibili errori e i mancati aggiornamenti.

Di seguito è esposta una breve nota introduttiva.

In primo luogo, è bene rammentare che la fruizione delle enormi quantità di energia di cui oggi disponiamo è una diretta conseguenza dello sviluppo scientifico.

Ma la scienza ebbe notevoli e protratte difficoltà ad essere riconosciuta come motore del progresso.

Infatti, con riferimento all'Europa, alle profondità di pensiero della Scuola d'Atene che durò circa un millennio, alla caduta dell'Impero Romano, dei conseguenti torbidi e di una interpretazione dogmatica di un passo della Bibbia, seguì un millennio di oscurantismo scientifico. Poi, a partire dal 1200, la scienza riprese il proprio cammino con la nascita delle università laiche che, dal diciannovesimo secolo in poi, produssero nuove interpretazioni della natura le quali svilupparono la rivoluzione industriale e la sua diffusione tramite le Esposizioni universali (cfr. Fig. 3) e le Enciclopedie popolari.

La rivoluzione industriale si è basata sullo sfruttamento dell'energia in tutte le sue forme e, in particolare, delle riserve naturali che la contengono; per quanto riguarda queste, l'esperienza di più di un secolo, fornisce le seguenti risultanze.

Il possesso delle riserve energetiche è essenziale per il benessere economico, per gli stili di vita delle popolazioni e

per il successo in guerra; **è consolidato il convincimento che le riserve energetiche possano assicurare ai vincitori dei conflitti bellici la ricchezza e il potere.**
Infatti, l'esito dei due conflitti mondiali del secolo scorso è stato duramente condizionato dapprima dal petrolio statunitense e poi da quello che gli alleati hanno potuto estrarre in gran copia dalle riserve del Medio Oriente.
La lotta per il possesso e il trasporto del petrolio e degli altri combustibili fossili nella zona del Mar Caspio ha giustificato l'invasione della Russia da parte della Germania, la ritorsione di Pearl Harbour del Giappone nei confronti degli Stati Uniti che ne avevano contrastato l'espansione nelle Indie Olandesi per motivi energetici[2], le guerre in Afghanistan e in Irak, nel Kosovo, in Libia e ultimamente in Siria.

ESPOSIZIONE UNIVERSALE DI PARIGI (1878)

Fonte: Francesco Releaux, *Le grandi scoperte e le loro applicazioni, Esposizione Universale di Parigi del 1878,* Unione Tipografica Editrice Torino 1891

Fig. 3

---

[2] Laurent Éric, *La verità nascosta sul petrolio*, Nuovi Mondi Media, 2006

Le attuali tensioni nella zona del Mar Caspio (ricca di riserve energetiche) rappresentano al momento uno dei massimi punti di rischio, a causa della contrapposizione di interessi tra Stati Uniti, Europa, Russia, Cina e altri paesi orientali.
Inoltre, alle tensioni per il possesso delle riserve energetiche, vanno oggi aggiunte quelle per il possesso delle riserve minerarie strategiche (rame, argento, terre rare, ecc) essenziali per lo sviluppo delle tecnologie avanzate. La guerra in corso in Afghanistan e quella che sta iniziando nel Mali (nazioni ricche di tali minerali) ne sono, al momento, gli esempi più eclatanti, stante la mancanza di tali riserve negli USA e in molti altri paesi occidentali.

Le compagnie petrolifere hanno sempre dominato il mercato del petrolio. La dominazione è iniziata nel 1928 a Ostenda dove l'affarista e filantropo Calouste Gulbenkian (1869-1955), nel corso di una riunione degli azionisti dell'Irak Petroleum Company (IPC), a seguito del collasso dell'impero ottomano avvenuto dopo la prima guerra mondiale, propose la spartizione di un territorio amplissimo comprendente il Bahrein, il Qatar, gli Emirati Arabi e l'Arabia Saudita, spartizione che fu accettata dai convenuti.
Sulla base dell'accordo che ne seguì nello stesso anno nel castello di Achnacarry in Scozia di proprietà di Henry Deterding (1866-1939) fondatore e presidente della Shell, fu creato un cartello internazionale segreto a beneficio delle sole compagnie petrolifere che avrebbero assunto ogni decisione sul mercato mondiale circa le quantità da estrarre e i prezzi. L'accordo fu svelato solo nel 1952 dalla *Federal Trade Commission* statunitense.
Spesso, nel corso della storia recente, gli Stati hanno subìto o corroborato tale situazione di fatto, acquisendo la proprietà di compagnie petrolifere. Negli Stati Uniti, il Presidente G. W. Bush, personalmente coinvolto sin da tempi lontani nell'industria petrolifera e con i paesi del Medio Oriente, ha

reso esplicita questa situazione attuando una politica estera basata fondamentalmente sulla protezione energetica.

Il mondo del petrolio è stato spesso popolato da personaggi spregiudicati e da avventurieri. Oltre il citato Gulbenkian, sono da ricordare: John D. Rockfeller il quale, tramite la Standard Oil rilevò per un pugno di dollari la Seneca Oil per lo sfruttamento del primo giacimento funzionante, situato a Titusville in Pennsylvania; i fratelli Nobel e i Rothschild del ramo francese i quali sfruttarono le risorse energetiche della zona del Mar Caspio fino alla rivoluzione bolscevica; il finanziere Harmad Hammer il quale, come si vedrà in appresso, accordandosi con Gheddafi, sconvolse nel disinteresse dell'Occidente il sistema dei prezzi imposto al mondo dalle compagnie petrolifere.

Peraltro, è ormai acclarato che le riserve conosciute di petrolio si stanno esaurendo, quelle di gas e di carbone sono sovrastimate, quelle estraibili da scisti bituminosi situate in Canada, Stati Uniti, Africa del Nord, America del Sud, estrema punta dell'Africa del Sud, Cina e Australia presentano rischi tettonici. La problematica dei rischi di ogni tipo connessi all'estrazione, trasporto, commercializzazione e utilizzo delle risorse energetiche è stata sempre tenuta nascosta o minimizzata alle popolazioni dalle industrie e spesso anche dai governi. A titolo di esempio, le compagnie petrolifere, mentre nel periodo che va dal 1964 al 1972, il prezzo del petrolio in genere si è mantenuto tra i 10 e i 40 dollari per barile, a partire dal 1973 lo hanno fatto lievitare in un arco che va dai 40 ai 140 dollari per barile e oggi è in crescita.
Inoltre, la massima parte del petrolio è situata in paesi musulmani nei cui confronti, gli Stati Uniti e molti Stati occidentali hanno sviluppato una politica aggressiva tesa all'accaparramento forzoso delle riserve energetiche e dei minerali rari. Ciò è avvenuto, per quanto attiene agli USA,

anche sulla scorta della visione *"Revolution in Military Affairs"* (RMA) dello stratega Andrew Marshall della Central Intelligence Agency (CIA), che ha orientato il Pentagono e con esso l'economia statunitense verso la preminenza, in ogni settore strategico con particolare riguardo a quello energetico, e la necessità di reprimere con la forza ogni resistenza. Questo approccio, sostenuto da molti *think-tank* americani che avevano preconizzato uno "scontro di civiltà" tra Oriente e Occidente, ha oggi assunto connotazioni diverse e più sofisticate basate su un complesso di fattori (economia, finanza, normativa internazionale, informazione, azioni militari, ecc), di cui si riscontrano i disastrosi effetti reattivi ovunque e, in particolare, nelle zone instabili dove le tensioni geopolitiche sono massime.

Peraltro, gli enormi quantitativi di scisti bituminosi (*shale gas*) o di altre riserve di gas non convenzionale (*tight gas* e *coalbed methane*) intrappolato nelle rocce dovrebbero produrre una rivoluzione dell'architettura energetica basata in massima parte sui combustibili fossili tradizionalmente usati quali il carbone e il petrolio[3]. Infatti, questi nuovi tipi di gas nel 2035 dovrebbero soddisfare per il 32% la domanda globale. Gli investimenti necessari sarebbero pari a circa 2.750 mld $, per l'enorme quantità di pozzi da scavare (circa un milione). Le riserve ammonterebbero a 187.000 mld di m^3 estraibili nei seguenti paesi: Cina (36.000), USA (24.500), Argentina (22.000), Messico (19.300), Sudafrica (13.700), Australia (11.200) e Canada (11.000). In Europa, le disponibilità di riserve di gas non convenzionale sono scarse e rese molto complesse dalla notevolissima densità abitativa. Inoltre, l'estrazione di gas convenzionale dalle rocce è fortemente osteggiata dagli ambientalisti per motivazioni molto più profonde di quelle paesaggistiche: infatti, i pozzi richiedono il

---

[3] Cfr.: IEA, *Golden rules for a golden age of ga*s, 2012., ripreso da: Paolo Migliavacca, Una corsa a tutto gas tra le rocce, Il Sole 24 Ore 18 giugno 2012.

lancio ad altissima pressione sulle rocce di quantità enormi di acqua (10-20 mln litri/pozzo) addizionata con liquidi viscosi tossici; tali operazioni possono provocare sismi locali (come accaduto nel 1967 a Rocky Mountain nel Colorado); infine, anche se il gas è meno tossico del carbone in termini di inquinamento atmosferico, la sua abbondanza può attenuare le attività di incremento dell'efficienza energetica globale, favorendo ancora di più le emissioni di CO_2 e il conseguente riscaldamento globale.

Infine, per quanto attiene l'energia nucleare, i vari incidenti che si sono verificati e in particolar modo quello di Fukushima, in una con i costi e i tempi smisurati di realizzazione e con le enormi difficoltà di smaltimento dei rifiuti, hanno orientato taluni Paesi verso l'attenuazione o la dismissione del filone nucleare di approvvigionamento energetico; questo, peraltro, dopo un intenso periodo di sviluppo degli impianti iniziali, si era di molto rallentato.

Tutto ciò premesso, risulta evidente che le strategie energetiche perseguibili dai paesi poveri di riserve proprie si dovrebbero incanalare fondamentalmente lungo due direzioni: l'ottimizzazione delle reti energetiche esistenti e dei collegamenti con i giacimenti, per incrementarne l'efficienza energetica, la ricerca di soluzioni innovative delle infrastrutture attuali e l'utilizzo di energia rinnovabile.

Tuttavia la trasformazione dei paradigmi industriali energetici esistenti richiederà non solo grandissimi investimenti e infrastrutture oggi inesistenti, ma anche più generazioni per andare a compimento.

Infatti, bisogna fare i conti con la realtà[4]. Il mondo è teso ad uno sviluppo che comporta intense emissioni di gas serra; la

---

[4] Fonti: Nebojša Nakićenovic, *Global Energy Perspectives*, International Institute for Applied Systems Analysis Technische Universität Wien; Vaclav Smil, Energia: l'illusione delle soluzioni facili, Le Scienze settembre 2012.

stabilizzazione della temperatura in modo tale che non aumenti più di 2 gradi Celsius richiede l'inversione di tutte le emissioni entro il 2020. L'energia globale è basata fondamentalmente per l'80% sui combustibili fossili; circa tre miliardi di persone non hanno accesso alle moderne forme di energia; ancora, nonostante la moltitudine di progetti (taluni dei quali decisamente fantasiosi o controproducenti), l'individuazione e l'ingegnerizzazione di soluzioni economicamente efficienti e sostenibili in grado di sostituire i combustibili fossili si scontra con interessi consolidati da lungo tempo da parte delle compagnie petrolifere e degli Stati che ne traggono consistenti vantaggi finanziari, economici e di potere.

A seconda delle scelte strategiche energetiche che potranno essere compiute a livello globale, saranno possibili vari scenari.

In particolare, in Europa, nel periodo attuale si avrà una discontinuità con investimenti fino al 2030 stimati pari a circa 1750 mld $ di cui circa 400 sarebbero dedicati al miglioramento dell'efficienza, ulteriori 400 alle energie rinnovabili e 40 alla facilitazione dell'accesso energetico.

In questo quadro, si pongono sia l'iniziativa EU-MENA di sfruttare il calore solare del Sahara e dell'Arabia Saudita per distribuire energia in Europa, Medio Oriente e Africa del Nord e per desalinizzare l'acqua del mare a fini agricoli, sia il progetto dell'Unione Europea circa le proprie strategie energetiche; queste ultime sono state esplicitate in data 17 novembre 2010 con la Comunicazione (2010) 677 e prevedono il finanziamento per un fabbisogno di investimento stimato pari a 1000 miliardi di euro che impiegherebbe diverse centinaia di migliaia di lavoratori specializzati; la regolazione europea dovrebbe fondamentalmente provvedere a questo fine, che si riassume nella creazione del mercato comune dell'energia.

L'UE, poiché il settore elettrico e del gas è quello più caratterizzato da monopoli naturali verticalmente integrati, e per il fatto che il mercato comune energetico è uno dei principali obiettivi europei, ha emanato direttive fin dal 2003 tese ad armonizzare le legislazioni nazionali e ha utilizzato a tal fine il meccanismo delle Autorità amministrative indipendenti (Aai).

Peraltro, l'indipendenza delle Aai dal potere politico non è scevra di tensioni in quanto talune soluzioni tecniche possono non corrispondere all'orientamento politico della maggioranza dei governi legittimati dalle consultazioni elettorali.

La difficoltà dell'equilibrio tra regolazione tecnica e governo politico, stante la diversificazione degli ordinamenti e delle organizzazioni dei Paesi membri, può intralciare il cammino dell'armonizzazione del mercato comune energetico europeo.

In Europa, il Paese che ha realizzato la migliore composizione di queste tensioni è la Gran Bretagna la cui esperienza é da considerare la più significativa, in quanto frutto di tentativi, errori, esperienze, attenzione al bene comune e successi raggiunti faticosamente in un periodo più che ventennale. I fattori da tenere in considerazione pertanto si riassumono nell'indipendenza delle Aai dalla politica e dai soggetti regolati, nella correttezza dei rapporti tra l'organismo di regolazione e il potere esecutivo, nel rispetto di principi di equità e nella partecipazione quanto più ampia possibile ai processi di regolazione da parte dei consumatori, .

1. L'ENERGIA NELLA STORIA PASSATA

1.1 DEFINIZIONI DELL'ENERGIA E STORIA FINO AL XX° SECOLO

1.1.1 Definizioni

Nella fisica classica l'energia è definita come la *capacità di un corpo o di un sistema di compiere lavoro* e la misura di questo lavoro è a sua volta la misura dell'energia; dal punto di vista strettamente termodinamico, l'energia è definita come *tutto ciò che può essere trasformato in calore a bassa temperatura*.[5]

La scienza, pur osservandone e calcolandone gli effetti, non ha ancora spiegato cosa sia l'energia. Richard Feynman (premio Nobel per la fisica nel 1965), affermava: "*È importante comprendere che nella fisica non abbiamo nessuna idea di che cosa sia l'energia.*"

Peraltro, l'energia è una proprietà intrinseca e misurabile della materia in quanto inerente alla stessa esistenza fisica dei corpi. Per ogni corpo fisico vi è una quantità astratta chiamata energia che possiamo calcolare, e che rimane sempre costante, indipendentemente dal numero di cambiamenti che esso attraversa.

A prescindere dalle trasformazioni subite da un corpo, l'energia viene sempre conservata.

La misura dell'energia viene misurata in base alla potenza, cioè alla capacità di produrre o di utilizzare l'energia nell'unità di tempo, salvo ridurre la possibilità di un suo ulteriore utilizzo a causa della degradazione subita ad ogni trasformazione[6].

---

[5] Fonti: Atlante geopolitico Treccani 2011, Wikipedia.

[6] L'unità di misura fisica dell'energia è il Joule, in ricordo di James Prescott Joule (1818-1889) che studiò intensamente la termodinamica, ma in pratica

Il concetto di energia nasce, nella meccanica classica, dall'osservazione sperimentale che la capacità di un sistema fisico di sviluppare una forza decade quando il sistema stesso stabilisce un'interazione con uno o più sistemi mediante la stessa forza. In questo senso l'energia può essere definita come una grandezza fisica posseduta dal sistema che può venire "consumata" per generare una forza. Un esempio storico di energia termica trasformata in energia meccanica che si sostanzia nell'esercizio di una forza è indicato in Fig. 4.

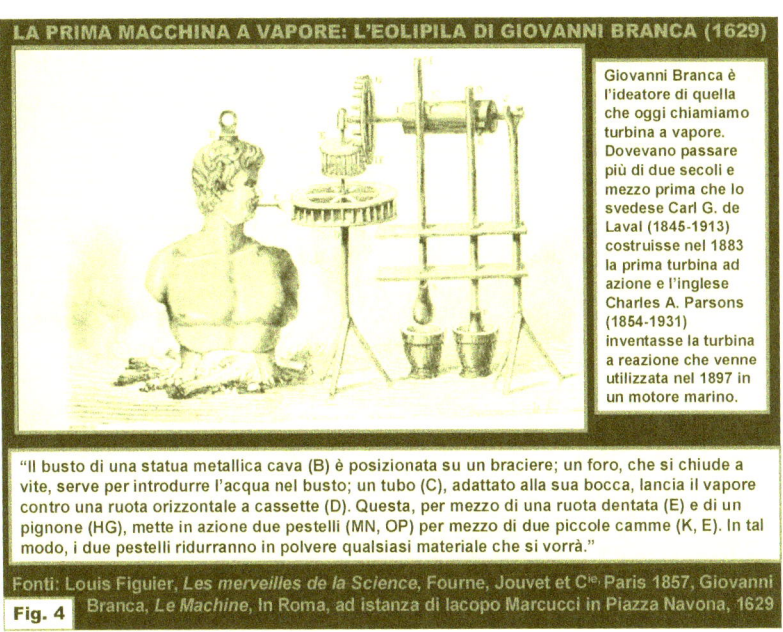

LA PRIMA MACCHINA A VAPORE: L'EOLIPILA DI GIOVANNI BRANCA (1629)

Giovanni Branca è l'ideatore di quella che oggi chiamiamo turbina a vapore. Dovevano passare più di due secoli e mezzo prima che lo svedese Carl G. de Laval (1845-1913) costruisse nel 1883 la prima turbina ad azione e l'inglese Charles A. Parsons (1854-1931) inventasse la turbina a reazione che venne utilizzata nel 1897 in un motore marino.

"Il busto di una statua metallica cava (B) è posizionata su un braciere; un foro, che si chiude a vite, serve per introdurre l'acqua nel busto; un tubo (C), adattato alla sua bocca, lancia il vapore contro una ruota orizzontale a cassette (D). Questa, per mezzo di una ruota dentata (E) e di un pignone (HG), mette in azione due pestelli (MN, OP) per mezzo di due piccole camme (K, E). In tal modo, i due pestelli ridurranno in polvere qualsiasi materiale che si vorrà."

Fonti: Louis Figuier, *Les merveilles de la Science*, Fourne, Jouvet et C.ie, Paris 1857, Giovanni Branca, *Le Machine*, in Roma, ad istanza di Iacopo Marcucci in Piazza Navona, 1629

Fig. 4

l'energia viene misurata in riferimento a un suo effetto utile o ad una sua trasformazione; ad esempio, nel caso dell'energia elettrica si usa il kilowattora (kwh), dove il watt (in ricordo di James Watt (1736-1819) inventore della macchina a vapore) è l'unità di potenza, cioè la capacità di produrre una unità di energia nell'unità di tempo; il kilowattora è pertanto l'energia di 1.000 watt prodotta o consumata nel periodo di 1 ora.

Dal momento che l'energia posseduta da un sistema può essere utilizzata dal sistema stesso per produrre più tipi di forze, si definisce una seconda grandezza, il lavoro appunto, che considera il consumo di energia in relazione al processo fisico mediante il quale la forza è stata generata.

La parola *energia* deriva dal tardo latino *energīa*, derivata a sua volta dal greco ἐνέργεια (*energheia*), termine usato da Aristotele nel senso di azione efficace, composta da *en*, particella intensiva, ed *ergon*, capacità di agire.

Fu durante il Rinascimento che, ispirandosi al pensiero aristotelico, il termine fu associato all'idea di forza espressiva. Ma fu solo nel 1619 che Giovanni Keplero (1571-1630) usò il termine nell'accezione moderna di energia.

L'energia esiste in varie forme, ognuna delle quali possiede una propria equazione dell'energia. Le principali forme di energia (non tutte fondamentali) sono:

- Energia meccanica, definita classicamente come somma di energia potenziale e energia cinetica (del moto)
- Energia chimica
- Energia biologica
- Energia elettrica
- Energia elettromagnetica
- Energia luminosa o radiante
- Energia termica
- Energia nucleare.

Tali forme di energia possono essere trasformate l'una nell'altra ma, ogni volta che avviene tale trasformazione, una parte di energia (più o meno consistente) viene inevitabilmente trasformata in energia termica (cioè si produce calore); si parla in questo caso di "dissipazione dell'energia" (cfr. Fig. 5).

L'ENERGIA E LE SUE TRASFORMAZIONI

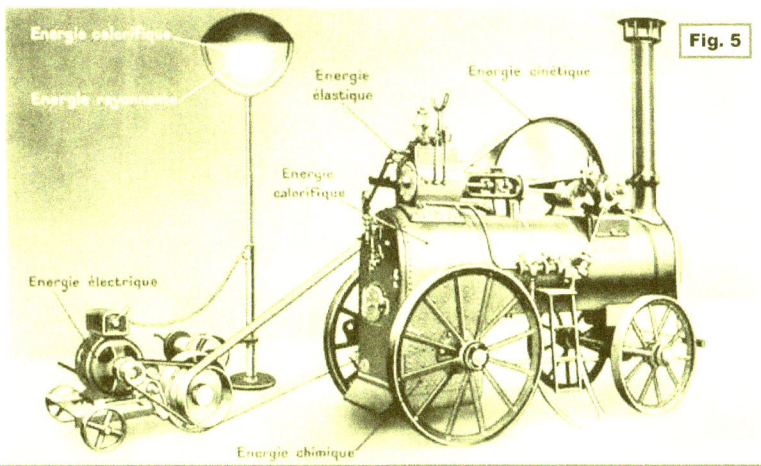

Successive trasformazioni dell'energia chimica del carbone, trasformata in calorifica (per combustione), in cinetica della ruota, in elastica (che la trasmette), in elettrica che alimenta energia radiante (che fornisce illuminazione) e, di nuovo in energia calorifica.

Fonte: George Urbain e Marcel Boll, *La Science, ses Progrés, ses Applications*, Libraire Larousse Paris, 1933

Spesso, l'aggettivazione della locuzione *"energia"* indica la fonte di energia attraverso la quale è possibile una produzione di corrente elettrica; si parla pertanto delle seguenti fonti:

- o Energia idroelettrica
- o Energia mareomotrice
- o Energia geotermica
- o Energia eolica
- o Energia solare
- o Energia magnetica
- o Energia potenziale.

Con il termine *"energie rinnovabili"* si intendono quelle fonti di energia che non si esauriscono o si esauriscono in tempi che vanno oltre la scala temporale dell'uomo (ad esempio: energia solare, eolica, geotermica, mareomotrice, energia da fusione nucleare); altrimenti si parla di energie non rinnovabili (ad esempio petrolio, carbone e gas) mentre, con il termine energie alternative, si intendono le fonti di energia alternative ai combustibili tradizionali (legname, ecc) o alle fonti fossili.

Le fonti di energia devono essere *sostenibili*; la sostenibilità si misura in base a criteri di **economicità** (costi di gestione limitati e assenza di sussidi statali a lungo termine), **sicurezza** (forniture multiple e ridondanti, disponibilità in grado di assecondare in ogni momento la domanda a causa di risorse sufficienti, esistenza di tecnologie sperimentate di trattamento) e **compatibilità ambientale** (basse emissioni inquinanti, protezione del clima, rischi limitati per la salute e l'ambiente, facilità di accesso).
Inoltre, bisogna considerare le diverse possibilità di *conservazione* e di *continuità dell'erogazi*one delle fonti energetiche; ad esempio, alcune fonti sono fisse (combustibili fossili), altre sono variabili (sole, vento, moti ondosi), altre ancora sono immagazzinabili (energia solare, geotermica, idroelettrica).

La misurazione dell'energia permette di prevedere quanto lavoro un sistema è in grado di compiere.
Svolgere un lavoro richiede energia, quindi la quantità di energia presente in un sistema limita la quantità massima di lavoro che il sistema può svolgere. Ad esempio nel caso di un moto unidimensionale, l'applicazione di una forza lungo una distanza richiede un'energia pari al prodotto del modulo (valore assoluto) della forza moltiplicato per lo spostamento.
Si noti, comunque, che non tutta l'energia di un sistema è immagazzinata in forma utilizzabile, in quanto una parte è dispersa sotto forma di calore; quindi, in pratica, la quantità di energia di un sistema, disponibile per produrre lavoro, può essere molto minore di quella totale del sistema.
Il rapporto tra l'energia teoricamente utilizzabile e l'energia fornita da una macchina é chiamato *"rendimento energetico"* della macchina in questione.

L'energia permette anche di fare previsioni.
Infatti, grazie alla legge di conservazione dell'energia valida per sistemi chiusi, si può determinare lo stato cinetico (cioè di capacità di movimento) di un sistema sottoposto ad una sollecitazione quantificabile.
Questa e altre leggi, applicate all'universo nel suo intero, affermano che l'energia non si crea e non si distrugge, bensì si trasforma e si degrada; in conseguenza l'energia, come la massa, può essere definita una grandezza *conservativa*.

La celebre equazione di Einstein $E = mc^2$, che è diretta derivazione della Teoria della relatività ristretta, mostra come in realtà la massa (nella fisica classica, la materia in sé) e l'energia siano due "*facce della stessa medaglia*" di un sistema fisico. Infatti, da questa semplice equazione si evince che la massa può essere trasformata in energia e viceversa; quindi la massa può essere considerata una forma di *"energia condensata"*.
Pertanto, considerando anche il principio di conservazione della massa, i due principi fisici possono essere fusi in un principio unico sotto la denominazione di principio di conservazione della massa/energia.

Nella fisica classica l'energia è una proprietà scalare (cioè non vettoriale) e continua, immagazzinata da un sistema.

Nella meccanica quantistica invece per i sistemi legati, cioè i sistemi in cui l'energia della particella non supera le barriere di potenziale, è "*quantizzata*", cioè può assumere un numero discontinuo di valori (o "livelli energetici"), tutti multipli di un "*quanto*" di energia, il quale rappresenta la quantità più bassa di energia che può essere immagazzinata nel sistema.

1.1.2 Storia delle fonti energetiche non rinnovabili

La gestione controllata dell'energia ha da sempre accompagnato l'umanità nella propria evoluzione: essa parte dall'uso del fuoco, dallo sfruttamento della forza animale o dell'uomo per arrivare in epoca storica all'utilizzo dell'energia eolica per la propulsione delle navi a vela, per la realizzazione di mulini a vento e di mulini idraulici sui corsi d'acqua. Poi, l'utilizzo del carbone di legna e dei combustibili fossili, in sinergia con l'invenzione del motore a vapore e con tutte quelle successive, sostenne la rivoluzione industriale.

È interessante considerare quale sia stata la capacità energetica animale e umana prima della rivoluzione industriale. La potenza energetica di esseri umani sani e adulti è in media pari a 60 Watt per una femmina che pesa 50 kg e pari a 100 Watt per un maschio che pesa 85 kg; i bovini da lavoro che pesano da 250 a 500 Kg hanno una potenza energetica variabile da 250 a 500 Watt; gli equini si comportano meglio in quanto erogano una potenza variabile da 500 a 800 Watt.

Per millenni l'unica fonte energetica è consistita nel lavoro umano ed animale. Una stima approssimata della potenza animale ed umana erogata durante l'Impero romano attribuibile a 25 mln di persone e a 6 mln di animali conduce ad una energia erogata di 300 petajoule/anno[7], mentre quella erogata da 25.000 mulini mossi all'epoca dal vento conduce solo a 30 terajoule cioè ad appena 1 centesimo dell'energia prodotta dagli uomini e dagli animali dell'epoca.

Nel 2008, il consumo mondiale di energia prodotta da fonti rinnovabili e non rinnovabili è stato pari a 474 exajoule (cioè pari 474.000/30 = 15.800 volte quello prodotto dai mulini a vento dell'Impero romano), serve una buona parte dei 6,7 mld

---

[7] I moltiplicatori scientifici sono: Mega: 1 milione; Giga: 1 miliardo; tera: 1.000 miliardi; Peta: 1 milione di miliardi; Exa: 1 miliardo di miliardi; Zeta: 1 milione di miliardi di miliardi; Yotta: 1 miliardo di miliardi di miliardi (Cfr. Minidizionario di termini tecnici in fondo al testo).

delle persone esistenti al mondo e la fonte energetica proveniente dall'uomo sussiste solo nelle aree depresse del pianeta.
Infatti, anche se la rivoluzione industriale ha rielaborato l'antico paradigma energetico potenziandolo migliaia di volte, esso è rimasto tuttora in molte aree: talune rilevazioni effettuate negli anni 1990 nel Bangladesh, Pakistan e Sri Lanka, hanno appurato che milioni di persone vivono ancora come in era preistorica raccogliendo biomassa (foglie, rami e ogni residuo possibile di cellulosa) a fini energetici[8].

Nell'ottocento, la scoperta dell'elettricità fece segnare una svolta nella gestione dell'energia: infatti l'elettricità è una forma di energia flessibile che può essere trasformata in una qualsiasi forma di altra energia (eolica, idrica, termica, nucleare), è trasportabile, è pulita ed è caratterizzata da bassi costi unitari.

La storia dell'energia è pertanto strettamente legata a quella della scienza e della sua applicazione ai bisogni pratici di potenziamento della forza umana utilizzando forze naturali. I bisogni umani peraltro fanno capo a due filoni fondamentali:
il primo è quello costruttivo che si estrinseca da un lato nella edificazione di opere grandiose di ingegneria edile a fini religiosi e civili (templi, monumenti funerari, arene, teatri, mura, porti, acquedotti, ecc) e a fini privati (case di abitazione), ovvero di macchine a fini di incremento della capacità lavorativa;
il secondo ha natura difensiva/offensiva che si estrinseca nella costruzione di macchine ed armi a fini militari di conquista di territori ovvero di risorse agricole e minerarie.

---

[8] Cfr. Wikipedia, Worldometers, Jonathan D. Spence e Annping Chin, Il secolo cinese, Alinari Editore 1996, Vaclav Smil, *Energy Transitions – History, Requirements, Prospects*, Praeger 2010.

Nel mondo occidentale, a seguito delle lontane esperienze dei Caldei e degli Egiziani, la data di nascita della scienza viene fatta coincidere con la nascita della Scuola d'Atene e con lo sviluppo della filosofia, della matematica, della geometria e della geografia greca che saranno poi ereditate da Roma. Peraltro, i torbidi politici che scossero l'impero romano per gran parte del terzo secolo d. C. portarono ad un vistoso regresso delle scienze che trovò le sue radici in un eccessivo fervore religioso tipico della cultura antica che provocò una progressiva distanza tra teoria e pratica, scienza e tecnica.

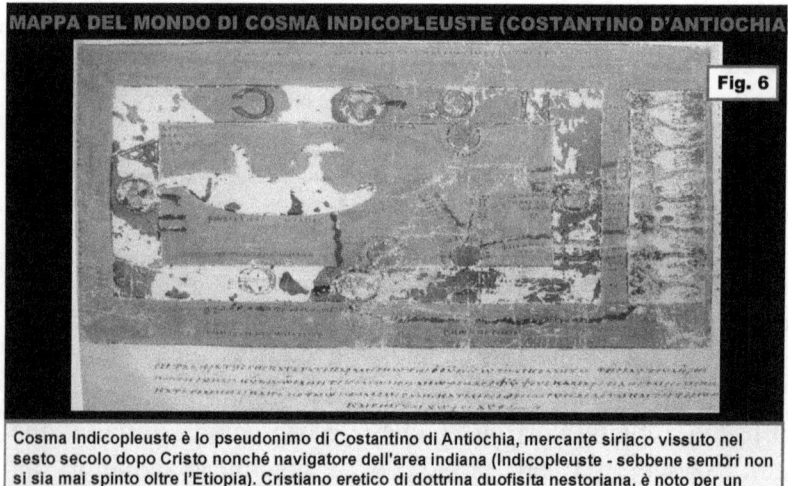

MAPPA DEL MONDO DI COSMA INDICOPLEUSTE (COSTANTINO D'ANTIOCHIA)

Fig. 6

Cosma Indicopleuste è lo pseudonimo di Costantino di Antiochia, mercante siriaco vissuto nel sesto secolo dopo Cristo nonché navigatore dell'area indiana (Indicopleuste - sebbene sembri non si sia mai spinto oltre l'Etiopia). Cristiano eretico di dottrina duofisita nestoriana, è noto per un trattato di cosmologia, Topografia cristiana di Cosma Indicopleuste, di cui si conosce un manoscritto, copia costantinopolitana del nono secolo dell'originale alessandrino. In esso si sostiene che la Terra è piatta, rinnegando gli studi e l'esperienza della scienza greca.

Fonti: Ministero dei beni culturali e ambientali, *Cristoforo Colombo e l'apertura degli spazi*, Istituto Poligrafico dello Stato, 1992; Web.

Questo orientamento raggiunse l'acme ad opera di Cosma Indicopleuste (Costantino d'Antiochia), un mercante e monaco cristiano eretico, il quale, nel quarto secolo d. C., interpretando in maniera letterale e dogmatica un passo della Bibbia, portò all'estremo l'indifferenza e l'ostilità nei confronti della scienza e della tecnica affermando perentoriamente che l'unico e assoluto modello di vita fosse il credo religioso (cfr. Fig. 6).

A seguito di ciò e di altri fenomeni concomitanti, si chiuse il periodo fecondo della scienza greca (che era esistito per circa un millennio e che era arrivato con Eratostene (275-195 a. C.) a configurare esattamente il globo terrestre e con Tolomeo (100-175) a raffigurarlo in proiezione)[9] e si aprì un lungo periodo di oscurantismo scientifico che peraltro conservò i fondamenti della scienza greca e le applicazioni tecniche dei Romani, mentre numerosi progressi concettuali nella matematica furono effettuati da arabi e indiani. La nascita delle prime Università (Bologna nel 1088, Parigi nel 1200, Oxford nel 1214, Padova nel 1222, Napoli nel 1224, Cambridge nel 1231), portò ad un rinnovamento dell'insegnamento scientifico in risposta alla crisi dovuta all'inadeguatezza di un insegnamento impartito esclusivamente sotto la sorveglianza delle autorità ecclesiastiche; nel 1300, si contavano in Europa 15 università: 5 in Italia (Bologna, Padova, Napoli, Vercelli e lo *Studium* della curia romana), 5 in Francia (Parigi, Montpellier, Tolosa, Orléans e Angers), 2 in Inghilterra (Oxford e Cambridge), 2 in Spagna (Salamanca e Valladolid) e l'università di Lisbona (che sarà poi trasferita a Coimbra) in Portogallo.

Il primo evento moderno di diffusione della scienza si ha nel periodo tra il 1746 e il 1780 in cui, ad opera del filosofo e libero pensatore Denis Diderot (1713-1784) e del matematico, fisico e astronomo Jean-Baptiste Le Rond D'Alembert (1717-1783), viene prodotta l'*Encyclopédie* unitamente alla *Recueil de planches sur les sciences, les arts libéraux et les arts*

---

[9] Cfr.: Ministero dei Beni culturali e Ambientali, *Due Mondi a confronto: Cristoforo Colombo e l'apertura degli spazi*, Istituto Poligrafico e Zecca dello Stato – Libreria dello Stato, 1992.

mécaniques avec leur explication (cfr. Fig. 7); essa costituisce la "*grande révolution de la science*", la "*Bibbia laica del secolo dei lumi*", fu avversata dalle istituzioni, messa all'Indice dei libri proibiti dal Papa Clemente XIII, ma ebbe un eccezionale successo di pubblico[10].

E infatti, nel lungo periodo che va fino al diciottesimo secolo, si svilupparono la geometria analitica, l'analisi infinitesimale, la meccanica, la fisica teorica e applicata, la stampa, la statica e la dinamica dei fluidi, l'idrostatica, l'ottica, la chimica, la scienza dei materiali e l'elettricità.

Poi, nel diciannovesimo secolo si sviluppano la geometria infinitesimale, le equazioni differenziali, le geometrie non euclidee, il calcolo vettoriale e tensoriale, le unità di misura delle grandezze fisiche, l'equilibrio dei corpi solidi, la capillarità dei liquidi, la meccanica dei solidi, l'aerodinamica, la meccanica delle vibrazioni e l'acustica, la trasmissione elettromagnetica, la misura e la produzione del calore, la teoria degli stati della materia[11].

Il ventesimo secolo è dedicato alle applicazioni industriali e alla scoperta di ulteriori teorie innovative. Le conseguenti invenzioni e applicazioni determinano la rivoluzione industriale.

Essa si estrinseca: nella meccanica e nell'idraulica applicata (ruote e turbine idrauliche, motori termici, motori ad esplosione e a combustione, combustibili, caldaie, motori e turbine a vapore, locomotive, aerei, navi, macchine frigorifere); nell'ottica applicata (fotografia, microscopia, cinematografia, illuminazione); nell'elettricità applicata delle

---

[10] Cfr. : *Encyclopédie di Diderot e d'Alembert, Tutte le Tavole*, Prefazione di Piergiorgio Oddifreddi, Mondadori, 1983

[11] Cfr: Urbain Georges and Boll Marcel, *La Science, ses progress, ses applications*, Libraires Larousse Paris (6), 1933

cosiddette "correnti forti" (elettromeccanica, motori e generatori a corrente alternata, trasformatori, reti di distribuzione elettrica), nell'elettricità applicata delle cosiddette "correnti deboli" (telegrafo, telefono, radio, televisione), nei mezzi trasmissivi elettrici (reti elettriche aeree, in cavo interrato, in cavo sottomarino); nella chimica applicata (elettrochimica, elettrolisi, chimica dei minerali); nella metallurgia; nella estrazione e produzione di combustibili solidi (torba, lignite e carbone), liquidi (petrolio, alcool) e gassosi (gas, idrogeno); nelle prime indagini sulla struttura della materia tramite i Raggi X e sulla radioattività.

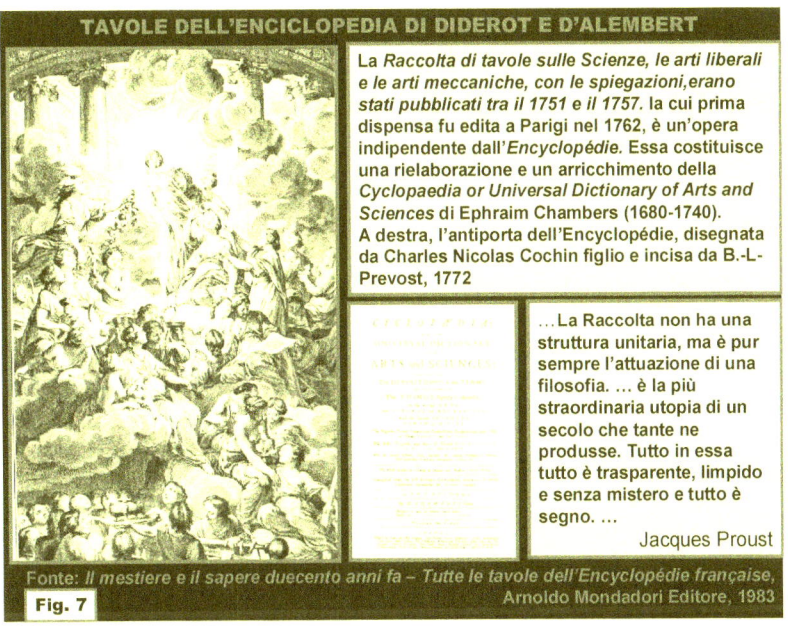

Fig. 7

TAVOLE DELL'ENCICLOPEDIA DI DIDEROT E D'ALEMBERT

La *Raccolta di tavole sulle Scienze, le arti liberali e le arti meccaniche, con le spiegazioni,* erano stati pubblicati tra il 1751 e il 1757, la cui prima dispensa fu edita a Parigi nel 1762, è un'opera indipendente dall'*Encyclopédie*. Essa costituisce una rielaborazione e un arricchimento della *Cyclopaedia or Universal Dictionary of Arts and Sciences* di Ephraim Chambers (1680-1740).
A destra, l'antiporta dell'Encyclopédie, disegnata da Charles Nicolas Cochin figlio e incisa da B.-L- Prevost, 1772

...La Raccolta non ha una struttura unitaria, ma è pur sempre l'attuazione di una filosofia. ... è la più straordinaria utopia di un secolo che tante ne produsse. Tutto in essa tutto è trasparente, limpido e senza mistero e tutto è segno. ...
Jacques Proust

Fonte: *Il mestiere e il sapere duecento anni fa – Tutte le tavole dell'Encyclopédie française,* Arnoldo Mondadori Editore, 1983

I successi della rivoluzione industriale vengono esaltati e diffusi attraverso enciclopedie popolari ed esposizioni nazionali e internazionali.

La prima Esposizione mondiale ebbe luogo a Londra nel 1851, seguita dall'Esposizione nel 1862 nella medesima città; quindi, ne seguirono molte altre tra cui l'Esposizione internazionale di Parigi del 1867. Ad essa seguì l'Esposizione mondiale di Vienna nel 1873; negli Stati Uniti nel 1876 ebbe luogo l'Esposizione mondiale di Filadelfia; ad essa seguì l'Esposizione mondiale di Parigi nel 1878. Dopo di queste si ebbero Esposizioni minori a carattere specializzato tra cui: l'Esposizione industriale di Berlino del 1879, l'Esposizione mondiale di Sydney nel 1879-80, l'Esposizione mondiale di Melbourne nel 1880-81, l'Esposizione dell'industria e dell'arte a Düsseldorf nel 1880, l'Esposizione internazionale elettrotecnica di Parigi nel 1881, l'Esposizione industriale e regionale di Stoccarda nel 1881, l'Esposizione di Belle Arti a Norimberga nel 1882, l'Esposizione dell'Elettricità a Vienna nel 1883, l'Esposizione Indiana e Coloniale a Londra nel 1886 e l'Esposizione di Berlino nel 1886.

Ma il vero salto di qualità della scienza e la conseguente ricaduta industriale si compie nel ventesimo secolo per quanto attiene l'approfondimento della struttura della materia e il potenziamento della conoscenza umana tramite la creazione dell'informatica aziendale e personale e dell'integrazione di quest'ultima con la telefonia, fotografia, cinematografia mobile e con il Web.
Per quanto riguarda la struttura della materia, si sviluppa la teoria della relatività ristretta di Einstein, l'approfondimento della costituzione degli atomi e delle trasmutazioni spontanee e artificiali dei loro componenti, la teoria dei quanti e la meccanica ondulatoria.

Tutti questi fenomeni provocano un deciso miglioramento degli stili di vita, il conseguente incremento della domanda e dell'utilizzo dell'energia, nonché la necessità di incrementarne quanto più possibile l'efficienza e i rendimenti in ogni settore.

In tale contesto, la figura di Enrico Fermi diviene centrale e si identifica con la storia dell'energia nucleare esposta in appresso e a cui si rimanda.

1.1.2.1 Carbone

La storia del carbone inizia nell'era primitiva quando era impiegato per scopi di riscaldamento e si snoda nei tempi antichi sino a noi segnando in modo evidente la storia dello sviluppo umano[12].

Alcuni storici ritengono che il carbone fosse addirittura usato e commercializzato in Cina migliaia di anni fa; ci sono prove dell'esistenza di una miniera di carbone già intorno al 1000 a.C. nella zona nord-est della Cina, che pare fornisse materia prima per la fusione del rame e per coniare le monete.

Alcuni archeologi hanno trovato tracce di utilizzo del carbone in epoca romana in Inghilterra risalenti al 400 d.C.: pare che esso fosse utilizzato non solo per scopi di riscaldamento ma anche per creare monili e ornamenti di vario genere dato il suo colore nero lucente.

Nel tardo Medioevo il carbone era usato nelle officine dei fabbri, e inoltre per produrre calce, sale e persino birra (in Inghilterra). Questo combustibile forniva quel minimo di energia necessaria alla vita domestica e all'esigua produzione industriale.

In realtà, il carbone acquisisce importanza intorno al 1750, con la Rivoluzione industriale, durante la quale diviene la fonte energetica predominante. Poi, la crescita della sua produzione, che risulta pari a 20 volte tra il 1850 e il 1914, segue parallelamente lo sviluppo dell'industrializzazione, non

---

[12] Queste note sono estratte da: Zero Emission ENEA, Wikipedia, Innovatori Europei-Energia Wikipedia; Laurent Éric, *La verità nascosta del petrolio*, Nuovi Mondi Media, 2006

soltanto in Inghilterra (cuore di questo processo storico senza precedenti) ma anche in Europa, per poi giungere in tutti gli altri continenti (cfr. Fig. 8).

È grazie all'ampia disponibilità di carbone che l'invenzione della macchina a vapore di James Watt (1736-1819) riceve impulso: è con il carbone, infatti, che si alimenta il fuoco in grado di trasformare l'acqua in vapore. La forza motrice del vapore permette innumerevoli impieghi: nell'industria siderurgica, in agricoltura, nell'industria tessile e nell'industria pesante, nonché nei trasporti (locomotive a vapore).

CARBON FOSSILE E GAS

Trasporto in superficie del carbon fossile

Scavi a Parigi per i tubi del gas

Trasporto del gas compresso in bombole

I 12 gasometri dello Stabilimento della Villette

Fig. 8

Fonti: Francesco Reuleaux - *Le grandi scoperte*, Torino – 1888;
Louis Figuier, *Les merveilles de la Science*, Fourne, Jouvet et Cie, Paris 1857

All'inizio del diciannovesimo secolo, il carbone veniva anche utilizzato per l'illuminazione pubblica mediante il cosiddetto "gas di città" ricavato dal carbone attraverso un processo di gassificazione.

Tale applicazione era frequente soprattutto nelle grandi aree urbane come Londra, fino all'avvento dell'illuminazione elettrica.

Il primo impianto di produzione elettrica alimentato a carbone entrò in funzione nel 1882 a New York grazie a Thomas Alva Edison, e forniva elettricità per illuminare le abitazioni.
Nel corso del novecento l'utilizzo del carbone si concentra sempre più nell'ambito industriale e negli ultimi decenni continua a prevalere nell'industria (principalmente elettrica, siderurgica e del cemento) che, all'inizio del secolo successivo (2007) si attesta all'80%, mentre decresce l'utilizzo per il riscaldamento e scompare quello per il trasporto.

Le principali applicazioni industriali hanno luogo soprattutto nella generazione elettrica (attualmente il carbone contribuisce al 40 % circa della produzione di elettricità nel mondo) e nell'ambito siderurgico (70% della produzione di acciaio).
Le controindicazioni all'utilizzo di carbone consistono fondamentalmente nella creazione di grandi quantità di anidride carbonica (CO_2), ma esse dovranno essere superate fondamentalmente per fruire dell'abbondanza dei giacimenti e poi per lo sviluppo di tecnologie sempre più avanzate di cattura e stoccaggio della CO_2.

Ma l'utilizzo del carbone per le caldaie a vapore navali al doppio fine di potenziamento delle rotte commerciali marittime e delle conseguenti strategie di conquista coloniale che si verificarono dalla seconda metà dell'ottocento e gli inizi del diciannovesimo secolo ebbe pesanti implicazioni di carattere geopolitico e militare[13].

---

[13] Queste considerazioni sono di Pierluigi Campregher.

In primo luogo, Isambard Brunel (1806-1859) costruttore della gigantesca nave Great Eastern costruita per la posa del cavo transatlantico verificò l'esistenza di una correlazione diretta tra la quantità di carbone necessario per il funzionamento delle caldaie a vapore, il tonnellaggio della nave e la distanza da coprire.

Tale osservazione portò una rivoluzione delle rotte (dapprima condizionate dall'esistenza di venti forti e costanti) che consentì di coprire in tempi brevi distanze prima inimmaginabili, della dimensione delle navi (che divennero sempre più grandi per ospitare il carbone) e delle conquiste coloniali di territori ricchi di carbone e con sbocchi sul mare per i rifornimenti del combustibile.

Tali aspetti contribuirono decisamente alle strategie di conquista coloniale da parte dei paesi europei.

In particolare, l'abbinata carbone-propulsione a vapore incise direttamente sulle tecniche costruttive delle navi, ad es. favorendo l'affermazione degli scafi metallici, più costosi ma meno soggetti al pericolo di incendi e, soprattutto, progettabili con le maggiori dimensioni richieste dall'installazione dei motori e, soprattutto, dalle riserve di combustibile.

Considerando che la distribuzione dei giacimenti di carbone all'epoca conosciuti non era omogenea, questo fenomeno naturale ha influenzato la politica coloniale delle grandi potenze, favorendo quelle che disponevano sia di importanti risorse di carbone che di scali dislocati in modo idoneo per costituire punti di rifornimento. Gran Bretagna e Francia si adoperarono in questo senso.

Anche la Germania – pur arrivando in ritardo e con scarso interesse per le imprese coloniali, affidate essenzialmente alle iniziative di imprenditori privati – riuscì a collocare i propri scali di rifornimento in modo da poter sostenere la propria crescente attività mercantile marittima nell'Oceano Atlantico (attuale Namibia), Indiano (attuale Tanzania e Zanzibar, quest'ultima successivamente permutata con Helgoland, nel Mare del Nord) e, in parte, nel Pacifico occidentale (Nuova Guinea, arcipelago di Bismark, Isole Marianne e altre).

Un esempio di come la preminente posizione britannica nei rifornimenti di carbone per propulsione navale fosse di rilevante interesse non solo economico, ma anche strategico è fornito dalla sconfitta russa nella guerra contro il Giappone, 1904-05.

L'esito finale del conflitto venne deciso soprattutto sul mare e, in particolare, nella battaglia di Tsushima (Stretto di Corea), dove la squadra navale russa di soccorso proveniente dal Mar Baltico e dal Mar Nero arrivò in ritardo e con equipaggi stremati, dopo aver circumnavigato il continente africano (solo poche unità del Mar Nero riuscirono ad utilizzare il canale di Suez). Ritardo e logoramento causati soprattutto dall'embargo britannico ai rifornimenti di combustibile nei porti, embargo che costrinse i marinai russi ad operazioni di carbonamento in alto mare, utilizzando navi carboniere di una compagnia di Amburgo (operazione mai tentata prima di allora e che risulta unica nella storia navale per entità e rischi affrontati).

Parallelamente, il rapido sviluppo delle reti ferroviarie nelle potenze continentali non poteva non impensierire le maggiori potenze marittime (in primis la Gran Bretagna, ma anche gli USA), nelle quali vari analisti politici esposero le loro preoccupazioni in testi che hanno posto le basi della geopolitica moderna.

1.1.2.2 Petrolio

Il petrolio (dal termine tardo latino *petroleum*, "olio di pietra", altresì chiamato "oro nero" per il suo eccezionale valore economico o "sangue del mondo" perché all'origine di guerre sanguinose per il suo possesso) ha accompagnato la storia dell'uomo da secoli: infatti, la parola greca *naphtha* fu utilizzata inizialmente per indicare il fiammeggiare tipico delle emanazioni petrolifere.

I popoli dell'antichità conoscevano i giacimenti di petrolio superficiali, che utilizzavano per produrre medicinali e bitume o per alimentare le lampade[14].
Non mancarono anche gli usi bellici del petrolio. Già nell'*Iliade*, Omero narra di un "fuoco perenne" lanciato contro le navi greche. Il "fuoco greco" dei bizantini era un'arma preparata con petrolio, una miscela di olio, zolfo, resina e salnitro, che non poteva essere spenta dall'acqua; questa miscela era cosparsa sulle frecce o lanciata verso le navi nemiche per incendiarle.

Il petrolio era conosciuto anche nell'antico Medio Oriente. Anche Marco Polo, nel *Il Milione*, ne parla considerandolo un combustibile e un impregnante. Il petrolio venne introdotto in Occidente soprattutto come medicinale, a seguito dell'espansionismo arabo. Le sue doti terapeutiche si diffusero con grande rapidità e alcune fonti d'olio a cielo aperto, come l'antica Blufi (santuario della "Madonna dell'olio") e Petralia in Sicilia, divennero noti centri termali dell'antichità.

Il petrolio è un liquido infiammabile, denso, di colore in genere scuro, che in genere si trova in alcuni giacimenti entro

---

[14] Estratto da Wikipedia e da Éric Laurent, *La verità nascosta sul petrolio*, Nuovi Mondi Media 2006.

gli strati superiori della crosta terrestre (cfr. Fig. 9); é composto da una miscela di vari idrocarburi.

Sull'origine del petrolio esistono due teorie (biogenica e abiogenica).

La prima ritiene che il petrolio derivi dalla maturazione termica di materia organica di origine marina rimasta sepolta in assenza di ossigeno, che si decompone in un materiale ceroso, noto come pirobitume o cherogene e che, in condizioni di elevata temperatura e pressione, libera idrocarburi gassosi.

Il primo a sostenere che petrolio e metano sono prodotti della trasformazione di materiale biologico e nella decomposizione in molecole di idrocarburi fu Georgius Agricola (1494-1555), a cui seguirono Alexander Von Humbolt (1769-1859), Michail Vasilievic Lomonosov (1711-1765) e Marcellin Berthelot (1827-1907). La teoria fu precisata da Mendeleev (1834-1907) che la restrinse alla sola produzione di metano, ma nel 2002 J. F. Kenney, Vladimir A. Kutcherov, Nikolai A. Bendeliani e Vladimir A. Alekseev ne dimostrarono l'inconsistenza in quanto, secondo le leggi della termodinamica, non sarebbe possibile la trasformazione a basse pressioni di carboidrati o altro materiale biologico in catene di idrocarburi.

Una volta generatisi, gli idrocarburi migrano verso l'alto e, se non sussistono impedimenti, affiorano in superficie: le frazioni più volatili evaporano e resta un accumulo di bitume che, a pressione e temperatura atmosferica, è pressoché solido.

Storicamente, gli accumuli naturali di bitume sono stati usati per usi civili (per impermeabilizzare il legno) o per usi militari (fuoco greco).

Tuttavia nel percorso di migrazione, gli idrocarburi possono accumularsi in rocce porose e restare bloccati da uno strato di roccia impermeabile. In questo caso si può creare una zona di accumulo, detta anche "riserva" o "*stock*".

Perché le rocce porose possano costituire una riserva, è necessario che queste rocce siano al di sotto di rocce meno permeabili, in maniera tale che gli idrocarburi non abbiano la possibilità di risalire sino alla superficie terrestre.

Pertanto, il petrolio impregna rocce porose e, poiché nel giacimento si hanno forti pressioni, nel momento in cui il giacimento viene raggiunto a seguito di una operazione di trivellazione, esso risale naturalmente verso la superficie in virtù del gradiente di pressione esistente.

IL PETROLIO

Fuochi dal petrolio sulla superficie del Mar Caspio durante la sera di una giornata di festeggiamenti pubblici

Fig. 9
Scoperta di Drake della prima sorgente di petrolio

Il primo pozzo di petrolio a Titusville di proprietà di Rockfeller

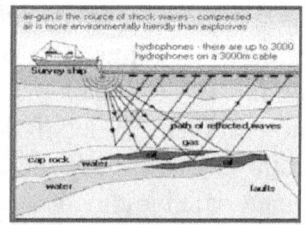

Fonti: Louis Figuier, *Les merveilles de la Science*, Fourne, Jouvet et Cie, Paris 1857; Francesco Reuleaux - *Le grandi scoperte*, Torino 1888, Web

Una conformazione geologica che costituisce un caso tipico di "*trappola petrolifera*" è la piega anticlinale. Questo tipo di configurazione costituisce il caso più frequente di riserva, anche se può accadere che il petrolio si accumuli in corrispondenza di fratture tettoniche o attorno a giacimenti di sale. All'interno della riserva, si viene quindi a trovare una miscela di idrocarburi liquidi e gassosi in proporzioni variabili. Gli idrocarburi gassosi costituiscono il gas naturale (metano ed etano) e riempiono le porosità superiori. Quelli liquidi (nelle condizioni di pressione esistenti nel giacimento, cioè svariate centinaia di atmosfere) occupano le zone inferiori della riserva. In virtù dell'origine marina della materia organica che si trasforma in petrolio, quasi inevitabilmente gli idrocarburi sono associati ad acqua; è frequente pertanto la situazione per la quale, all'interno della roccia madre, si trovino tre strati: uno superiore di gas naturale, uno intermedio costituito da idrocarburi liquidi ed uno inferiore di acqua salata. Nelle operazioni di messa in produzione di un giacimento, si presta notevole attenzione alla profondità alla quale si situa lo strato di acqua perché questa informazione è necessaria per calcolare il rendimento teorico del giacimento.

Spesso, il giacimento di idrocarburi contiene unicamente metano ed etano. In questo caso si tratta di un giacimento di gas naturale. Se gli idrocarburi liquidi più pesanti presenti nel giacimento non superano i 12-15 atomi di carbonio si parla di giacimento di condensato, sovente associato a gas naturale. Se negli idrocarburi liquidi presenti sono rappresentate molecole con un numero maggiore di atomi di carbonio, si è in presenza di un giacimento di petrolio propriamente detto.

La teoria abiogenica considera invece che il petrolio abbia una origine minerale. La teoria è sostenuta da Thomas Gold (1920-2004) che nel 1992 pubblicò la sua teoria della profonda biosfera calda, allo scopo di spiegare il meccanismo dell'accumulo di idrocarburi nei giacimenti profondi.
A sostegno di questa teoria sussiste il fatto che, talora, i giacimenti di gas naturale e petrolio ritenuti in fase di esaurimento, si riempiono di nuovo; questo processo può essere alimentato solo da depositi profondi, percorrendo la sequenza di fenomeni che portò alla formazione iniziale. La teoria abiogenica sostiene che tutti gli idrocarburi naturali siano di origine minerale, ad eccezione del metano biogenico (spesso chiamato "gas di palude"), che è prodotto in prossimità

della superficie terrestre attraverso la degradazione batterica di materia organica sedimentata.

È da notare pertanto che il rendimento economico di un giacimento di idrocarburi può essere molto variabile in funzione delle varie condizioni di estrazione.
In primo luogo, le attività di individuazione di un giacimento (prospezione) possono essere a fondo perduto: in tale fase, il rischio è massimo in quanto le spese possono essere di grande rilievo e non portare ad alcun risultato.
Secondariamente, anche se il giacimento viene individuato, ma non è caratterizzato da condizioni geologiche favorevoli, i costi di estrazione potrebbero essere superiori ai ricavi, rendendo il giacimento stesso inservibile sotto il profilo economico.
I giacimenti di cui si suppone l'esistenza e quelli individuati ma inservibili sono denominati *"risorse"*, mentre quelli esaminati e ritenuti economicamente sfruttabili sono denominati *"riserve"*.

Dopo il processo di estrazione, eseguito mediante trivellazione, il petrolio greggio viene trasportato verso stabilimenti (raffinerie di petrolio), dove avvengono le operazioni di trasformazione che permettono di produrre, a partire dal greggio petrolifero, una serie di prodotti di uso comune. I prodotti finali maggiormente noti sono: GPL (Gas di Petrolio Liquefatto, altresì chiamato *Liquefied Natural Gas* LNG), benzina, cherosene, gasolio, oli lubrificanti, bitumi, cere e paraffine. Le lavorazioni attraverso le quali il greggio petrolifero viene trasformato sono molteplici e di diversa natura e, procedendo in ordine, le principali sono:

- Decantazione, e separazione dell'acqua
- Dissalazione
- Distillazione atmosferica, detta anche *Topping*

- Distillazione sotto vuoto, detta anche *Vacuum*
- Raffinazione, detta anche *Reforming*
- Desolforazione
- Produzione di molecole più semplici da idrocarburi complessi (*Cracking*), alchilazione (creazione di maggiore resistenza alla detonazione), isomerizzazione.

I gas che si formano nelle varie parti di un impianto di trasformazione (metano, etano, propano e butano) vengono raccolti ed usati per produrre energia per il funzionamento della raffineria o valorizzati come prodotti finiti. Il taglio che costituisce la benzina dovrà subire varie lavorazioni, in quanto la benzina da *Topping* presenta uno scarso numero di ottani[15]; pertanto si ricorre ai processi di isomerizzazione e di *Reforming*. Vi sono poi altre lavorazioni per recuperare le paraffine e le cere, usate anche nella cosmetica. Lo scarto finale costituisce il bitume che viene usato, una volta miscelato con pietrisco fine e sabbia, per la pavimentazione stradale. Nel novero dei prodotti di raffineria rientra anche lo zolfo ottenuto dal processo di desolforazione. Va infine ricordato che il petrolio (nel taglio della *virgin* nafta) è anche materia prima per l'industria petrolchimica per la produzione di materie plastiche. In pratica, dal petrolio si ricava una quantità notevole di sostanze primarie che entrano nella composizione di un numero incredibilmente elevato di prodotti commerciali.

Il valore del petrolio come fonte di energia trasportabile e facilmente utilizzabile, usata dalla maggioranza dei veicoli (automobili, camion, treni, navi, aeroplani) e come base di molti prodotti chimici industriali, lo rende sin dall'inizio del ventesimo secolo una delle materie prime più importanti del mondo.

L'accesso al petrolio è stato uno dei principali fattori scatenanti di molti conflitti militari, compresi la Prima e la

---

[15] Il numero di ottani costituisce un indicatore della resistenza del combustibile alla detonazione.

Seconda guerra mondiale, nonché le più recenti guerre del Golfo e della Libia. La maggior parte delle riserve facilmente accessibili è collocata nel Medio Oriente, una regione politicamente instabile, ma ne sono state scoperte altre nella zona del Mar Caspio e nella Federazione Russa orientale e anche in acque internazionali.

Si suole considerare la nascita dell'industria petrolifera negli anni 1850 negli Stati Uniti (nei pressi di Titusville, Pennsylvania), per l'iniziativa di una prospezione iniziata da Edwin Laurentine Drake (1819-1880), ex capotreno che si fece finanziare la ricerca dalla Seneca Oil Company. Il 27 agosto 1859 venne scoperto alla profondità di 21 metri il primo pozzo petrolifero del mondo. Tuttavia, lo scarso rendimento finanziario del pozzo portò nel 1864 al licenziamento di Drake il quale morì in miseria a causa di una esigua indennità ricevuta di appena 731 dollari.
L'iniziativa della Seneca Oil Company venne rilevata dalla Standard Oil di John D. Rockfeller (1839-1937) il quale, sfruttando abilmente la commercializzazione del petrolio, divenne uno degli uomini più ricchi del mondo. L'industria crebbe lentamente durante il 1800 e non diventò di interesse nazionale degli Stati Uniti fino agli inizi del ventesimo secolo; l'introduzione del motore a combustione interna fornì la domanda che ha poi largamente sostenuto questa industria. I primi piccoli giacimenti locali in Pennsylvania e in Ontario furono velocemente esauriti, portando a "boom petroliferi" in altri Stati americani (Texas, Oklahoma, e California).

La scoperta del petrolio era avvenuta in un momento di grave crisi economica che vedeva le grandi città americane agitate da scioperi e dimostrazioni operaie contro lo sfruttamento e i soprusi legati ad un processo di industrializzazione troppo rapido e ad una immigrazione incontrollabile e tumultuosa. Molte banche, grandi e piccole, dissestate dalle speculazioni immobiliari e dei trasporti, in particolare delle ferrovie, avevano chiuso i battenti trascinando nel fallimento numerosissime imprese. Uomini come Drake, Rockfeller e altri, i cui nomi sono ancora oggi nel mondo della finanza, dando inizio alla corsa all'oro nero, contribuirono in maniera consistente alla ripresa economica di un Paese in cui, già nella prima metà dell'800, l'industria manifatturiera forniva il 32 per cento del prodotto interno lordo e la rete ferroviaria si estendeva per oltre 50 mila chilometri. Alla vigilia della guerra civile, che durerà quattro anni causando 600 mila morti e sconvolgendo la coscienza e l'economia della nazione, gli Stati Uniti già potevano competere con l'Europa in molti settori dell'industria: le riserve di carbone della sola Pennsylvania erano dodici volte maggiori di quelle dell'intera Europa e le acciaierie di Pittsburgh avevano una produzione doppia rispetto a tutte le acciaierie inglesi[16].

Altre nazioni avevano considerevoli riserve petrolifere nei loro possedimenti coloniali, e incominciarono ad utilizzarli a livello industriale. Sebbene negli anni cinquanta del secolo passato il carbone fosse ancora il combustibile più usato nel mondo, il petrolio cominciò a soppiantarlo. Agli inizi del ventunesimo secolo, circa il 90% del fabbisogno di combustibile era coperto dal petrolio. In conseguenza della crisi energetica del 1973 e della crisi energetica del 1979 si è peraltro sollevato l'interesse nella pubblica opinione sui livelli delle scorte mondiali di petrolio, portando alla luce la preoccupazione che, essendo il petrolio una risorsa limitata, essa sia destinata ad esaurirsi (almeno come risorsa economicamente sfruttabile).

Il prezzo di un barile di petrolio è aumentato, dagli 11 dollari del 1998 a circa 147, per poi ripiegare (a causa della recessione globale, ma anche delle manovre speculative), fino a 45 dollari nel dicembre 2008. In seguito, le quotazioni del greggio hanno

---

[16] Fonte: Augusto Leggio, *Nel tempo e nello spazio: Storia illustrata della Posta e della Telecomunicazione*, Ed Poste Italiane 1996

ripreso a crescere per installarsi solidamente al di sopra dei 100 dollari nel marzo 2011. Esistono e sono continuamente allo studio fonti alternative e rinnovabili di energia, sebbene la misura in cui queste possano rimpiazzare il petrolio suscitano perplessità e i loro eventuali effetti negativi sull'ambiente destano preoccupazioni.

Come già accennato, con il termine *riserve* di petrolio, si intende la quantità di idrocarburi liquidi che si stima potranno essere estratti in futuro dai giacimenti già scoperti, mentre in genere, i volumi di combustibile che potranno essere estratti da giacimenti non ancora sfruttati sono denominati *risorse*. La determinazione delle riserve è condizionata dalle incertezze tecniche ed economiche. Le incertezze tecniche derivano dal fatto che i volumi di idrocarburi contenuti nel giacimento sono stimati quasi esclusivamente attraverso dati ottenuti con metodi indiretti (tra i più diffusi la prospezione sismica, le misure delle proprietà fisiche delle rocce nei pozzi e la ricerca in mare tramite idrofoni). Le informazioni dirette sono necessariamente poche, se confrontate con l'eterogeneità delle rocce serbatoio, in quanto provengono dalla perforazione dei pozzi, che viene limitata al massimo in quanto è molto costosa. Le incertezze di tipo economico includono la difficoltà di poter prevedere l'andamento futuro dei costi di estrazione e dei prezzi di vendita degli idrocarburi estratti (mediamente la vita produttiva di un giacimento è di 10-20 anni). Anche la disponibilità commerciale di nuove tecnologie di estrazione è difficilmente prevedibile con totale certezza; il livello di incertezza sulle riserve è quindi massimo quando vengono stimati nuovi giacimenti potenziali, diminuisce nel momento della loro scoperta tramite perforazioni di pozzi durante il periodo produttivo, e diviene nullo quando le riserve producibili del giacimento sono azzerate nel momento in cui tutti gli idrocarburi economicamente estraibili sono stati effettivamente prodotti.

Il grado di aleatorietà delle riserve è espresso attraverso la loro classificazione secondo categorie definite. Esistono diversi schemi di classificazione: quella della *Society of Petroleum Engineers* (SPE) è internazionalmente diffusa e distingue tra *risorse* (idrocarburi non ancora scoperti o non commerciabili) e *riserve* (idrocarburi scoperti e commerciabili). Le riserve infine sono classificate come *certe*, *probabili* e *possibili* secondo un grado di incertezza crescente. Questo stesso schema è stato inserito all'interno del sistema di classificazione delle risorse naturali, esclusa l'acqua, pubblicato dalle Nazioni Unite nel 2004 sotto il nome di *United Nations Framework Classification* (UNFC). L'impossibilità di calcolare esattamente la quantità di riserve e di risorse, dà spazio a diverse previsioni più o meno ottimistiche. Nel 1972 uno studio autorevole, commissionato al *Massachussets Institute od Technology* (MIT) dal Club di Roma (il famoso Rapporto sui limiti dello sviluppo), affermò che nel 2000 sarebbero state esaurite circa il 25% delle riserve mondiali di oro nero; il rapporto, però, fu frainteso, e i più pensarono che predicesse la fine del petrolio entro il 2000.

La situazione oggi appare più grave di quanto il MIT avesse predetto.

Dai dati pubblicati annualmente dalla British Petroleum (BP), si rileva che la quantità di petrolio utilizzata dal 1965 al 2004 è di 116 miliardi di tonnellate, mentre le riserve ancora disponibili nel 2004 sono valutate in 162 miliardi di tonnellate. Con questi valori si può facilmente calcolare che, escludendo i nuovi giacimenti che saranno scoperti nei prossimi anni, è già stato consumato il 42% delle riserve inizialmente disponibili: in altre parole si avvicinerebbe il momento del raggiungimento del "picco" dell'estrazione. Secondo la BP, il petrolio disponibile è sufficiente per circa 40 anni a partire dal 2000, supponendo di continuarne l'estrazione al ritmo attuale, quindi senza tenere conto della continua crescita della domanda mondiale, che si colloca intorno al 2% annuo in quanto la crescita dei paesi orientali supera la decrescita dei paesi occidentali. Ma, al momento dell'estrazione dell'ultima goccia di petrolio, l'umanità dovrà già da tempo aver smesso di contare su questa disponibilità poiché, man mano che i pozzi si vanno esaurendo, la velocità con cui si può continuare ad estrarre il petrolio decresce, costringendo a ridurre i consumi o ad utilizzare altre fonti energetiche.

Diversi altri studi hanno in tutto o in parte confermato queste conclusioni; in particolare sono da menzionare gli studi effettuati nel 1956 dal geologo americano Marion King Hubbert (1903-1989) e in seguito, da Colin Campbell e da Jean Laherrère (cfr. Fig. 10).

PROGRESSIVO ESAURIMENTO DELLE FONTI FOSSILI DI ENERGIA

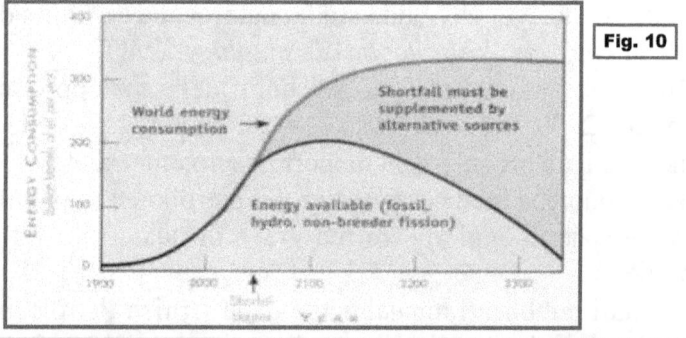

Fig. 10

Secondo Marion King Hubbert, l'energia a basso prezzo derivante dalle **riserve** di combustibile fossile basterà presumibilmente **fino al 2020**. Oltre questa data, ci si dovrà rivolgere alle **risorse** di combustibili fossili la cui estrazione è più costosa, ovvero a fonti energetiche alternative (sole, vento, mare, nucleare, idrogeno, ecc.). Negli USA Uniti si è constatato un picco dell'estrazione del petrolio intorno al 1970 e, in seguito l'incremento dei consumi é stato compensato dalle importazioni. La previsione dell'esaurimento dei combustibili fossili è contestata da chi sostiene che la diminuzione della produzione dei giacimenti petroliferi può essere agevolmente compensata dalla maggiore efficacia ed fficienza delle tecniche estrattive.

Fonte: Wikipedia

Secondo questi studi, la quantità di petrolio estratto da una nazione segue una curva a campana e la massima estrazione di greggio per unità di tempo si ha quando è stata prelevata la metà di tutto il petrolio estraibile. Questo è quanto si è verificato negli Stati Uniti in 48 stati continentali - *lower 48* – (esclusa l'Alaska) in cui l'estrazione di petrolio ha avuto un massimo nel 1971 (circa 9 milioni di barili al giorno) e poi è declinata secondo una curva a campana in base a quanto previsto da Marion King Hubbert e dagli altri. Peraltro, da parte di taluni economisti e geologi viene osservato che, fermo restando l'andamento a campana della disponibilità del petrolio, risulta imprevedibile il momento in cui esso si esaurirà in quanto nel fenomeno intervengono ulteriori fattori individuabili nella scoperta di ulteriori giacimenti, nel miglioramento tecnologico delle tecniche di prospezione ed estrazione che consentirebbe di raggiungere giacimenti profondi di origine abiogenica, nel miglioramento dell'efficienza delle reti elettriche, nel miglioramento delle capacità di sfruttamento industriale degli altri combustibili fossili tradizionali (carbone e gas) e di quelli innovativi (sabbie e scisti bituminosi), e nello sviluppo dell'energia derivante da fonti rinnovabili.

In ogni caso, il *Government Accountability Office* (GAO) statunitense, in considerazione del fatto che le riserve statunitensi sono da tempo in declino e che l'economia americana è basata fondamentalmente sui trasporti su gomma, ha da tempo raccomandato al Congresso di svolgere una indagine approfondita in proposito con una logica di cooperazione quanto più possibile estesa.

Peraltro, L'Agenzia internazionale dell'energia nel 2008 ha stimato che la produzione di petrolio sia destinata a calare del 9,1% annuo, o almeno del 6,4% se aumentassero gli investimenti; le stime più caute dell'Agenzia abbassano tale dato al 5% e considerano più probabile il 6,7%.

In definitiva, nel futuro a breve termine si dovrà incrementare l'efficienza energetica degli impianti esistenti per il miglior sfruttamento dei combustibili fossili, mentre in quello a lungo termine non si potrà far altro che affidarsi alle energie rinnovabili.

I due mercati principali per lo scambio di petrolio sono il NYMEX di New York e l'*Intercontinental Exchange* di Atlanta. Attualmente, entrambi sono di proprietà statunitense. In precedenza il *Brent* (petrolio estratto dal Mare del Nord) era quotato all' *International Petroleum Exchange* di Londra (IPE).
Su questi due mercati sono quotati rispettivamente i contratti (l'unità di scambio è costituita da lotti indivisibili di 1000 barili) per petrolio di qualità WTI (*West Texas Intermediate*) e *Brent Blend* per consegna immediata (*spot*) o futura (*future*) rispettivamente a Cushing (Oklahoma, Stati Uniti) e Sullom Voe (Gran Bretagna).

I primi 20 paesi produttori di petrolio nel mondo nell'anno 2009 sono esposti in appresso.

In entrambi, il prezzo del petrolio e la quotazione avvengono in dollari. I contratti di scambio di questi due mercati petroliferi in realtà agiscono solo come prezzi di riferimento (*benchmark* ovvero *oil marker*) per la totalità delle altre transazioni. In realtà, le transazioni di petrolio WTI e *Brent Blend* costituiscono solo una piccola parte del totale degli scambi, ma i prezzi di questi scambi costituiscono indicatori validi per tutti gli altri scambi. Il *Brent Blend* è costituito da un paniere di 15 petroli estratti nel Mar del Nord. In passato si utilizzava il petrolio estratto da un solo campo petrolifero (*Brent* appunto). Verso la fine degli anni 90, il numero di transazioni riguardante questo petrolio era diventato insufficiente per garantire che gli scambi di petrolio *Brent* fossero rappresentativi del prezzo di scambio e dunque si è deciso di utilizzare un numero più ampio di transazioni e pertanto di includere gli scambi riguardanti altri grezzi petroliferi.
Il WTI è utilizzato principalmente per quotare petroli prodotti in Nord e Sud America; il *Brent Blend* è utilizzato per quelli

prodotti in Europa (inclusa la Russia), Africa e Medio Oriente. Più del 60% delle transazioni sono eseguite utilizzando come *benchmark* il *Brent Blend*. Altri *benchmark* esistono (come il *Dubai*, *Tapis* e *Isthmus*), ma sono largamente meno utilizzati rispetto al WTI ed al *Brent Blend*.

N°	Paese	Milioni di barili (bbl)	% sul totale
1	Russia	3.662	12,9%
2	Arabia Saudita	3.545	12,1%
3	Stati Uniti	2.627	9,0%
4	Iran	1.539	5,3%
5	Cina	1.383	4,7%
6	Canada	1.173	4,0%
7	Messico	1.088	3,7%
8	Emirati Arabi Uniti	949	3,3%
9	Irak	906	3,1%
10	Kuwait	906	3,1%
11	Venezuela	889	3,0%
12	Norvegia	855	2,9%
13	Nigeria	752	2,6%
14	Brasile	741	2,5%
15	Algeria	661	2,3%
16	Angola	651	2,2%
17	Kazakistan	614	2,1%
18	Libia	603	2,1%
19	Regno Unito	529	1,8%
20	Qatar	491	1,7%
	Resto del mondo	4.620	15,8%
	Totale	**29.181**	**100%**
49	*Italia*	*95*	*0,1%*

Fonte: BP *Statistical Review of World Energy* - June 2010 Sono inclusi i volumi di petrolio estratti da sabbie bituminose e scisti bituminosi oltre che ai liquidi separati dal gas naturale ("*Natural Gas Liquids* - NGL"). Sono esclusi i carburanti (*liquid fuels*) prodotti da altre fonti (es. carbone).

Nella pratica commerciale, ogni petrolio è quotato rispetto al *benchmark* di riferimento più una differenza (detta *premium*), che può essere negativa o positiva. La differenza esistente tra il petrolio in questione ed il *benchmark* di riferimento è essenzialmente funzione della qualità. Petroli più leggeri o con un contenuto in zolfo minore del loro *benchmark* di riferimento saranno scambiati con un *premium* positivo; l'inverso se sono più pesanti o hanno un contenuto in zolfo più elevato. I primi 20 paesi consumatori di petrolio nel mondo nell'anno 2009 sono esposti in appresso:

N°	Paese	Milioni di barili (bbl)	% sul totale
1	Stati Uniti	6820	21,7%
2	Cina	3148	10,4%
3	Giappone	1604	5,1%
4	India	1161	3,8%
5	Russia	984	3,2%
6	Arabia Saudita	954	3,1%
7	Germania	884	2,9%
8	Brasile	878	2,7%
9	Corea del Sud	849	2,7%
10	Canada	801	2,5%
11	Messico	710	2,2%
12	Paesi Bassi	670	2,2%
13	Francia	669	2,3%
14	Iran	635	2,1%
15	Regno Unito	588	1,9%
16	Italia	577	1,9%
17	Spagna	545	1,9%
18	Indonesia	490	1,6%
19	Taiwan	370	1,2%
20	Singapore	366	1,2%
	Resto del mondo	6985	24,0%
	Totale	30688	100%

Fonte: BP Statistical Review of World Energy - June 2007

Il *Brent* ha toccato il suo minimo storico il 10 dicembre 1998 quando fu quotato a 9,55 $ al barile. Il massimo storico è dell'11 luglio 2008 quando le quotazioni registrarono i 147,25 $ al barile. Da allora il corso ha raggiunto un minimo di circa 40 $ nel 2009 per ritornare nel 2011 solidamente al di sopra dei 90 $.

1.1.2.3 Gas

Nell'antichità, lo studio dei gas è stato parte dello studio della natura e, in particolare, dei minerali, con una attenzione morbosa ai tentativi di produrre artificialmente l'oro. Nel medioevo, impregnato di misticismo cristiano, le ricerche sulla natura subiscono l'influsso e il fascino delle tradizioni orientali. Nasce pertanto non solo in Europa, ma anche nel mondo musulmano, la scienza dell'alchimia che, nel tentativo di individuare la tecnica per ottenere il metallo più nobile, dà luogo ad una serie inimmaginabile di scoperte chimiche. Tra i maggiori alchimisti medioevali si ricordano Albert de Boelstadt (1193-1280), Roger Bacone (1214-1294) e Philippe Téofraste Bombast de Hoenheim detto Paracelso (1493-1541).

Nel Rinascimento, l'alchimia tende a tramutarsi nella scienza che oggi chiamiamo chimica ad opera di molti, fra cui Jean Baptiste Van Helmont (1577-1644) che denuncia per primo la fragilità delle metodiche antiche, l'arbitrarietà delle teorie che ne conseguono e apre la via ai metodi sperimentali.
L'enorme sforzo della produzione dell'*Encyclopedie Française* giunge persino a definire gli elementi e i fenomeni conosciuti a quel tempo; è da notare peraltro, che tra i fenomeni considerati c'era anche la "teoria del flogisto" che cercava di spiegare i processi di ossidazione e combustione; la teoria fu successivamente smentita e abbandonata dopo che fu resa pubblica la legge della conservazione della massa di Antoine-Laurent de Lavoisier (1743-1794).

Nella seconda metà del '700 si cominciò a studiare sistematicamente la natura dei gas ad opera dei chimici *pneumatici*. Nel 1750, il medico scozzese Joseph Black (1728-1799) studiò le proprietà delle sostanze che oggi sono note come carbonato basico di magnesio e ossido di magnesio, perché era interessato a comprendere il funzionamento delle basi che venivano utilizzate nella cura dei calcoli alla vescica. Nel corso delle sue ricerche isolò per primo il biossido di carbonio, che egli chiamò *aria fissa*, intuendo che si trattava di una sostanza diversa dall'aria che normalmente si respira.

Fu l'*aria fissa* a convincere i chimici della generazione successiva che era possibile analizzare e sintetizzare le sostanze inorganiche riconducendole non più agli *elementi* aristotelici o ai *principi* del medico, alchimista e astrologo Paracelso che mai si erano potuti osservare sperimentalmente, ma a nuovi elementi, isolabili chimicamente e dotati di precise caratteristiche chimiche[17].

Nell'autunno del 1776 Alessandro Volta (1745-1827) studiò un fenomeno noto anche in epoche più lontane, segnalatogli dal chierico regolare comasco Carlo Giuseppe Campi: in un'ansa stagnante del fiume Lambro, avvicinando una fiamma alla superficie si accendevano talune fiammelle azzurrine[18].

Questo fenomeno era già stato studiato separatamente da Antoine-Laurent de Lavoisier (1743-1794), Benjamin Franklin (1706-1790) e Joseph Priestley (1733-1804) pochi anni prima, ma costoro lo classificarono come una mera esalazione di aria infiammabile, di origine minerale. Dopo il biossido di carbonio, fu analizzato l'ossigeno da Carl Wilhem Scheele (1742-1786), e da Joseph Priestley (1733-1804), e poi l'idrogeno da Henry Cavendish (1731-1810), ma gli scienziati erano a conoscenza anche di una specie di "aria infiammabile"

---

[17] Note estratte dal sito Popinga: scienza e letteratura

[18] Note estratte da Wikipedia.

che si poteva trovare presso le paludi, i pozzi neri e i letamai, dove si decomponeva materiale organico.
Alessandro Volta volle andare più a fondo della questione. Mentre era ospite ad Angera nella casa dell'amica Teresa Castiglioni (Angera 1750-Como 1821), Alessandro Volta scoprì l'aria infiammabile nella palude dell'isolino Partegora, in località Bruschera. Provando a smuovere il fondo con l'aiuto di un bastone vide che risalivano delle bolle di gas e le raccolse in bottiglie. Diede a questo gas il nome di *aria infiammabile di palude* e scoprì che poteva essere incendiato sia per mezzo di una candela accesa sia mediante una scarica elettrica; dedusse che il gas si formava dalla decomposizione di sostanze animali e vegetali. Pensando immediatamente a un suo utilizzo pratico, costruì dapprima una *pistola elettroflogopneumatica* in legno, metallo e vetro, il cui scopo sarebbe stato la trasmissione di un segnale a distanza; in seguito, realizzò una *lucerna ad aria infiammabile* e perfezionò l'*eudiometro* per la misura e l'analisi dei gas.
Per ulteriore conferma della sua tesi, si recò nel 1780 a Pietramala, sull'Appennino toscano, dove erano i celebri fuochi fatui.

Per quanto attiene all'industria del gas, agli esperti è noto che circa due terzi del metano estratto non viene utilizzato perché **il costo del trasporto del gas naturale nei gasdotti è quattro volte superiore a quello del petrolio** e perché la densità del gas è molto minore. Il metano è presente normalmente nei giacimenti di petrolio, ma esistono anche immensi giacimenti di solo metano. Il metano deriva dalle rocce madri, da cui nascono progressivamente (attraverso il *cracking* del cherogene) tutti gli idrocarburi (dai solidi-bitume, ai liquidi-petrolio, fino ai gassosi, quali il metano stesso).
Quando si estrae il petrolio, risale in superficie anche il metano, in media in quantità pari allo stesso petrolio. Se i giacimenti sono lontani dai luoghi di consumo o situati in mare

aperto, risulta quasi impossibile usare quel metano, che pertanto viene bruciato all'uscita dei pozzi senza essere utilizzato in alcun modo; altrimenti, viene pompato di nuovo nei giacimenti di petrolio, mediante l'uso di compressori centrifughi o alternativi, favorendo ulteriormente l'uscita del greggio grazie alla pressione. La localizzazione geografica delle riserve di gas rispecchia, per ovvi motivi, quella del petrolio: Russia, Iran e Qatar possiedono circa il 44% delle riserve di gas naturale[19].

Come per il petrolio, lo sfruttamento dei giacimenti avviene in maniera diseguale. Il Medio Oriente, ad esempio, estrae poco gas, in rapporto alle riserve disponibili. Infatti, possiede il 40% delle riserve mondiali e produce solo il 15% del gas consumato in un anno da tutto il mondo, mentre Stati Uniti ed Europa occidentale estraggono gas a ritmi elevati in rapporto alle riserve disponibili. Gli Stati Uniti, infatti, nonostante posseggano solo il 4% delle riserve mondiali provate di gas naturale, producono oltre il 18% del gas consumato nel mondo. Questo significa che, mantenendo l'attuale livello di produzione e in assenza di scoperte di nuovi giacimenti, questi Paesi nel giro di pochi anni (13 per il Nord America e circa 21 per l'Europa occidentale) termineranno le loro riserve e, salvo lo sfruttamento intensivo di gas non convenzionale, dovranno utilizzare solo il gas importato.

1.1.2.4 Energia nucleare

La storia della struttura della materia ha origini relativamente recenti. Nel 1895 Wilhelm Conrad Röntgen (1845-1923) scopre casualmente la radiazione elettromagnetica e precisamente i raggi X.

---

[19] Note estratte da Eni, World Oil & Gas Review 2011

Poi, nel 1896 Antoine Henry Becquerel (1852-1908) osservando con metodiche qualitative un materiale composto dell'uranio scopre una sorta di *"energia radiante di lunga durata"* che oggi sappiamo provenire da una trasformazione profonda e spontanea di atomi; successivi approfondimenti durati fino al 1900 suddividono detta energia in raggi *alfa* (facilmente assorbiti dalla materia), raggi *beta* (più penetranti) e raggi *gamma* (estremamente penetranti).

SIMBOLI DI ELEMENTI E FENOMENI CONOSCIUTI DAI CHIMICI DEL 1700

Fig. 11

MARIA E PIERRE CURIE NEL LORO LABORATORIO

Maria Curie, insieme al marito Pierre, ha inventato un metodo elettrico quantitativo per calcolare la capacità di ionizzazione di un materiale, abbandonando pertanto il metodo qualitativo puramente fotografico che veniva usato in precedenza.
In tal modo è stato possibile creare una scala quantitativa delle proprietà radianti dei singoli materiali esaminati.

APPARECCHI DI LAVOISIER PER RACCOGLIERE E MISURARE IL GAS

Fonte: George Urbain e Marcel Boll, *La Science, ses Progrès, ses applications*, Libraire Larousse Paris, 1933

Quindi, nel 1897 Maria Curie (1867-1934) assieme al marito Pierre Curie, utilizzando una metodica elettrica quantitativa, inizia una serie di ricerche per cercare di capire se le strane proprietà dell'uranio si ritrovassero in altri corpi. La Curie scopre il radio che costituisce la pietra miliare della radioattività (cfr. Fig. 11). Vengono pertanto scoperti ulteriori elementi radioattivi (torio, attinio, ecc) e si approfondiscono le caratteristiche e i poteri ionizzanti e penetranti dei raggi alfa, beta e gamma.

La prima produzione di energia nucleare è stata realizzata da Enrico Fermi (1901-1954) nei laboratori dell'Università di Chicago nel 1942. La storia dell'energia nucleare è strettamente interconnessa con quella dello scienziato italiano.

Enrico Fermi[20] fu un autodidatta che acquisì una vasta e profonda preparazione scientifica quasi esclusivamente sui libri. Già prima della laurea, pubblicò alcuni notevoli lavori riguardanti la relatività. Nel 1923 si recò in Germania, a Gottinga presso Max Born (1882-1970), e nel 1924 in Olanda, a Leida presso P. Ehrenfest (1880-1933)

Alla fine del 1924, si dedicò a varie ricerche teoriche e a esperimenti di spettroscopia. Sul finire del 1925, venuto a conoscenza del principio di esclusione di Wolfang Ernst Pauli (1900-1958), ne trasse le conseguenze per la meccanica statistica delle particelle (elettroni, protoni, neutroni), che obbediscono a tale principio. La nuova statistica fu il maggior contributo teorico di Enrico Fermi alla fisica quantistica. Con questa scoperta Enrico Fermi acquistò una notevole fama a livello internazionale. Nell'autunno del 1926, Enrico Fermi si trasferì a Roma nell'Istituto di Via Panisperna, dove iniziò il periodo più fecondo della sua vita scientifica e dove creò un gruppo di collaboratori (*i ragazzi di Via Panisperna*) che divenne famoso. All'inizio degli anni Trenta fu chiaro che lo studio del nucleo atomico era molto promettente e, pertanto, i vari membri del gruppo si recarono in laboratori all'estero per apprendervi le tecniche sperimentali necessarie per condurre esperimenti di fisica nucleare. Sul finire del 1933, Enrico Fermi elaborò la teoria del decadimento beta, che spiega la transizione di un neutrone (n) in un protone (p) con la creazione di un elettrone (e) e di un neutrino. Sviluppata la

---

[20] Estratto dal Wikipedia: Barbara Leone, Studenti.it

teoria di questo processo, Enrico Fermi ritenne che, per riprodurre i valori delle vite medie osservate, fosse necessario attribuire il processo stesso ad un'interazione estremamente più debole di quella elettromagnetica, detta in seguito interazione debole o "fermiana". Molti concordano nel ritenere che questa ricerca di Enrico Fermi abbia segnato la nascita della moderna fisica teorica delle particelle elementari.
Infatti, la ricerca individuò 50 nuove specie di nuclìdi radioattivi.
Nell'ottobre 1934 Fermi e collaboratori scoprirono che, per urti successivi contro i nuclei dell'idrogeno di un materiale idrogenato, i neutroni vengono notevolmente rallentati e che i neutroni lenti così prodotti sono fino a cento volte più efficaci dei neutroni veloci nel produrre le reazioni nucleari con emissione di raggi gamma.

A partire dal 1935 il gruppo di Via Panisperna cominciò a disperdersi; Edoardo Amaldi (1908-1989) ed Enrico Fermi restarono per proseguire la ricerca sulle proprietà dei neutroni lenti. Nel 1938, Enrico Fermi fece la richiesta di uno stanziamento straordinario di fondi per la costruzione del primo ciclotrone italiano che venne affossata dalla presidenza del Consiglio nazionale delle Ricerche (CNR). Alla delusione scientifica si aggiunse la promulgazione in Italia delle leggi razziali che colpivano direttamente Enrico Fermi in quanto sua moglie era di religione ebraica. Egli pertanto decise di lasciare l'Italia. L'annuncio a Enrico Fermi del prossimo conferimento del premio Nobel (che poi avvenne il 10 novembre 1938) lo decise a proseguire direttamente da Stoccolma a New York accettando una offerta della Columbia University senza ritornare in Italia. Enrico Fermi era giunto negli Stati Uniti da poche settimane quando Otto Hahn (1869-1968) e Friedrich Wilhelm Strassmann (1902-1980) annunciarono la scoperta della fissione dell'uranio. Immediatamente Enrico Fermi iniziò lo studio della fissione, in particolare dei neutroni emessi in questo processo. Ebbe così ben presto chiaro che era possibile realizzare una reazione a catena capace di produrre energia su scala macroscopica. La realizzazione di un dispositivo nel quale produrre in modo controllato la reazione a catena divenne lo scopo centrale delle ricerche di Enrico Fermi, che si conclusero il 2 dicembre 1942, con l'entrata in funzione a Chicago del primo reattore nucleare a fissione. Poco prima Fermi aveva dato la sua adesione al progetto Manhattan, per l'utilizzazione bellica dell'energia nucleare.

Fig. 12

Il Trinity Test è stato il primo esperimento dello scoppio di una bomba nucleare eseguito il 16 luglio 1945 dalle Forze Armate americane nel deserto Jornada del Muerto a circa 56 km a Sud Est di Socorro nel New Mexico. Questa data è considerata l'inizio dell'Era atomica. La bomba era impostata secondo la logica della fissione nucleare e alcune settimane più tardi, altri due ordigni identici furono sganciati su Hiroshima e Nagasaki causando 140.000 morti a causa delle esplosioni, e molti altri successivamente a causa delle radiazioni, per un totale complessivo di oltre 340.000 decessi accertati nel 1950. La capacità distruttiva del Trinity test era pari a 20.000 tonnellate di esplosivo tradizionale TNT. Ancora oggi ci si domanda a livello istituzionale, scientifico e popolare se l'utilizzo delle armi atomiche contro il Giappone ormai pronto alla resa fosse davvero necessario.

Fonti:Hughes, Jeff, *The Manhattan Project: Big Science and The Atom Bomb*. New York: Columbia University Press, 2002, Wikipedia

Storicamente, il primo esperimento di una arma nucleare (*Trinity test*) si ebbe, a seguito del progetto Manhattan, il 16 luglio 1945 ad Almagordo, nel deserto del New Mexico degli Stati Uniti (cfr. Fig. 12). Nonostante la petizione di Leo Szilard (1898-1964) e di altri scienziati del 17 luglio, che richiedevano al Presidente Truman di non utilizzare ordigni di tale potenza distruttiva, egli dette l'ordine di bombardamento sul Giappone: il 6 agosto fu colpita la città di Hiroshima e il 9 agosto quella di Nagasaki producendo circa 300.000 vittime dirette e successive per l'esposizione alle radiazioni conseguenti alle esplosioni nucleari[21].

Subito dopo la fine della guerra, Enrico Fermi si dedicò a studi teorici sulla fisica delle particelle elementari (atomi mesici[22], reazioni ad alta energia, origine dei raggi cosmici). All'inizio degli anni Cinquanta condusse, con una macchina acceleratrice in grado di produrre pioni, lo studio sperimentale della collisione pione-protone, scoprendo la prima risonanza di questo processo. Nell'estate del 1954, dopo una breve permanenza in Italia, si manifestarono i sintomi della malattia che lo portò alla morte il 29 novembre dello stesso anno.
Nel periodo della guerra fredda iniziò una proliferazione incontrollata degli armamenti nucleari da parte degli Stati Uniti, dell'Unione Sovietica, del Regno Unito (1953), della Francia (1960), della Cina (1964) e dell'India (1974). Il loro ulteriore sviluppo fu attenuato ma non fermato dalla creazione dell'Agenzia Internazionale dell'energia atomica (AIEA) nel 1957 e dal Trattato di non proliferazione (TNP) nel 1968, faticosamente rinnovato a tempo indeterminato nel 1995. Peraltro, oggi esiste al mondo un potenziale nucleare bellico pari a 100.000 volte quello di Hiroshima e Nagasaki, equivalente a 700 kg di alto esplosivo per ogni persona oggi vivente. Gli USA nel 2010 hanno stanziato 80 mld $ per ricerche nucleari di cui buona parte orientate a scopi bellici e Obama ha stanziato 537 mln $ (realisticamente, serviranno 10 mld $) per il potenziamento (da 180 a 400) delle testate nucleari dislocate in Europa (Belgio, Germania, Italia, Olanda

---

[21] Estratto da: Leggio A. Megatrend, Rischi e Sicurezza- Per comprendere la Società di oggi con la teoria del caos, Franco Angeli 2004

[22] Gli atomi mesici sono atomi instabili che al loro interno, oltre all'elettrone, hanno ulteriori particelle (mioni e pioni).

e Turchia), sganciabili da aerei da combattimento F16, Tornado, B2Stealth[23].

Nonostante queste problematiche e la complessità del loro trattamento, il basso costo di produzione dell'energia nucleare e della sua trasformazione in energia elettrica hanno fatto sì che, al momento, esistano 420 centrali nucleari funzionanti per la produzione energetica a scopi civili, a cui si aggiungono 50 centrali in costruzione nei paesi in via di sviluppo[24].

Al progressivo esaurimento delle riserve dei combustibili fossili e al crescente incremento dell'uso delle riserve seppur a costi maggiori, avrebbe dovuto affiancarsi in futuro un ricorso sempre più intenso all'energia nucleare prodotta per fissione.

Numerosi incidenti fra cui l'ultimo avvenuto nella centrale nucleare di Fukushima, uniti all'enorme difficoltà di smaltimento delle scorie radioattive, hanno indotto un ripensamento dell'energia nucleare.

Molte speranze erano state peraltro riposte nella cosiddetta fusione nucleare. Questa é ben diversa dalla fissione nucleare e si attua continuamente nel sole, dove atomi di idrogeno si fondono insieme creando energia e atomi di elio. Le ricerche sulla fusione nucleare controllata non hanno tuttavia ancora prodotto alcun risultato.

1.1.3 Storia delle fonti energetiche rinnovabili

L'utilizzo di fonti di energia diverse dai combustibili fossili si sta facendo man mano strada presso i paesi industrializzati e

---

[23] New York Times, 20/5/2013.

[24] Estratto da: Augusto Leggio, Globalizzazione, Nuova Economia e ICT – Coglierne le opportunità ed evitarne i Rischi, Franco Angeli Editore, 2001.

quelli in via di sviluppo per più motivi: progressivo esaurimento dei combustibili fossili estraibili a prezzi economicamente convenienti che, a suo tempo, fu stimato ottimisticamente dovesse avvenire solo entro il 2040, necessità di non inquinare l'ambiente, incremento della domanda a causa dell'ingresso nell'economia internazionale di nuovi formidabili soggetti economici, come la Cina, l'India, la Corea del Sud, ecc.

Anche se, al momento, l'uso di fonti alternative è limitato, esso è tuttavia in crescita e appare come l'unica possibilità di approvvigionamento da affiancare nel lungo termine ai combustibili fossili in via di esaurimento.

FONTI DI ENERGIA RINNOVABILE

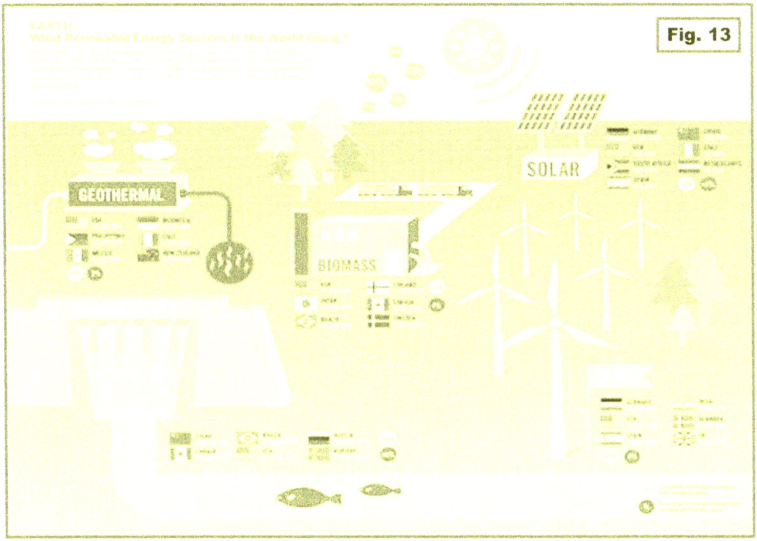

Fig. 13

Fonte: Web

Taluni esperti prevedono che le fonti rinnovabili di energia (cfr. Fig. 13) serviranno nel 2050 circa un terzo o la metà dei fabbisogni energetici concorrendo decisamente all'equilibrio tra domanda e offerta.

Altri invece ritengono che il petrolio derivante dalle riserve sarà sostituito da quello derivante dalle risorse, anche se estraibile a costi maggiori i quali peraltro si ridurranno per l'effetto del miglioramento delle tecnologie e per le gigantesche economie di scala che si produrranno.

Altri ancora pensano che solo la riduzione drastica del dispendioso stile di vita occidentale potrà in futuro evitare una crisi energetica, nonostante l'utilizzo delle fonti rinnovabili e l'aumento dell'efficienza nello sfruttamento dei combustibili fossili.

Tuttavia, la percentuale di energia derivante da fonti rinnovabili, ad eccezione dell'energia idroelettrica, appare tuttora insignificante.

1.1.3.1 Energia idroelettrica

L'energia di provenienza idroelettrica é una forma rinnovabile di energia pulita utilizzata sin dalla seconda metà dell'ottocento.

Oggigiorno, essa rappresenta la più frequente fonte di energia rinnovabile.

Più di 20 paesi ricevono dagli impianti idroelettrici oltre il 90% dei loro fabbisogni energetici; alcuni (Bhutan e Paraguay) addirittura il 100% e altri (Norvegia, Uganda e Zambia) fino al 99%; un ulteriore gruppo di 38 paesi riceve il 65% e un ultimo agglomerato di 40 paesi più del 35%.

Ultimamente, la fame di energia ha fatto esplodere l'industria dell'energia idroelettrica con la costruzione di grandi dighe.

Ora, in base ad una definizione condivisa di come si caratterizzi una grande diga (altezza da 5 a 15 metri e riserva d'acqua superiore a 3 milioni di metri cubi), nel 2000 è stato stimato dalla *World Commission on Dams* che ci siano al mondo circa 45.000 dighe.

Dal 2004 in poi, sono state costruite nel mondo ulteriori 1.600 dighe, tra cui quelle in Cina (*Danjiangkou* sul fiume Han e *Three Gorges* sul fiume Yangtze, *Sardar Sarovar* sul fiume Narmada in India e *Itaipu* al confine tra Brasile e Paraguay) sono di dimensioni amplissime e hanno pertanto dato la stura ad una valanga di polemiche di vari ordini.

Infatti, la costruzione di grandi dighe distrugge gli ecosistemi fluviali, sommerge vastissime zone abitate inducendo lo spostamento forzoso di masse di popolazioni con gravi tensioni sociali, distrugge per sempre beni culturali, causa variazioni climatiche e induce gravi rischi.

In particolare, la diga *monstre* delle *Three Gorges* (cfr. Fig. 14), ideata per risolvere vari problemi cinesi (carenza di energia, controllo delle inondazioni e sviluppo della navigazione fluviale), ha dimensioni mai viste (185 metri d'altezza; 2.150 metri di lunghezza); ha imposto il dislocamento di 727.000 persone, in gran parte agricoltori, verso zone già densamente abitate e con una disponibilità di terra praticamente nulla; ha sommerso 13 città e centinaia di villaggi, con perdita di beni culturali in 100 siti storici che datano sin da 10.000 anni avanti Cristo; è esposta a rischi tecnici, da ascrivere a cause varie fra cui l'enorme sedimentazione di detriti e le difficoltà del loro smaltimento[25].

La costruzione di grandi dighe insiste sul paradigma di una architettura energetica centralizzata, mentre la domanda richiede in modo sempre più consistente un paradigma di architettura distribuita al fine di diminuire i costi del trasporto dai luoghi di produzione a quelli di consumo.

LA DIGA DELLE TRE GOLE IN CINA

La diga delle tre gole sul fiume YangTse fu concepita fin dal 1919 e oggi può erogare 22.500 Mw di potenza. La costruzione della diga fu autorizzata dal Congresso nazionale del Popolo nel 1992 ed entrò nella piena operatività nel maggio 2012. E' lunga 2,3 Km e contiene 39,3 km³ di acqua. Secondo le Autorità, la diga riduce il consumo di carbone per 1 mln di tonnellate/anno, ed evita l'immissione nell'atmosfera di 100 mln di gas serra/anno.

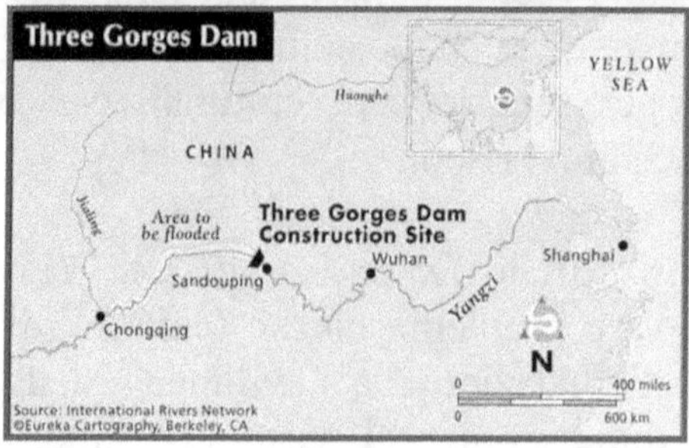

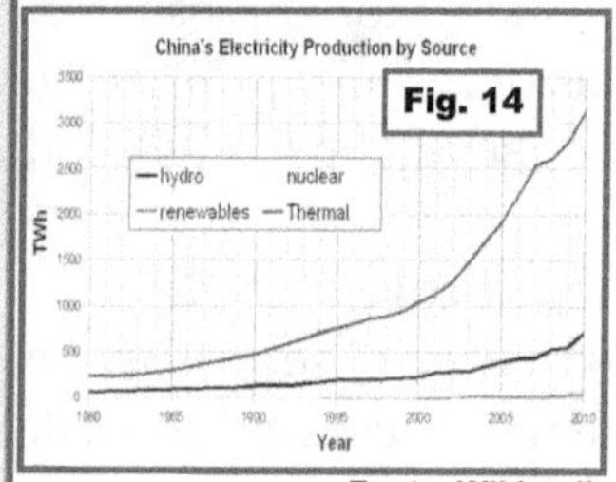

Fig. 14

Fonte: Wikipedia

Pertanto, l'evoluzione dell'energia idroelettrica dovrebbe orientarsi verso la costruzione di dighe più piccole per le difficoltà, i rischi e la progressiva scarsità di zone idonee per quelle di grandi dimensioni.

---

[25] Cfr. Min K., *Three Infinite Reasons*, Wikipedia

Una ulteriore soluzione consiste nella cosiddetta accumulazione idroelettrica; essa consiste in una diga con funzionamento reversibile: l'acqua (e quindi l'energia) in eccesso della diga viene pompata in due bacini ad altezza diversa; quando la rete necessita di energia, l'acqua del bacino superiore cade nel bacino inferiore attraversando turbine idroelettriche e cede l'energia accumulata[26]. La soluzione sfrutta le diverse temperature tra il giorno e la notte: di giorno, specchi parabolici raccolgono calore che riscalda l'olio che fa bollire l'acqua per produrre vapore caldo che alimenta una turbina a vapore; di notte, la turbina viene alimentata dal vapore derivante dal calore immagazzinato durante il giorno che segue un percorso diverso dal precedente. Di fatto è una soluzione mista di natura idroelettrica e solare.

Inoltre, si possono utilizzare regimi tariffari diversi tra giorno e notte: ad esempio, nelle dighe di Caldonazzo in provincia di Trento, l'acqua viene pompata verso la diga superiore utilizzando l'energia elettrica erogata a basso costo nelle ore notturne producendo un risparmio tariffario e l'energia viene erogata durante il giorno per coprire le richieste di punta[27].

Peraltro, rimanendo sempre in ambito nazionale, le variazioni climatiche riconducibili alle infrastrutture idroelettriche non solo incidono sia sulle condizioni locali (ad esempio, frequenza e densità del fenomeno nebbia), ma anche direttamente sulla vegetazione e sulle colture (infatti, sono serviti parecchi decenni di adeguamento ambientale degli agrumi coltivati sulle sponde del lago di Garda per ritornare a maturare, dopo il raffreddamento provocato dagli affluenti (soprattutto il fiume Isarco), le cui acque provenienti da bacini

---

[26] Cfr. Davide Castelvecchi, Imbrigliare il vento, Le Scienze Maggio 2012

[27] Considerazioni effettuate da Vincenzo Randazzo

di alta quota scorrono per lunghi tratti in condotte forzate, che impediscono il riscaldamento.

1.1.3.2 Energia eolica

L'energia eolica é utilizzabile là dove i venti sono forti e costanti. Essa era comunemente sfruttata nella Mongolia imbrigliandone il vento per aiutare le fatiche dell'uomo nel trasporto di materiali tramite carretti a mano[28].

La *European Wind Association* prevede che, nel 2020, l'energia eolica costituirà il 10% della produzione energetica totale. In Germania e in Danimarca essa serve già il 15% del fabbisogno. Taluni si arrischiano ad ipotizzare che l'energia eolica prodotta nell'Europa del Nord potrebbe in futuro soddisfare la domanda complessiva del continente europeo, ma le variabili in gioco sono tante e tali da rendere queste previsioni piuttosto incerte; peraltro, l'Unione Europea di recente ne ha promosso lo sviluppo nel Nord Europa. Comunque, l'energia eolica rappresenta una fonte rinnovabile di eccezionale valenza per i paesi in via di sviluppo. L'India, ad esempio, oggi è il quinto produttore di energia eolica e prevede con essa di servire nel 2030 il 25% del suo fabbisogno.

Inoltre, la tecnologia delle torri per la produzione di energia eolica è molto migliorata ed è in piena evoluzione. Anche se esistono resistenze al suo utilizzo provenienti in massima parte da ambientalisti, l'energia eolica si presenta come una forma di produzione energetica sempre più significativa in dipendenza della connessa evoluzione tecnologica.

Questa si sta orientando verso l'obiettivo di immagazzinare il vento nei periodi in cui è più intenso e convertirlo in energia quando cessa; al momento, la ricerca sperimenta più soluzioni.

---

[28] Cfr. Jonathan D. Spence e Annping Chin, *Il secolo cinese*, Alinari Editore 1996).

La prima cerca di ovviare alla variabilità del vento: quando l'offerta energetica supera la domanda, l'energia del vento viene immessa ad alta pressione da pompe elettriche in una caverna. Quando invece la domanda supera l'offerta, l'aria in pressione nella caverna viene liberata azionando turbine elettriche. Un'altra soluzione consiste nella riprogettazione da zero delle batterie convenzionali. Le batterie di nuova concezione, caratterizzate da componenti innovativi, da grandissime dimensioni e da costi molti bassi rispetto a quelli delle batterie attuali, dovrebbero caricarsi quando c'è energia in eccesso e restituire energia alla rete quando avviene il contrario.

1.1.3.3 Energia solare

Lo sfruttamento dell'energia solare – dopo l'antica esperienza degli specchi ustori effettuata da Archimede (287-212 a.C.) nell'assedio di Siracusa e quella avvenuta nel 1757 da parte del fisico francese Bernière che fece costruire una lente concava di vetro con la superficie interna ricoperta da fogli di stagno per concentrare i raggi solari – si é oggi molto sviluppato tramite l'utilizzo di celle fotovoltaiche (cfr. Fig. 15).

Le celle fotovoltaiche che catturano l'energia solare hanno avuto un incremento annuo del 20-25% negli ultimi 20 anni, indotto da una tecnologia in continuo miglioramento e da crescenti economie di scala che hanno prodotto una progressiva diminuzione di costi e prezzi. Nonostante questi progressi, le celle fotovoltaiche sono ancora da 2 a 5 volte più costose dell'elettricità prodotta da combustibili fossili per cui necessitano di sussidi statali che, in Italia, si stanno protraendo per un tempo troppo lungo sottraendo finanziamenti pubblici ad altre iniziative più meritorie. Le celle fotovoltaiche (particolarmente utilizzate in Giappone, Svizzera e Germania) seguono il paradigma dell'economia energetica distribuita dove l'irradiazione solare è abbondante e sono destinate a diffondersi ove vengano superate le difficoltà indotte dallo scarso rendimento energetico e dalle problematiche di cui in appresso.

ENERGIA SOLARE TERMICA ED ENERGIA GEOTERMICA

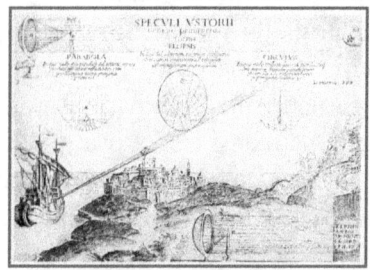

Specchi ustori utilizzati da Archimede nell'assedio di Siracusa

Fig. 15

Concentrazione di raggi solari tramite "vetri ardenti"

L'impianto geotermico di Nesjavellir in Islanda

In Islanda nel 2007, le fonti rinnovabili hanno fornito l'81% dell'energia primaria che, per 66%, è dato dall'energia geotermica.

Fonti: George Urbain e Marcel Boll, *La Science, ses Progrès, ses applications*, Libraire Larousse Paris, 1933;
Amédée Guillemin, *Les Applications de la Physique*, Librairie Haschette et C., Paris 1874;
Wikipedia.

L'energia solare può peraltro essere prodotta anche da impianti di grande dimensione per servire esigenze di industrie e insediamenti urbani di media grandezza. Ad esempio, in Australia é stato sviluppato un progetto di una gigantesca torre solare alta un kilometro che, a fronte di un investimento di un miliardo di dollari australiani, dovrebbe fornire l'elettricità a 200.000 abitazioni, mentre nelle Filippine un progetto di 48 milioni di dollari dovrebbe fornire l'elettricità a 400.000 abitazioni, 69 sistemi di irrigazione e 97 sistemi di distribuzione di acqua potabile.

Lo sviluppo potenziale dell'energia solare da pannelli fotovoltaici é teoricamente illimitato e coerente con una moderna visione distribuita dell'elettricità atta a garantire autosufficienza e affidabilità, ma esso presenta numerosi inconvenienti che si riassumono:

1. nella attuale perfettibilità dell'efficienza che mantiene **i costi e i prezzi ancora troppo alti**;
2. nella difficoltà di smaltimento dei **rifiuti fotovoltaici tossici** alla conclusione del loro ciclo di vita (circa 20 anni);
3. nella **sottrazione all'agricoltura dei suoli** "coltivati" a pannelli fotovoltaici, che costituisce un problema che deve essere eliminato imponendo il posizionamento degli apparati fotovoltaici di ricezione della radiazione solare solo sui tetti o sulle tettoie e non sui suoli coltivabili.

Tuttavia, i suoli desertici possono costituire una riserva amplissima di cattura dell'energia solare: infatti, nel prosieguo sarà esposto un gigantesco progetto che non usa il fotovoltaico e che cattura l'energia solare dai deserti del Sahara e dell'Arabia Saudita, teso a soddisfare le esigenze energetiche dell'Europa, dell'Africa del Nord e del Medio Oriente.

1.1.3.4 Energia dall'idrogeno

L'idrogeno é un elemento incolore e inodore che costituisce il 75% dell'universo. Sulla terra, l'idrogeno si trova combinato con altri elementi (carbonio, ossigeno e azoto); pertanto, per essere utilizzato, l'idrogeno va separato. L'energia proveniente dall'idrogeno é stata descritta come "*la panacea di tutti i mali*" provenienti dall'uso quasi esclusivo dei combustibili fossili: le quantità d'idrogeno in natura sono praticamente inesauribili, l'energia ricavabile è pulita e distribuibile agevolmente. Secondo taluni, una società che utilizzasse principalmente l'idrogeno per i propri bisogni energetici potrebbe dar luogo ad una nuova era in cui l'economia è meglio distribuita e le disuguaglianze sono molto attenuate[29]. **L'idrogeno** è

---

[29] Cfr. Rifkin J., *Hydrogen Economy*, Polity Press & Blackwell Publishing Ltd, 2002

indubbiamente, in potenza, una risorsa energetica globale e sostenibile di enorme valenza, ma **non è una fonte primaria, bensì derivata da altre fonti**. L'energia dall'idrogeno va infatti prodotta da fonti primarie (rinnovabili o non rinnovabili) e quindi conservata in celle di combustibile che convertono direttamente l'idrogeno in elettricità.

Di norma oggi, con un processo di efficienza piuttosto bassa (il 40% del potenziale energetico va perduto), si utilizza l'energia primaria del gas naturale (e quindi di un combustibile fossile non rinnovabile) per produrre circa 400 miliardi di metri cubi d'idrogeno per vari utilizzi (produzione di ammoniaca, raffinazione del petrolio, combustibile per veicoli spaziali, ecc). Però, se si pone mente alla curva di Hubbert, dopo il 2040 non dovrebbero più essere disponibili combustibili fossili bastevoli da trasformare in idrogeno. Si può pertanto ricorrere all'elettrolisi della molecola dell'acqua per scindere i due atomi di idrogeno da quello dell'ossigeno. Tuttavia anche l'elettrolisi necessita di energia elettrica che comunque in qualche modo deve essere stata prodotta ed il processo elettrolitico è ancora più inefficiente (il 63% del potenziale energetico va perduto). Quindi, **l'energia dall'idrogeno può avere un futuro a lungo termine solo se la fonte primaria da cui ricavarlo è rinnovabile** (l'energia idroelettrica e quella solare appaiono le più indicate, anche se altre sono utilizzabili). Inoltre, le celle ad idrogeno devono essere rese più efficienti per immagazzinare grandi quantità di energia e altresì divenire meno costose. Infatti, con riferimento al mercato automobilistico, a parità di potenza prodotta, **una cella a combustibile di idrogeno costa attualmente 100 volte di più di un motore a combustione interna** ed inoltre i motori ibridi (motore a combustione interna affiancato da motore elettrico supplementare alimentato a batteria) sono già disponibili sul mercato e sostanzialmente equivalenti a quelli ad idrogeno sotto il doppio profilo della potenza erogabile e del consumo[30].

Per esprimere un parere ragionevole sulle possibilità di successo di un'economia basata sull'idrogeno non bisogna tuttavia limitare il campo d'indagine alla sola parte del relativo processo industriale che produce una cella ad idrogeno. La filiera industriale è infatti molto più lunga. Ad esempio, l'idrogeno va compresso per essere trasportato là dove occorre.
Il trasporto dell'idrogeno, misurato in numero di autobotti necessarie, rispetto a quello della benzina, è circa 15 volte più inefficiente e, rispetto al gas naturale, è 8 volte più inefficiente a parità di potenza erogabile.
Inoltre, l'idrogeno è molto pericoloso: la fiamma è invisibile e l'intervallo di concentrazione in cui può bruciare è insolitamente ampio (dal 2 al 75%), mentre per il gas naturale è molto più ristretto (dal 5 al 15%). Da tutto ciò si può concludere che l'utilizzo dell'idrogeno è tanto più sicuro quanto minori sono le esigenze di trasporto e quindi quanto esso è più vicino al carico e alla fonte energetica rinnovabile da cui esso deve essere prodotto.

L'utilizzo dell'energia da idrogeno è vista favorevolmente sia da quegli Stati che vogliono rendersi indipendenti dall'importazione di combustibili fossili, sia dall'industria automobilistica. Molto meno da quelle grandi organizzazioni (Stati e imprese) che vivono sull'industria del petrolio, del gas naturale e del carbone e che probabilmente ne contrasteranno la diffusione fino al termine delle relative riserve al fine di trarre il massimo profitto possibile dagli investimenti effettuati.

Esempi positivi di sviluppo dell'energia da idrogeno non mancano: ad esempio, l'Islanda ha deciso di divenire nel 2020

---

[30] Cfr.M. L. Wald, *Economia all'idrogeno*, Le Scienze, giugno 2004

una economia basata sull'idrogeno, utilizzando come fonte primaria l'energia geotermica di cui è ricca e che, rispetto alle limitate esigenze energetiche islandesi, può ritenersi praticamente inesauribile anche nel lungo termine. Inoltre un notevole sforzo per l'utilizzo dell'idrogeno per il trasporto su strada è in corso in Cina che, attualmente conta non più di 20 milioni di automobili, pari a circa l'8 per mille della popolazione (rispetto al 940 per mille degli Stati Uniti). La strategia cinese all'idrogeno tende a creare una via alternativa all'uso dei combustibili fossili tale da consentire la prosecuzione del suo eccezionale sviluppo. Se i cinesi vinceranno questa scommessa, probabilmente il paradigma attuale, centrato sul trasporto familiare a benzina e sui trasporti industriali a gasolio, potrà subire drastiche variazioni.

Tuttavia gli ostacoli ad una diffusione di massa dell'idrogeno sono oggettivi e non facili a superarsi Peraltro, l'energia da idrogeno, si può presentare come una alternativa di notevoli possibilità per la creazione di generatori locali vicini a fonti non rinnovabili nell'ambito di *grid*[31] distribuite ad alta stabilità e affidabilità. In tal caso, l'idrogeno potrebbe contribuire allo sviluppo di un *"Wikipedia energetico"*, apportatore di una rivoluzione economica, paragonabile a quella comunicazionale indotta dal complesso Internet/Web/telefonia/cinematografia mobile. Un uso massivo dell'idrogeno, ove fossero superate le difficoltà prima esposte, tenderebbe a distruggere l'attuale paradigma rigido e accentrato dell'energia elettrica e la connessa organizzazione industriale dell'energia derivante dai combustibili fossili.

---

[31] Con il termine *grid* si intende genericamente la rete di produzione, trasmissione e distribuzione dell'energia elettrica.

1.1.3.5 Energia geotermica

La struttura del nostro pianeta é costituita da una crosta, un mantello parzialmente viscoso, un nucleo liquido e un nucleo più interno solido; la temperatura del sottosuolo aumenta di 3 gradi Celsius ogni 100 metri di profondità e, nel nucleo interno, arriva fino a 4.000–7.000 gradi Celsius. Spesso, a profondità limitate e in corrispondenza di strati di roccia impermeabili della crosta, si trovano ampie falde di acqua a temperature di circa 300 gradi Celsius. Talora, l'acqua trova la via per arrivare in superficie dove si presenta in varie forme, la più spettacolare delle quali è costituita dai *geyser*. Quest'acqua (conosciuta fin dall'antichità per il suo uso termale) è utilizzabile a fini energetici di potenza. L'acqua, prelevata in profondità allo stato liquido o di vapore tramite tubi, fluisce in una turbina che fa ruotare un generatore che produce elettricità, la quale viene trasformata, trasmessa e va ad alimentare il carico. Un ulteriore utilizzo del calore geotermico consiste nel creare, a fini di climatizzazione, un sistema di scambiatori e pompe di calore a circuito chiuso che durante l'inverno trasportano il calore dal terreno alle abitazioni e agli uffici e durante l'estate effettuano il percorso inverso. Il primo sfruttamento industriale dell'energia geotermica si è avuto a Montecerboli in Toscana nel 1818 ad opera dell'industriale francese François Jacques de Larderel (1790-1858) per l'estrazione del boro. Oggi l'utilizzo dell'energia geotermica è diffuso ovunque ed è in crescita. È stato calcolato che la potenzialità energetica del calore terrestre è teoricamente superiore a quella di tutti i combustibili fossili (carbone, petrolio, gas naturale) e dell'uranio messi insieme.

L'energia geotermica ha indubitabili vantaggi: **ha una connotazione distribuita** e quindi è caratterizzata da un paradigma industriale moderno che evita i rischi delle concentrazioni; **è pulita** e quindi gradita agli ambientalisti; **è**

praticamente inesauribile; i costi (limitati a quelli pertinenti agli impianti estrattivi e di conversione) e **i relativi prezzi sono bassi**. Anche se utilizzabile al meglio in corrispondenza di zone a caratterizzazione vulcanica, la sua potenzialità come fonte alternativa di energia è enorme. La sua diffusione è tuttora limitata dall'attuale volontà di cristallizzare la situazione industriale, di mercato e di potere economico e geopolitico centrata sul petrolio, sul gas e sul carbone, da una scarsa consapevolezza delle sue caratteristiche e dal fatto che la massima parte delle riserve non è ancora oggetto di sfruttamento industriale.

Un ulteriore impiego del calore terrestre è ottenibile dallo sfruttamento delle differenze di temperatura degli oceani (caldi in superficie e sempre più freddi nel profondo). L'utilizzazione di questo principio, ideata nel 1881 dall'ingegnere francese Jacques-Arsène d'Arsonval (1851-1940), é possibile solo se le differenze di temperatura superano i 20 gradi Celsius ed ha avuto una recente applicazione con la costruzione dell'impianto Dhela nelle Hawaii. Oltre al funzionamento a ciclo continuo, un importante sottoprodotto di questi impianti consiste nella produzione di acqua desalinizzata. Tuttavia, questa tecnica non è diffusa e rimane allo stadio sperimentale.

1.1.3.6 Energia dal moto ondoso

Un ulteriore sistema di captazione di una fonte di energia rinnovabile consiste nello **sfruttamento del moto delle onde del mare**; in pratica, si tratta di trasformare in energia elettrica l'energia cinetica impressa alle onde del mare dal calore solare e dal vento. Il sistema funziona in questo modo: le onde entrano al disotto del livello del mare in una camera stagna ancorata al fondo; nella camera stagna si crea una compressione d'aria che fluisce in un'altra camera e attiva una turbina che fa girare un generatore che produce energia elettrica che viene trasformata e inviata alle linee di

trasmissione; questa tecnica è usata nel Regno Unito, in Norvegia e in Svezia.
Una ulteriore tecnica, usata fin dall'undicesimo secolo, consiste nello **sfruttamento delle maree**. Quando la marea sale, l'acqua viene imprigionata in una diga; quando la marea scende, l'acqua del bacino della diga alimenta una centrale idroelettrica; la Rance Station in Francia con questo sistema produce 170 megawatt fin dal 1966.
È stato stimato che lo sfruttamento intensivo delle maree potrebbe soddisfare il 15% dei fabbisogni energetici inglesi; tuttavia anche questo sistema è ancora molto poco usato: la sfida consiste nella costruzione di grandi impianti, a somiglianza di quello francese e nella loro diffusione.

1.1.3.7 Energia da biomasse

É possibile estrarre energia da biomasse[32] ricavando diesel biologico da piante oleose, gas metano da rifiuti organici ed etanolo dal granturco. **Il diesel biologico** é considerato dai suoi sostenitori particolarmente indicato per la protezione ambientale in quanto **sostanzialmente non produce solfuri, è biodegradabile e riduce di molto il tasso di CO_2 nell'aria** (1 kg di diesel biologico elimina 3 kg di anidride carbonica). È molto usato in Europa, ma **la sua potenzialità è scarsa** in quanto, anche se fosse possibile orientare le coltivazioni di piante oleose alla produzione di diesel biologico, i quantitativi prodotti non influenzerebbero significativamente la riduzione del diesel proveniente dai combustibili fossili. Infatti, un contributo maggiore può provenire dalla decomposizione di rifiuti organici per produrre gas metano.

---

[32] Il termine "biomasse" si riferisce a legno, scarti vegetali e animali che anticamente rappresentava una gran parte dei consumi energetici di popolazioni di campagna o di montagna che garantivano una autosufficienza a livello familiare o di gruppi sociali limitati. Oggi le biomasse hanno assunto caratterizzazione industriale a fini di produzione di biocarburanti.

Peraltro, la coltivazione di granturco e di altri tipi di grano può produrre etanolo che, addizionato al gasolio in sostituzione dei comuni additivi basati su etilene e butilene, ne riduce sostanzialmente gli effetti inquinanti. La produzione di etanolo è crescente e rappresenta un metodo valido per neutralizzare l'impatto ambientale causato dai combustibili fossili. Tuttavia, **questa tipologia di carburanti sottrae la terra coltivabile a scopo alimentare che diviene sempre più necessaria per far vivere la popolazione mondiale che è in continua crescita.**

Secondo i fautori della produzione di energia da biomasse, essa é caratterizzata da vari aspetti positivi.
In primo luogo, l'inquinamento é minimo rispetto a quello dei combustibili fossili.
Inoltre, l'energia da biomasse tende a creare un mercato ampio e differenziato dove, essendo i prezzi approssimati ai costi, le speculazioni e l'inefficienza hanno più difficoltà a verificarsi ed è più difficile creare cartelli da parte di un ristretto numero di operatori che tendono a dominare il mercato.
Infine, fondamentalmente, l'energia da biomasse concorre allo sviluppo di un paradigma industriale flessibile, distribuito e concorrenziale in sostituzione di quello da combustibili fossili che è rigido, accentrato, creatore di posizioni dominanti e dove le *grid* sono più esposte nei confronti di fenomeni di instabilità e di *blackout*.
Pertanto, le fonti energetiche da biomasse costituiscono fattori determinanti nei confronti della diminuzione delle soglie d'accesso all'energia e della sostenibilità a medio-lungo termine della vita nel pianeta. Esse sono considerate essenziali per la costruzione di un paradigma industriale energetico più democratico ed equo. La configurazione che appare più promettente è quella che si basa sulle fonti energetiche che riescono a trovare un punto di mediazione ottimale tra esigenze spesso contrastanti di efficacia, efficienza e protezione ambientale e che inoltre rispettano una concezione distribuita

di impianti piccoli e numerosi. L'identificazione del punto di mediazione ottimale ha tuttavia risvolti politici di rilievo in quanto implica scelte che possono essere condizionate da ideologie e da interessi. La diffusione delle fonti da biomasse è inoltre ostacolata dagli alti costi di migrazione da un paradigma industriale accentrato ad uno distribuito e dalla vischiosità che oppongono le industrie basate sui combustibili fossili ad una drastica modifica dell'attuale assetto.

Considerando la curva di Hubbert e il frequente verificarsi di *blackout*, appare ragionevole ipotizzare che il pieno sviluppo delle fonti da biomasse avverrà solo quando le riserve naturali del carbone, del petrolio e del gas saranno prossime all'esaurimento per cui l'energia dovrà essere razionata. Ma questo scenario, secondo i fautori del mantenimento dell'attuale assetto fino allo sfruttamento completo delle fonti fossili, allo stato attuale è da considerare improbabile a causa della continua ricerca e scoperta di nuovi giacimenti e del continuo incremento dell'efficienza del loro sfruttamento. Peraltro, l'incidenza delle fonti da biomasse, anche se in aumento, è ancora trascurabile rispetto a quella delle fonti fossili costituite dal carbone, dal petrolio e dal gas naturale.

Ma non solo[33]. **I biocombustibili prodotti dalle biomasse non hanno ancora raggiunto livelli sufficienti di convenienza economica e di prestazioni comparabili con quelle derivanti dai combustibili fossili.** Infatti, finora, nessun combustibile proveniente dalle fonti più varie e gestito con le tecniche più diverse è in grado di competere con i combustibili fossili.

L'etanolo proveniente dalle coltivazioni di mais ha ottenuto un discreto successo commerciale, ma solo in ragione delle generose sovvenzioni statali: negli USA nel 2010 esse sono state pari a 5,68 mld $. La distillazione dell'etanolo richiede

---

[33] Questa parte è estratta da: David Biello, *Biocombustibili: una promessa non mantenuta*, Le scienze Ottobre 2011.

una quantità di energia enorme erogabile solo da parte dei combustibili fossili. L'aumento della produzione è impossibile a causa della scarsa disponibilità di terreni fertili: negli USA, la sostituzione dei combustibili fossili con etanolo richiederebbe una superficie 3 volte più grande dell'intero paese. Inoltre, la cellulosa del mais, anche se potenzialmente capace di sostituire i combustibili fossili, è difficilissima da degradare e i vari sistemi naturali impiegati (uso di formiche taglia foglie, processo digestivo dei bovini o delle termiti) non hanno fornito i risultati sperati. Inoltre, l'eliminazione di enormi spazi forestali con coltivazioni massive di mais può produrre effetti climatici negativi imponderabili.

Ancora, l'utilizzo di alghe in acque stagnanti teso a trasformare la luce solare in energia chimica (che teoricamente avrebbe una potenzialità di 40.000 litri di combustibile per ettaro) non si è dimostrata fattibile, tant'è che il *National Renewable Laboratory* statunitense nel 1996 ha interrotto la relativa Ricerca e Sviluppo dopo 18 anni di tentativi e 25 mld $ di investimenti a vuoto.

Un ulteriore filone di indagine è costituito dalla modificazione genetica di batteri capaci di produrre idrocarburi. Tuttavia, le modifiche genetiche possibili sono rozze in quanto si limitano alla modifica dei geni di primo livello ignorando i livelli sottostanti: queste tecniche possono produrre esiti ambientali negativi imprevedibili e difficili da controllare. Inoltre, i microorganismi vanno alimentati con cibo vegetale la cui produzione é costosa.

In conclusione, la produzione di biocombustibili non ha ancora raggiunto livelli di economicità, sicurezza e protezione ambientale tali da poter competere con i combustibili fossili che si sono sviluppati lungo una scala temporale di gran lunga maggiore.

1.1.4 Storia della produzione dell'Energia dalle varie fonti

Dai successivi perfezionamenti della macchina di Branca effettuati da Denis Papin (1647-1712), Thomas Savery (1650-1715), Thomas Newcomen (1664-1729), James Watt (1736-1819), George Stephenson (1781-1848) e molti altri ancora, deriva dalla metà del settecento in poi tutto lo sviluppo della locomozione a vapore su mare (battelli e navi per il trasporto di persone e di merci) e su strada (autovetture e locomobili industriali) e su rotaia (locomotive), oltre alle applicazioni industriali fisse.

Lo sviluppo si attua peraltro per mezzo di una lunga serie di invenzioni e di perfezionamenti successivi[34]. Innanzi tutto, Papin costruisce una marmitta piena d'acqua che, scaldata dal fuoco, mostra la considerevole pressione che il vapor d'acqua può esercitare; poi, dopo la costruzione di una prima caldaia, costruisce un secondo prototipo in cui alla caldaia è aggiunto un cilindro munito all'interno di un pistone che attua un movimento lineare alternativo.

Quindi, nel 1698, il capitano Thomas Savery ad Hampton Court presenta al re Guglielmo III d'Inghilterra (1650-1702) una macchina a vapore perfezionata per il sollevamento dell'acqua. Nel 1705 fu concessa a Savery, a Thomas Newcomen e ad un vetraio di nome Jean Cawley una "patente reale" per la costruzione e la posa in opera di una macchina a vapore.

La tradizione narra inoltre che un ragazzo di nome Humphry Potter, dovendo con gran fatica azionare periodicamente una macchina a vapore, inventa un sistema meccanico per consentirne il funzionamento in automatico.

---

[34] Questa parte è tratta da Louis Figuier, *Les merveilles de la Sciences*, Furne, Jouvet et C.ie, Paris 1867

Poi, nel 1758, nel suo trattato *"Transactions philosophiques"*, il meccanico Fitzgerald espone il metodo di trasformare il movimento lineare del pistone in un movimento rotatorio. Ancora, viene superata la difficoltà di misurare la temperatura del vapore dapprima in maniera approssimata dall'Accademia del Cimento e poi nel 1701, in maniera esatta da Newton; infine, nel 1714 Gabriel Fahrenheit (1686-1736) definisce la scala delle temperature dividendola in 212 parti (congelamento a 32° ed ebollizione dell'acqua a 212 °), mentre Anders Celsius (1701-1744) la definisce da 0° a 100°. Infine, nel 1765 James Watt inventa il "condensatore isolato" che consiste nel condensare il vapore in un vaso separato da quello dove agisce il pistone ed elimina il problema della pressione atmosferica facendo dipendere la forza elastica della macchina dal solo vapore.

L'applicazione pratica di tali invenzioni è merito peraltro del genio commerciale di Matthew Boulton (1728-1809) che si associa a Watt, ne adotta la tecnologia a vapore e i relativi brevetti per la propria industria, convince con una intensa attività di *lobbying* il Parlamento inglese ad estendere di ben 17 anni i brevetti di Watt e amplia il ventaglio dei propri prodotti in tutti i settori industriali. In tale azione, Boulton sfruttò intensamente la propria partecipazione attiva al "Circolo dei lunatici" (1755-1813) di Birmingham composto da industriali, intellettuali e filosofi naturali che egli ospitava volentieri nelle sue terre di Heathfield nelle notti di luna piena al fine di analizzare e decidere su tematiche riguardanti la scienza, l'agricoltura, l'industria, le miniere e i trasporti.
È da notare che tale circolo ha svolto un ruolo fondamentale per lo sviluppo della rivoluzione industriale inglese che nell'ottocento si è estesa dapprima all'intero continente europeo e poi all'America del Nord.

1.1.4.1 Energia dal vapore

Le metodiche ancestrali per il riscaldamento a fini di difesa dal freddo si riassumono nell'uso del fuoco dalla legna e, nelle antiche civiltà, nell'utilizzo di bracieri all'interno di abitazioni (cfr. Fig. 16).
Esse si perfezionano con l'invenzione delle stufe e del camino costituito da una tubazione verticale che collega il combustibile con l'ambiente esterno realizzando il fenomeno del tiraggio, che fa sì che l'aria meno densa riscaldata dal fuoco esca all'esterno[35].
Poi, i sistemi di riscaldamento delle abitazioni diventano più efficaci con l'invenzione dei caloriferi a circolazione d'acqua calda per gli edifici contenenti più abitazioni.

RISCALDAMENTO NEL MEDIOEVO, CALDAIA A VAPORE PER RISCALDAMENTO E MACCHINA DI CARRE' PER LA PRODUZIONE DI GHIACCIO

Fig. 16

Camino del Medioevo

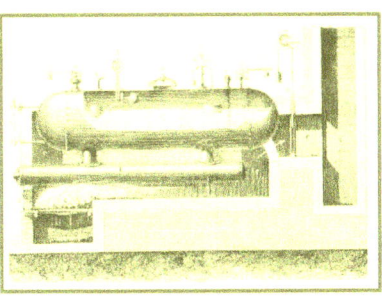
Caldaia a vapore per riscaldamento

Macchina di Carré per la produzione di ghiaccio

Fonte:
Amédée Guillemin,
Les Applications de la Physique,
Librairie Haschette et C.,
Paris 1874.

---

[35] Le figure e i contenuti del paragrafo sono tratti da Amédée Guillemin, Les Applications de la Physique, Librairie Haschette et C., Paris 1874.

Le applicazioni dell'utilizzo del calore si moltiplicano: si va, ad opera di una moltitudine di ingegneri, dalla invenzione di caldaie a vapore a scopo di riscaldamento fino all'invenzione del loro opposto con la macchina di Philippe Ferdinand Carré (1824-1894), il quale nel 1858 inventa una macchina per la fabbricazione artificiale del ghiaccio dove l'acqua era usata come assorbente e l'ammoniaca come refrigerante.

Le macchine a vapore per l'industria (cfr. Fig. 17) assumono nel tempo varie configurazioni che, comunque sono raggruppabili in cinque categorie:

o Macchine a vapore verticali a cilindro unico, dette altresì macchine di Watt
o Macchine a vapore verticali a doppio cilindro
o Macchine a vapore orizzontali a cilindro unico
o Macchine a vapore a cilindro oscillante
o Macchine a vapore a rotazione

Macchine a vapore nell'industria

Macchina a bilanciere di Watt

Macchina a vapore di Newcomen per innalzare l'acqua

Fig. 17

Macchina a vapore per azionare una pressa

Fonti: Louis Figuier, *Les merveilles de la Science*, Fourne, Jouvet et Cie, Paris 1857; Amédée Guillemin, *Les Applications de la Physique*, Librairie Haschette, Paris 1874

Inoltre, verso la metà dell'ottocento, si sviluppano ulteriori tipologie di macchine a vapore e precisamente:

- Macchine a vapore combinate con altri elementi (etere solforico, cloroformio) al fine di una maggiore efficienza
- Macchine ad aria calda (altresì denominate macchine di Ericsson) in cui il vapor d'acqua è sostituito dall'aria che viene alternativamente riscaldata e raffreddata; questa tipologia di macchine adottata in piccole fabbriche inglesi, tedesche e americane, a causa della eliminazione della caldaia aveva il vantaggio di annullare le possibilità di esplosione, a fronte di una maggiore necessità di continua manutenzione.
- Macchine a vapore rigenerato che, invece di disperdere il vapore nell'aria o nel condensatore, lo rinviano nel medesimo cilindro recuperando (a fini di sfruttamento dell'energia residua) il calore di cui dispone a causa dell' azione meccanica che ha esercitato sul pistone; un tale procedimento fu presentato nell'Esposizione Universale di Parigi del 1855.
- Macchine a vapore surriscaldato, in cui il vapore viene portato ad una temperatura più alta per mezzo di un focolare per acquisire, tramite l'assunzione di calore, la tensione richiesta dalla macchina.

Tutte queste esperienze – per il contributo di numerosi scienziati, quali Henry Victor Regnault (1810-1878), James Prescott Joule (1818-1889), Julius Robert von Mayer (1814-1878) e molti altri – contribuirono alla creazione della cosiddetta "Teoria meccanica del calore" la quale giunse alle seguenti conclusioni: *"la conversione del calore ha un effetto meccanico"* e *"nella natura, nulla si perde e nulla si distrugge"*.

I trasporti su terra tramite l'utilizzo di caldaie a vapore si indirizzarono fondamentalmente verso la costruzione di locomotive ad uso ferroviario per il trasporto di merci e di passeggeri; queste, dato l'elevato peso da trasportare, necessitavano di rotaie su cui far scivolare le ruote riducendone al minimo l'attrito (cfr. Fig. 18).

Inoltre, è interessante rammentare che furono gli olivi millenari della Puglia a lubrificare le prime macchine a vapore, fino a che non fu scoperto e utilizzato l'olio minerale[36].

L'origine delle rotaie non è ben noto; tuttavia, sembra che esse, costruite in legno, esistessero già alla fine del diciottesimo secolo per il trasporto del carbon fossile a Newcastle tramite cavalli, con una efficienza tripla rispetto al trasporto sul terreno, così come testimoniato da uno scritto del 1696 intitolato *"Vita di Lord Keepernorth"*.

Dopo un tentativo nel 1811 da parte di John Blenkinsop (1783-1821), il primo servizio commerciale per il trasporto del carbone su binari a cremagliera fu posto in essere nel 1812 tra Middleton e Leeds nel Yorkshire con una locomotiva a vapore di nome *"Salamanca"*.

Trasporti su terra tramite caldaie a vapore

Locomobile di M. Ajubault

Fig. 18

Locomotiva per lavori stradali

Locomotiva Crampton a grande velocità

Locomobile per le vie ordinarie

Fonti: Louis Figuier, *Les merveilles de la Science*, Fourne, Jouvet et Cie, Paris 1857;
Amédée Guillemin, *Les Applications de la Physique*, Librairie Haschette, Paris 1874;
L'Universo illustrato – Giornale per tutti, Tipografia Pietro Agnelli, Milano 1867.

---

[36] Cfr. Pino Aprile, *Il tempo degli Ulivi*, Touring – Touring Club Italiano e National Geographic, Gennaio 2013

Successivamente si sperimentarono vari invenzioni da parte di William Chapman e Edward Chapman (rispettivamente 1749-1832 e 1762-1847), William Brunton (1777-1851), e di un non meglio identificato M. Blacket (?-?) che provarono tecniche che possono considerarsi antesignane dei binari, così come oggi li concepiamo.

Finalmente, nel 1815, George Stephenson (1781-1848) inventò la prima locomotiva con barre orizzontali di accoppiamento delle ruote e con i binari accoppiati tramite barre di legno stese sul terreno. Da quel momento in poi nasce e si diffonde in tutto il mondo il sistema ferroviario con tutte le sue componenti: locomotive, vagoni passeggeri e vagoni merci, reti ferroviarie su binari, stazioni ferroviarie, scambi, passaggi a livello, impianti di segnalazione, ecc. Le locomotive utilizzeranno dapprima caldaie a vapore riscaldato da combustibili fossili e quindi l'energia elettrica per il trasporto.

Ma la locomozione non sarebbe avvenuta solo su reti ferroviarie. Su terra si svilupparono le macchine a vapore ambulanti per attività industriali e le locomobili a vapore (antenate delle moderne automobili) per il trasporto di persone. Si produssero altresì macchine a vapore trasportabili per azionare in loco meccanismi prima azionabili solo a mano.

I modelli delle macchine a vapore ambulanti e delle locomobili furono esposte nelle Esposizioni universali dell'epoca suscitando grandi entusiasmi.

Nacque così, ad opera della macchina a vapore e a merito di tutti coloro che studiarono, lavorarono e soffrirono per concepirla ed attuarla, l'era industriale. Ma l'utilizzo delle macchine a vapore non fu confinato alla terraferma.

Infatti, l'utilizzo della macchina a vapore si sviluppò per il trasporto di merci e passeggeri sul mare e per la sua dominazione sotto il profilo militare e di conquista di territori.

La prima idea di utilizzare una macchina a vapore per muovere il naviglio venne alla fine del 1775 ad un giovane gentiluomo della Franca Contea, Claude Dorotée (1751-1832), marchese di Jouffroy-d'Abbans; l'idea si concretizzò il 15 luglio del 1783 quando Jouffroy poté solcare le acque del fiume Saône a bordo di un piccolo battello azionato da una macchina a vapore a due cilindri.

Da quel momento in poi, le iniziative si moltiplicarono: nel 1789 avvenne un esperimento di navigazione a vapore in Scozia da parte di Patrick Miller (1730-1815), James Taylor e William Symington (1764-1831); il battello era lungo 60 piedi, movimentato da una macchina a vapore a due cilindri che azionavano due ruote ai fianchi ed era manovrato da quattro uomini. In America, nel 1786, John Fitch (1743-1798) solcò le acque del Delaware con il primo battello a vapore americano; poi, Robert Fulton (1765-1815) effettuò studi ed esperimenti tesi ad affrancare l'America dal predominio europeo sui mari: il 9 agosto del 1803, Fulton fece navigare un battello sulla Senna dinanzi ad un considerevole numero di spettatori; l'11 aprile del 1807 a New York salì sul *Clermont*, suo nuovo battello, per un viaggio che lo portò fino ad Albany.

L'Inghilterra, nel 1812 fece navigare la *Cometa*, suo primo battello a vapore costruito da Henry Bell (1767-1830) per il servizio passeggeri tra Glasgow, Greenock e Helensburg. Nel 1838, i bastimenti *Great-Western* e *Sirius* traversarono l'Atlantico per posare il cavo telegrafico transatlantico. Il traffico dall'Europa agli Stati Uniti e viceversa divenne sempre più frequente. Nel 1842 il bastimento a vapore *Driver* compì per la prima volta il giro del mondo.

Nel 1830 fu costruita la *Sphinx*, prima nave da guerra francese. Le ruote motrici ad acqua furono man mano sostituite dalle eliche e le navi da guerra vennero corazzate nei fianchi e munite di sperone corazzato nella prua. Sorsero battelli a ruota e ad elica per il trasporto di passeggeri sui fiumi che attraversavano grandi città, così come accaduto a Parigi sulla Senna in occasione dell'Esposizione Universale del 1867.

Trasporti sull'acqua, sottoterra e in aria tramite caldaie a vapore

Prima esperienza di battello a vapore (1783) - Marchese di Jouffroy sul fiume Saone a Lione

Primo battello a vapore americano (1789) – John Fitch, vicino Filadelfia, sul fiume Delaware

Fig. 19

La metropolitana di Londra (1863)

Il progetto di locomotiva aerea - Kaufmann (1869)

Fonti: Louis Figuier, *Les merveilles de la Science*, Fourne, Jouvet et Cie, Paris 1857;
L'Universo illustrato – Giornale per tutti, Tipografia Pietro Agnelli, Milano 1867;
B. Besso, *Le grandi invenzioni antiche e moderne*, Fratelli Treves Milano 1879.

Nel 1867, già funzionava a Londra la "*Metropolitana*" o "*Strada ferrata sotterranea*", chiamata altresì "*Strada della metropoli*" (che all'epoca contava già 3 milioni di abitanti). La Metropolitana aveva 4 miglia inglesi di circonferenza che venivano percorsi in 25 minuti; i treni diretti partivano ogni ora e quelli ordinari si fermavano ad ogni stazione; a determinati intervalli erano situati fori di comunicazione con l'esterno per fornire aria e luce; l'illuminazione a gas era permanente e i fumi estratti e convogliati all'esterno; le locomotive erano costruite in modo tale da consumare esse stesse il proprio vapore o il proprio fumo; il servizio partiva alle ore 7 "*per il comodo degli operai*"; esistevano tre classi: la prima, la seconda e la terza. Già a quel tempo si favoleggiava di poter acquistare un biglietto diretto Milano-Londra.

Ma probabilmente il progetto più strabiliante (e mai realizzato) di una caldaia fu quello della "locomotiva aerea" del signor Kauffmann di Glasgow che doveva simulare il volo di insetti o di uccelli. Essa avrebbe avuto una lunghezza di 4,50 m, una larghezza di 1,50 m; le ali sarebbero state lunghe 11 m, avrebbero avuto una superficie di 20 m^2 e un ritmo non inferiore a 120 colpi al minuto; la macchina motrice, alimentata ad olio avrebbe avuto una forza di 40 cavalli in grado di imprimere all'apparecchio una velocità di 60-70 km/ora in aria tranquilla; il peso totale della macchina sarebbe stato di 2.800 kg (cfr. Fig. 19).

La locomotiva aerea di Kahuffman fu sperimentata su un modellino di soli 17 kg di peso. Un tentativo analogo di una piccola motrice aerea a vapore fu tentato da un certo Signor Strigfellow, ma pare che anch'esso non abbia avuto successo.

Tuttavia, a leggere la stampa dell'epoca, nessuno dubitava del fatto che, nel futuro, macchine costruite dall'uomo avrebbero solcato i cieli.

1.1.4.2 Energia dal carbone, petrolio e gas

L'energia che proviene dal carbone, dal petrolio e dal gas è energia termica che viene trasformata in energia meccanica a seguito di procedimenti di accensione e bruciamento degli stessi.

L'energia intrinseca del carbone, petrolio e gas viene liberata e tradotta in movimento. In tal senso, il petrolio, il carbone e i gas diventano "combustibili" e l'energia meccanica che si produce viene di norma tradotta, attraverso una serie di meccanismi intermediari, in un albero rotante (cfr. Fig. 20).

Di fatto, l'accensione non è altro che una "esplosione controllata", per cui il combustibile deve essere opportunamente trattato.

I combustibili inoltre sono vari e di diverso potere calorico e, prima di essere impiegati a fini meccanici, devono subire procedimenti complessi che necessitano di grandi e costose infrastrutture di trasformazione chimico-fisica e di trasporto.

È da notare che apparati di questo genere sono utilizzati in ambito sia civile che militare: ad esempio, anche pistole, fucili, mitragliatrici, cannoni e missili utilizzano combustibili per scagliare un proiettile grande distanza; le considerazioni che seguono sono tuttavia limitate al settore civile. Oggi, gli apparati che traggono energia meccanica rotante dai combustibili fossili sono denominati "motori", sono applicati in tutti i settori civili e, in particolare, nel settore dei trasporti che è in piena espansione a livello globale.

**ENERGIA DAL CARBONE, PETROLIO E GAS
MOTORI A ESPLOSIONE E MOTORI A COMBUSTIONE**

Fig. 20

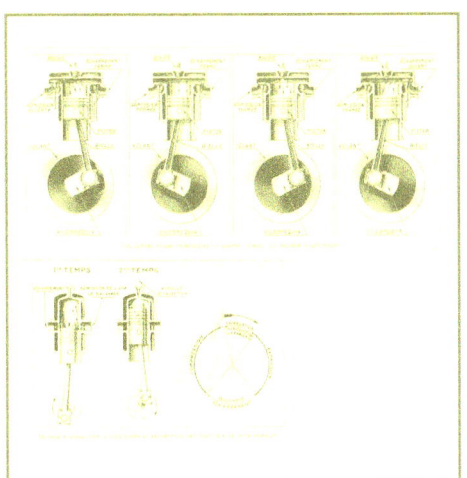

La creazione di energia meccanica dai motori può avvenire in due modi: si parla di "motori ad esplosione" quando, a seguito del movimento del pistone nel cilindro, il combustibile brucia a seguito dell'innesco dell'accensione prodotto da una scintilla, mentre nei "motori a combustione o a iniezione" il movimento del pistone comprime l'aria ad una pressione sufficiente affinché la temperatura finale del gas compresso sia uguale alla temperatura di infiammazione del combustibile.
Nella figura in alto: motore a 4 tempi; in basso: motore a 2 tempi.

Fonte: George Urbain e Marcel Boll, *La Science, ses Progrès, ses applications*, Libraire Larousse Paris, 1933

La creazione di energia meccanica tuttavia può avvenire in due modi: si parla di "motori ad esplosione" (tipicamente, i motori a benzina) quando, a seguito del movimento del pistone nel cilindro, il combustibile brucia per l'innesco dell'accensione prodotto da una scintilla, mentre nei "motori a combustione o a iniezione" (tipicamente, i motori diesel) il movimento del pistone comprime l'aria ad una pressione sufficiente affinché la temperatura finale del gas compresso sia uguale alla temperatura di infiammazione del combustibile. È da notare peraltro che i motori a combustione a pressione costante (ciclo Diesel) sono molto più efficienti di quelli a volume costante (ciclo Otto).

1.1.4.3 Energia dallo scorrimento e dalle cadute d'acqua

La discesa dell'acqua dalle montagne verso il mare rappresenta una delle fonti naturali energetiche fin dall'antichità più remota.

RUOTE IDRAULICHE DAL SEICENTO AI GIORNI NOSTRI

Fig. 21

Il fiume funge da motore di una serie di ruote che fanno lavorare due trombe che danno ciascuna l'acqua all'altra

Varie tipologie di ruote idrauliche utilizzate ai giorni nostri negli impianti tradizionali

Fonti: Giovanni Branca, *Le Machine*, In Roma, ad istanza di Iacopo Marcucci in Piazza Navona, 1629. George Urbain e Marcel Boll, *La Science, ses Progrès, ses applications*, Libraire Larousse Paris, 1933

Infatti, le ruote idrauliche che utilizzano lo scorrimento dell'acqua di un fiume dette "norie" hanno origine in Mesopotamia sin dal 200 avanti Cristo e si sviluppano e si perfezionano nel mondo arabo (cfr. Fig. 21).

Le norie erano costituite da una grande ruota, del diametro di alcuni metri, immersa nella parte inferiore in un corso d'acqua; la noria era munita di secchi che si riempivano d'acqua che veniva rovesciata in vasche situate in corrispondenza della parte superiore; la successiva caduta d'acqua dai secchi superiori poteva mettere in moto macchine rotanti per gli usi più svariati. Di fatto, le norie tramutavano l'energia cinetica dell'acqua che scorreva nel corso d'acqua in energia potenziale utilizzabile successivamente.

Quindi, dal Seicento in poi, la tecnica di captazione dell'energia posseduta dall'acqua che scende verso il mare si è basata su ruote idrauliche costruite con palette situate al di sotto o a lato delle ruote a seconda dell'altezza di caduta, con rendimenti pari rispettivamente al 25% e al 60%.
Oggi disponiamo di possibili misurazioni precise in merito: 1 kg di acqua che cade da 1 m di altezza produce un lavoro di 1 kilogrammetro; una caduta d'acqua di 1 kg/sec ha una potenza di 1 kilogrammetro/sec; infine, una caduta d'acqua di 75 kilogrammetri/sec è equivalente alla potenza di 1 cavallo-vapore. Pertanto, in natura sono disponibili milioni di cavalli-vapore che sono al servizio di gran parte delle necessità umane.
A causa dei rendimenti piuttosto bassi e della conseguente perdita dell'energia potenziale dell'acqua, nel 1857, ad opera di Benoît Fourneyron (1802-1867) nacque la prima turbina idraulica che consente all'acqua di spingere la ruota in senso orizzontale e centrifugo.

Ad essa seguirono le più perfezionate turbine di James Bicheno Francis (1815-1892) a flusso centripeto che sfruttano non solo la velocità ma anche la pressione del getto d'acqua che viene utilizzata per cadute d'acqua da 10 a 300 m e le turbine di Lester Allan Pelton (1829-1908) che fanno giungere l'acqua alla turbina tramite condotte forzate, acqua che discende da quote alte (da 300 a 1.400 m) (cfr. Fig. 22).

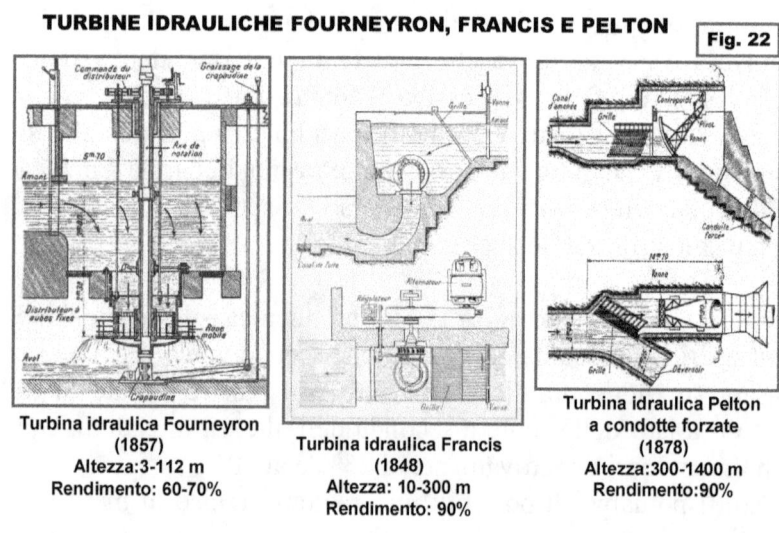

TURBINE IDRAULICHE FOURNEYRON, FRANCIS E PELTON — Fig. 22

Turbina idraulica Fourneyron
(1857)
Altezza: 3-112 m
Rendimento: 60-70%

Turbina idraulica Francis
(1848)
Altezza: 10-300 m
Rendimento: 90%

Turbina idraulica Pelton
a condotte forzate
(1878)
Altezza: 300-1400 m
Rendimento: 90%

Fonte: George Urbain e Marcel Boll, *La Science, ses Progrès, ses applications*, Libraire Larousse Paris, 1933

1.1.5 Storia dell'Energia elettrica

1.1.5.1 Primi esperimenti e scoperte

Si deve a Talete nel 600 avanti Cristo la prima osservazione conosciuta sulle proprietà dell'ambra gialla (*electron*) che, secondo il filosofo, "*era dotata di un'anima ed attirava a sé i corpi leggeri, come in un soffio*". Settecento anni dopo, il naturalista Plinio sul medesimo soggetto scriveva: *"quando questi corpi sono sottoposti a sfregamento, essi attirano le pagliuzze e le foglie leggere degli alberi".*[37] Tuttavia una prima trattazione sistematica della "*materia elettrica*" si deve a William Gilbert (1540-1603) di Colchester, medico della regina Elisabetta d'Inghilterra. Egli, nel suo libro "*De magnete, magneticisque corporibus et de magno magnete tellure Physiologie nove*" edito nel 1600, a seguito di approfonditi studi individuò ed interpretò i fenomeni magnetici elementari quali la proprietà dell'ago magnetico di indicare il Nord, il fatto che le forze di attrazione e repulsione dei magneti decrescono con la distanza e l'induzione magnetica. L'opera di Gilbert fu approfonditamente studiata ed apprezzata da Giovanni Keplero (1571-1630), Francesco Bacone (1561-1626) e Galileo Galilei (1564-1642) per le nuove concezioni di portata scientifica e filosofica che egli apportò; Gilbert fu infatti il primo a concepire la terra come una *"enorme calamita"* dotata di potere attrattivo e il primo ad introdurre il concetto della massa dei corpi. Da ultimo è da ricordare che fu proprio Gilbert a coniare il termine *"elettricità"*. L'esperienza fu ripresa da più sperimentatori tra cui va ricordato Francis Hauksbée (1660-1713), "*curatore di esperimenti*" alla Royal Society di Londra, che costruì una macchina rotante dove, all'interno di globi di vetro, si producevano scintille.

Inoltre, nel suo saggio sull'elettricità dei corpi, opera che fu pubblicata la prima volta nel 1747, l'abate Jean Antoine Nollet (1700-1770) – che aveva inventato i primi elettroscopi, fatto conoscere in Francia la bottiglia di Leida e ipotizzato che i fuochi di Sant'Elmo e i fulmini fossero dovuti a cariche elettriche – fornì consigli pratici su come si potesse costruire una macchina elettrica, dove l'energia meccanica ottenuta con il movimento di una ruota si traduceva nell'elettrizzazione di un globo di vetro (cfr. Fig. 23).

---

[37] Questa parte é estratta da "Augusto Leggio, *Nel Tempo e nello Spazio - Storia illustrata della Posta e delle Telecomunicazioni*, Ed. Poste Italiane, 1996.

E' da ascrivere tuttavia a Otto de Guericke, (1602-1686) il merito della costruzione della prima macchina elettromagnetica, descritta nell'opera *"Esperimenta nova Magdeburgica"*, in cui lo sfregamento con le mani di un globo di zolfo o di resina fatto ruotare da un meccanismo a manovella produceva l'attrazione di corpi metallici leggeri per parte di un corpo metallico messo in comunicazione elettrica con il globo tramite una catena metallica.

MACCHINA ELETTRICA DELL'ABATE NOLLET (1747)

Fig. 23

Nel suo saggio sull'elettricità dei corpi, opera che fu pubblicata la prima volta nel 1747, l'abate Jean Antoine Nollet (1700-1770) - che aveva inventato i primi elettroscopi, fatto conoscere in Francia la bottiglia di Leida e ipotizzato che i fuochi di Sant'Elmo e i fulmini fossero dovuti a cariche elettriche - forniva molti consigli pratici su come si potesse costruire una macchina elettrica, dove l'energia meccanica ottenuta con il movimento di una ruota si traduceva nell'elettrizzazione di un globo di vetro.

Fonte: Louis Figuier, *Les merveilles de la Science*, Fourne, Jouvet et Cie, Paris 1857

Nel 1729 due scienziati inglesi Etienne Grey (1670-1736) e un certo Granvig Wehler scoprirono la propagazione a distanza dell'elettricità attraverso corpi conduttori; Charles François de Cisternay du Fay (1698-1739) nel 1733 scopriva l'elettricità con polarità positiva (*vitrea*) e con polarità negativa (*resinosa*). Nello stesso periodo un altro ricercatore di nome Hansen faceva passare il *"fluido elettrico"* attraverso il corpo umano dimostrando che esso è buon conduttore; il già citato abate

Jean Antoine Nollet nel 1747 sperimentava la macchina per la produzione dell'elettricità e scriveva un dotto "*Saggio sull'elettricità dei corpi*" che fece scuola; nel 1746 Pieter van Musschenbroeck (1692-1761) scopriva la "*bottiglia di Leyda*", recipiente cattivo conduttore, in cui, in base ad una celebre esperienza, riuscì ad accumulare e conservare nel tempo l'elettricità. Nello stesso anno Louis Guillame Le Monnier (1717-1799), nel convento di Chartreux, effettuava i primi esperimenti sulla velocità della corrente elettrica in un filo di ferro e concludeva che essa "*è almeno trenta volte più grande di quella del suono*".

Inoltre, nel 1780 Luigi Galvani (1737-1798) scopriva l'influenza dell'elettricità sulle contrazioni muscolari degli arti inferiori delle rane e definiva il corpo degli animali come "*una bottiglia di Leyda organica*"; egli sistematizzò le sue ricerche nella monumentale opera "*De viribus electricitatis in motu musculari*" in cui distingueva per la prima volta l'elettricità statica, ossia quella in riposo, dall'elettricità dinamica, ossia quella in movimento. Infine, nel 1785 Benjamin Franklin (1706-1790) scopriva "*il potere delle punte*", dimostrando l'identità tra il fenomeno della scintilla elettrica e quello del fulmine.

La sensazione profonda suscitata in Europa dalle esperienze di Galvani, gli approfondimenti, le polemiche e le contrapposizioni scientifiche che ne seguirono provocarono, da parte di Alessandro Volta (1745-1827), l'invenzione più originale dell'epoca: la pila elettrica, costituita da una serie alternata di dischi di rame e di zinco separati da elementi imbevuti di acqua acidulata: era ciò che Volta chiamava "*coppia elettromotrice*" i cui poli terminali, positivo e negativo, erano capaci di erogare corrente elettrica su un oggetto ospite a loro connesso (cfr. Fig. 24).

Ma tutto ciò era solo propedeutico allo sviluppo dell'elettromagnetismo: la vera evoluzione si deve a Hans Christian Oersted (1777-1851) che scoprì il fenomeno consistente nel fatto che un ago magnetico in posizione di equilibrio naturale verso il Nord devia dalla sua posizione in prossimità di un filo percorso da corrente elettrica: esiste quindi una influenza tra proprietà magnetiche ed elettriche che è denunciata dal movimento dell'ago.

LA SCOPERTA DELLA PILA ELETTRICA DI VOLTA PRESENTATA ALLA SOCIETA' REALE DI LONDRA Fig. 24

Joseph Banks legge ad una riunione della *Società reale* di Londra la lettera in cui Alessandro Volta annuncia la scoperta della pila elettrica (aprile 1800)
Fonte: Louis FIGUIER - *Les Merveilles de la Science* - Fourne, Jouvet et Cie, Paris 1857.

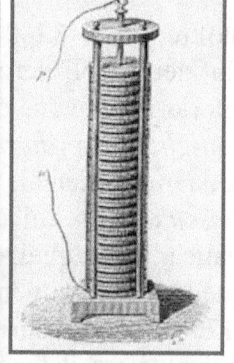

La pila elettrica di Volta.
(da Amédée GUILLEMIN
- *Les Phénomènes de la Physique* - Paris - 1869)

Fonte: Louis Figuier, *Les merveilles de la Science*, Fourne, Jouvet et Cie, Paris 1857

La scoperta fu compresa ancor meglio da André-Marie Ampère (1775-1836) che, tramite la sua bussola astatica, stabilì che le proprietà dei magneti sono dovute a correnti elettriche circolanti al loro interno: si veniva quindi sempre più consolidando l'idea che l'elettricità ed il magnetismo fossero aspetti di una realtà unica.

Le ricerche e le osservazioni di Ampère e di François Jean Dominique Arago (1786-1853) sul fatto che un filo metallico percorso da corrente può essere considerato come un corpo calamitato e sulle proprietà dei solenoidi, nonché quelle di Michael Faraday (1791-1867) sul fatto che i magneti esercitano azioni meccaniche sui conduttori percorsi da corrente, portarono alla considerazione che era possibile costruire macchine magneto-elettriche, cioè in grado di produrre una manifestazione elettrica continua tramite la combinazione meccanica di diversi elementi che producessero correnti indotte.

La scoperta di Heinrich Daniel Ruhmkorff (1803-1877) di un generatore di correnti impulsive ad alta tensione spianò la strada per lo sviluppo di ricerche sulle onde elettromagnetiche.

Propagazione elettromagnetica secondo la Teoria di Maxwell

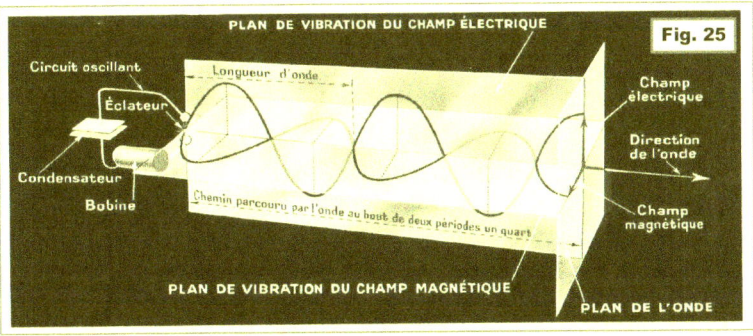

Maxwell prevede l'esistenza di un ipotetico "etere" ove si hanno relazioni tra la luce e i fenomeni elettromagnetici. I suoi esperimenti lo portano ad elaborare le due equazioni fondamentali dell'elettromagnetismo: la prima esprime che, nel vuoto assoluto ovvero nell'ambito di un qualsiasi dielettrico dove l'elettricità possiede una densità cubica nulla, ogni variazione nel tempo del campo elettrico produce un campo magnetico; la seconda riassume le osservazioni di Faraday sull'induzione elettromagnetica ed esprime che ogni variazione nel tempo del campo magnetico produce reciprocamente un campo elettrico.
La figura rappresenta il campo magnetico e il campo elettrico, sempre in concordanza di fase, che si propagano nello spazio secondo la logica tridimensionale di un triedro.

Fonte: George Urbain e Marcel Boll, *La Science, ses Progrès, ses applications*, Libraire Larousse Paris, 1933

Quindi la sistemazione teorica effettuata da James Clerk Maxwell (1831-1879) sull'elettromagnetismo nel celebre

"Trattato di elettricità e magnetismo" del 1873, in cui si definiva la teoria dinamica del campo elettromagnetico come una reale unità – mirabilmente inquadrata nelle celebri equazioni omonime che chiariscono le leggi della propagazione delle onde elettromagnetiche, nonché la scoperta di esse effettuata da Heinrich Rudolf Hertz (1857-1894) tramite esperienze sui dipoli metallici su cui si provocano, per mezzo della macchina di induzione di Ruhmkorff, correnti oscillanti ad alta tensione rilevate da circuiti risonanti, descritte nella pubblicazione *"Uber sehr schnelle elektrischen Schwingungen"* del 1887 – spianarono la strada alla trasmissione della comunicazione a distanza tramite le onde elettromagnetiche (cfr. Fig. 25).

1.1.5.2 Elettricità per le telecomunicazioni

I primordi delle telecomunicazioni elettriche si hanno fin dal 5 aprile 1809 quando il ministro bavarese Maximilian Joseph Montgelas (1759-1838) preoccupato del vantaggio competitivo che Napoleone Bonaparte (1769-1821) aveva acquistato in Europa trasmettendo notizie di ordine politico e militare a mezzo del telegrafo ottico inventato dal fisico abate Claude Chappe (1763-1805), sollecitò il fisiologo Samuel Sommering (1755-1830) di Monaco di Baviera ad inventare qualcosa di più avanzato; il risultato non si fece attendere: Sommering nel 1811 sviluppò il primo sistema telegrafico elettrico (conservato oggi al Deutsches Museum von Meisterwerken der Naturwissenschaft und Technik di Monaco di Baviera), ma si dovranno attendere molti anni e molte invenzioni prima che il telegrafo potesse affermarsi come mezzo di comunicazione affidabile. Nel 1833 Carl Friedrich Gauss (1777-1855) e Wilhelm Edward Weber (1804-1891) realizzarono un apparecchio telegrafico elettromagnetico. Nel 1837 William Fothergill Cooke (1802-1879), Pavel L'vovitch Schilling (1786-1837) e Charles Wheatstone (1802-1875) inventarono il telegrafo ad aghi multipli che divenne il più usato in area anglosassone. Poi, intorno al 1837 si affermò negli Stati Uniti il telegrafo e il sistema di codifica dell'americano Samuel Morse (1791-1872). Nel 1855 David Edward Hughes (1831-1900) perfezionò il telegrafo Morse proponendo un modello a tastiera alfabetica di 28 tasti e Jean Maurice Emile Baudot (1845-1903) lo perfezionò munendolo di una apposita codifica alfabetica. La telegrafia si diffuse ovunque per terra tramite cavi aerei sostenuti da pali telegrafici e per mare tramite cavi sottomarini; nel 1858 fu posato il cavo transatlantico tra l'Europa e l'America con una impresa leggendaria portata a termine dalla nave Great Eastern appositamente attrezzata per l'opera di posa sul fondo dell'Oceano Atlantico.

Furono stabilite convenzioni internazionali per definire le norme e le tariffe del servizio telegrafico dapprima a Pietroburgo e poi a Berlino nel 1885; un tedesco, Paul Julius Reuter (1816-1899), nel 1851 creò a Londra un sistema di dispacci telegrafici che alimentava i giornali e che costituisce il fondamento delle omonime agenzie giornalistiche odierne. Alla fine del secolo diciannovesimo, 200.000 chilometri di linee telegrafiche sottomarine collegavano i continenti e completavano più di 2 milioni di chilometri di linee terrestri.

Ma la telegrafia ricevette nuovo impulso dalle scoperte dell'elettromagnetismo e della radiotelegrafia già citate in precedenza, nonché della comunicazione via radio. Nel 1895 Guglielmo Giovanni Maria Marconi (1874-1937) riuscì ad inviare un segnale radiotelegrafico ad un apparato ricevente posto al di là di un ostacolo naturale, la collina dei Celestini, a circa 2 chilometri di distanza dal suo laboratorio. E' questo l'episodio che segna la nascita della radio, intesa come possibilità di trasmettere informazioni a grande distanza mediante onde elettromagnetiche a propagazione libera.

La prova sperimentale dimostrativa dell'efficacia della sua invenzione fu effettuata da Marconi tra la terrazza della sede del *British Post Office* di Londra e la pianura di Salisbury: era il 1896 e si trattò di un collegamento radiotelegrafico che copriva una distanza di 10 chilometri con una lunghezza d'onda di 300 metri. Questo esperimento e gli altri che seguirono entusiasmarono il mondo scientifico inglese che si convinse della bontà dell'invenzione.

Nel marzo 1899 fu realizzato il collegamento radiotelegrafico tra l'Inghilterra e la Francia attraverso la Manica. La prova fu effettuata con grande clamore pubblicitario in occasione di due convegni scientifici che si svolsero contemporaneamente nei due Paesi: il collegamento tra le sedi delle due riunioni consentì lo scambio di messaggi tra i partecipanti. Quindi, l'invenzione del telefono da parte di più scienziati quali: Johann Philipp Reis (1834–1874), Antonio Meucci (1808-1889), Alexander Graham Bell (1847-1922), Elisha Grey (1835-1901) e tantissimi altri dette la stura alla comunicazione vocale di massa tra singoli individui. Essa poté svilupparsi in base all'invenzione delle centrali di commutazione dapprima gestite in maniera semiautomatica e poi rese completamente automatiche. In conclusione, solo in base alla scoperta dell'energia elettrica e magnetica, il mondo delle telecomunicazioni poté svilupparsi fino all'odierno ambiente integrato, dove la comunicazione scritta, vocale, fotografica e cinematografica costituisce un sistema unitario.

1.1.5.3 Elettricità per l'illuminazione

Nel 1813 Humphry Davy (1778-1829) scoprì che, se si posizionano due pezzi di carbone alle estremità di una pila voltaica e la si fa scaricare tra essi, si ottiene una luce istantanea e molto intensa per la resistenza che il carbone oppone al passaggio della corrente[38]. Tuttavia, la scoperta non poteva avere applicazioni pratiche per l'impossibilità di regolare il fenomeno luminoso. Il problema fu risolto nel 1848

---

[38] Cfr.: Louis Figuier, *Les Nouvelles Conquètes del la Science – L'électricité*, Librairie Illustrèe, Marpon & Flammarion 1883-1885

da Léon Foucault (1819-1868) che inventò un apparecchio di regolazione della luce elettrica. Da quel momento in poi, l'illuminazione per via elettrica ebbe la possibilità di svilupparsi. La prima applicazione concreta fu la creazione nel 1876 da parte di Pavel Nickolajevich Jablochkoff (1847-1894) di una lampada vera e propria alimentata da due bacchette di carbone separate da un materiale isolante e volatile. Con le lampade Jablochkoff, nel 1879 fu illuminato il Colosseo in una notte senza luna (cfr. Fig. 26).

Poi, Humphry Davy (1778-1829) inventò nel 1815 una lampada di sicurezza che impediva il contatto della fiamma delle lampade usate a quel tempo con il *grisou* e le conseguenti stragi di minatori. Ancora, nel 1838 Jean Baptiste Ambroise Marcellin Jobard (1792-1861) Direttore del Museo Industriale di Brussels riportò l'invenzione di una lampada ad incandescenza a carbone di un impiegato di nome M. De Changy il quale perfezionò e brevettò la sua scoperta nel 1856.

ENERGIA ELETTRICA PER LE TELECOMUNICAZIONI E L'ILLUMINAZIONE

Posa del cavo transatlantico tra Europa e America

Antica sala di commutazione semiautomatica

Edison, nel giorno del matrimonio, abbandona sposa e invitati per proseguire le ricerche sulle lampade

Fig. 26
Il Colosseo di notte illuminato da lampade Jablokhoff

Fonti: Louis Lebreton, Il *Great-Eastern posa il cavo telegrafico tra l'Europa e l'America, 1858. Paris,* Musée de la Marine. (Foto Alinari - Lauros - Giraudon); Louis FIGUIER - *Les nouvelles conquêtes de la Science. L'électricité* - Paris -1890).

Infine, l'impetuoso sviluppo dell'illuminazione elettrica venne attivato dal benestante americano Thomas Alva Edison (1847-1831) il quale, nel suo gigantesco laboratorio di Menlo Park nel New Jersey, indirizzò i propri dipendenti verso la creazione di lampade a incandescenza che avessero lunga durata. Celebre e molto reclamizzato storicamente è l'episodio in cui Edison, lo stesso giorno del proprio matrimonio, abbandonò sposa e invitati per proseguire le proprie ricerche.

Da quel periodo in poi l'illuminazione per via elettrica si sviluppa impetuosamente fino ai nostri giorni a fini pubblici e privati con l'utilizzo di sistemi molteplici sempre più efficaci (maggiore luminosità) resistenti (lunga durata) ed efficienti (minor dispendio di energia) come, ad esempio le odierne lampade a Led (*Light Emitter Diode*).

1.1.5.4 Elettricità per la meccanica (Elettromeccanica)

Sin dagli inizi dell'ottocento si iniziò a comprendere che dall'energia elettrica fosse possibile trarre energia meccanica, cioè forza motrice. A tal uopo si costruirono macchine sperimentali elettriche (più precisamente macchine elettromagnetiche) che potevano essere di due tipi: macchine oscillanti e macchine rotative (cfr. Fig. 27).

I primi tentativi di ottenere energia meccanica dall'elettricità furono effettuati nel 1831 da Salvator del Negro di Padova (1768-1839) tramite una calamita che oscillava tra due poli elettromagnetici e da Anyos Istvan Jedlick (1800-1895) inventore di una macchina elettromotrice rotativa, ma la prima effettiva realizzazione a carattere industriale fu posta in essere da Moritz Herman von Jacobi (1801-1874) sul fiume Neva a San Pietroburgo dove una piccola barca munita di ruote a pale e con 12 persone a bordo fu fatta navigare tramite la trasformazione di energia elettrica in forza motrice; tuttavia, il rendimento della trasformazione fu così basso da far ritenere impossibile tale trasformazione sotto il profilo del rendimento economico.

PRIMI MOTORI ELETTRICI

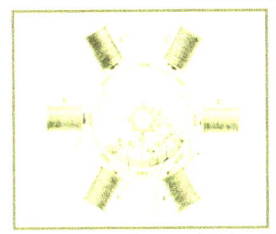
Azione delle correnti sul motore elettrico di Froment

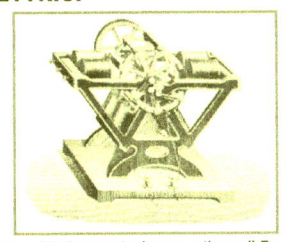
Motore elettrico a rotazione continua di Froment

Fig. 27

Motore elettrico oscillante di Bourbouze

Fonte:
Amédée Guillemin,
Les Applications de la Physique,
Librairie Haschette et C.,
Paris 1874.

La creazione di una macchina elettrica oscillante è invece attribuita a un non meglio identificato Bourbouze, mentre la creazione di una macchina elettrica rotativa è attribuita a Froment (1815-1865).

Oggi, i problemi che ebbe Jacobi sono superati e le macchine elettriche (motori elettrici) che generano energia meccanica fanno la parte del leone in ogni branca dell'industria[39]. Ciò a motivo della facilità con cui possono essere trasportate sul luogo d'impiego, della flessibilità, solidità, pulizia, scarso ingombro, alto rendimento e amplissima gamma di utilizzo.

---

[39] Questa parte é tratta da: George Urbain et Marcel Boll, *La science, ses progress, ses applications*, Librairie Larousse, Paris 1933

Inoltre, non solo è possibile trasformare energia elettrica in energia meccanica (e in tal caso si parla di *motori elettrici*), ma è possibile anche il contrario, consistente nel trasformare energia meccanica in energia elettrica; in detta fattispecie, si parla di *dinamo* se la corrente elettrica ottenuta è continua, ovvero di *alternatori* se la corrente elettrica ottenuta è alternata.

RETE ELETTRICA IN CORRENTE ALTERNATA DI MEDIA POTENZA, COMPRENSIVA DI GENERAZIONE, TRASMISSIONE, DISTRIBUZIONE E CARICO

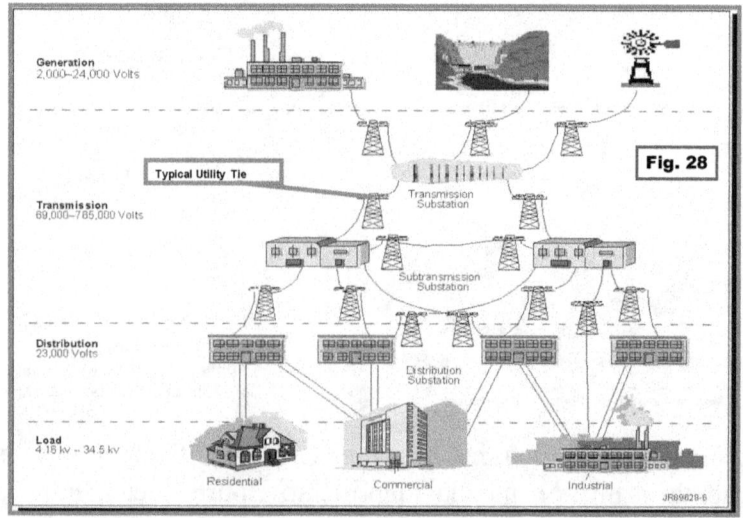

Fonte: *Canadian Electrical Infrastructure, National Contingency Planning Group 2000*

La superiorità della corrente alternata rispetto alla corrente continua dipende dal vantaggio di trasportare l'elettricità con le minori perdite possibili di dissipazione elettrica su linee di trasmissione pur con voltaggi anche altissimi (fino a 1.150.000 Volt sulla linea Ekibastuz-Kokshetau in Kazakistan).

La corrente alternata consente inoltre di distribuire in modo flessibile la corrente ad utenze estremamente diversificate, diminuendo progressivamente la tensione tramite stazioni composte da *trasformatori* e in condizioni di sicurezza, fino a servire le utenze elettriche domestiche che sono tarate su tensioni di 125 o 220 Volt (cfr. Fig. 28).

Tuttavia, per determinate applicazioni dove si ha l'esigenza di una velocità costante indipendente dal carico, risultano più adatti i motori a corrente continua, nonostante la necessità di trasformazione della corrente alternata in corrente continua.

I motori a corrente continua infatti sono più idonei a servire esigenze energetiche da parte di officine, ascensori e montacarichi, ponti transbordatori, manovre di torri corazzate in navi da guerra, gru per carico e scarico, ponti mobili, macchine estrattive nelle miniere, trazione di veicoli (treni autobus, sciovie, filovie, ecc) su strade e rotaie. Viceversa, i motori a corrente alternata sono utilizzati per le utenze domestiche e per le applicazioni agricole.

2. STORIA RECENTE DELL'ENERGIA

2.1 MINACCE TRASCORSE E RISCHI GEOPOLITICI ATTUALI

Il petrolio è divenuto uno dei fondamentali elementi di conflitto tra grandi potenze, quando, all'inizio del secolo passato, risultò evidente che esso costituiva il miglior sistema per l'evoluzione dei trasporti di natura civile e militare.

La disponibilità del petrolio ha segnato gli esiti della prima e della seconda guerra mondiale, la guerra fredda, gli ultimi eventi bellici in Egitto, in Irak, in Libia e in Siria, nonché le tensioni negli Stati del Caucaso e quelle con l'Iran.

Peraltro, il mondo del petrolio è stato sempre caratterizzato dallo strapotere delle compagnie petrolifere, dall'opacità dei comportamenti della massima parte degli attori pubblici e privati, nonché da personaggi i quali hanno causato eventi imprevisti che hanno suscitato sconvolgimenti politico-economici impensati; sotto il profilo opposto, il petrolio è il responsabile dell'invenzione di carburanti di altissima efficienza energetica, dell'invenzione della plastica, della conseguente disponibilità a basso prezzo di circa 300.000 prodotti, della creazione di architetture urbane basate sull'uso intenso dell'automobile e, in generale, dell'agiato tenore di vita del mondo occidentale e oggi di parte del mondo orientale, dello sviluppo dell'economia e del sociale in tutte le loro articolazioni.

Oggi, i paesi musulmani tra cui Arabia Saudita, Irak, Iran, Kuwait, Emirati Arabi Uniti, Qatar, Yemen, Libia, Egitto, Nigeria, Algeria, Kazakistan, Azerbaijan, Malesia, Indonesia, Brunei, possiedono tra il 66,2 e il 75,9 % delle riserve petrolifere totali, a seconda della fonte e della metodologia della stima[40].

CRISI DA ESAURIMENTO DELLE RISERVE DI PETROLIO

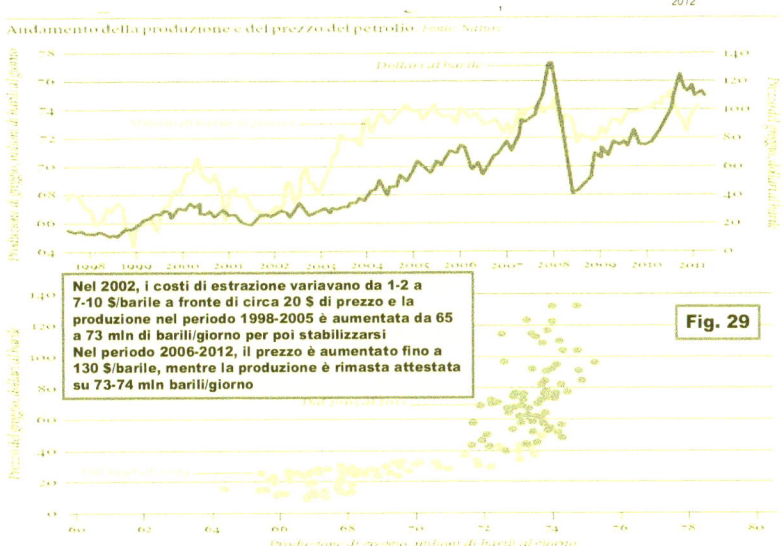

Fonte: James Murray and David King

Nel mondo occidentale, il primato del petrolio, le connesse industrie e infrastrutture, nonché i conseguenti stili di vita sono sotto l'incubo di più minacce: la diminuzione dell'offerta derivante dall'esaurimento delle riserve, la gigantesca domanda proveniente dai Paesi emersi, il conseguente aumento dei prezzi dei carburanti (cfr. Fig. 29) e, ultimamente, la crisi economico-finanziaria del mondo occidentale.

Quest'ultima, diminuendo i redditi dei lavoratori, dei pensionati o addirittura eliminando la possibilità per i giovani e per i licenziati di reperire un reddito qualsiasi – porta al limite

---

[40] Fonte: Michel Chossudovsky, *La "demonizzazione" dei musulmani e la battaglia per il petrolio*, Global Research, 4 gennaio 2007.

estremo le possibilità di sopravvivenza e la probabilità di conflitti sociali sconvolgenti.

2.1.1 Guerre mondiali 1915-18 e 1939-45

La competizione per il predominio sulle riserve di petrolio balzò alla ribalta della conoscenza internazionale all'inizio del secolo passato subito dopo la prima guerra mondiale con la Conferenza internazionale che si svolse a Sanremo tra il 19 e il 26 aprile 1920, in riferimento alla dissoluzione e successiva spartizione dell'Impero ottomano, a cui parteciparono le nazioni vincitrici (Gran Bretagna, Francia, Italia e Giappone); essa faceva peraltro seguito all'accordo segreto intercorso già nel 1915 tra Gran Bretagna e Francia.

Le decisioni della Conferenza furono successivamente ratificate dalla Società delle Nazioni il 24 luglio 1922.

In pratica, la Gran Bretagna e la Francia si appropriarono delle regioni oltremare della Germania e, inoltre, la Francia ottenne un mandato sulla Siria e l'attuale Libano, mentre la Gran Bretagna, ebbe l'Irak e, in riferimento alla dichiarazione Balfour del 1917 e all'art. 22 della Società delle Nazioni, ottenne un mandato sulla Palestina. L'Italia non ottenne nulla.

Nella prima guerra mondiale, i trasporti militari e logistici degli alleati furono assicurati dal petrolio statunitense tramutato in benzina e concorsero a decidere le sorti del conflitto a loro favore.

Nella seconda guerra mondiale, la Germania invase la Russia per accedere ai pozzi petroliferi della Romania e del Caucaso. Il Giappone tentò di invadere le Indie olandesi per impadronirsi dei giacimenti petroliferi; gli Stati Uniti e la Gran Bretagna vietarono i rifornimenti di petrolio al Giappone che, in risposta, attaccò la flotta statunitense a Pearl Harbour.

2.1.2 Crisi egiziana e guerra dei sei giorni 1945 e 1967

Nel 1945 Nasser, nazionalista egiziano divenuto con un colpo di stato Presidente della Repubblica, occupò il canale di Suez e lo nazionalizzò. Per la Gran Bretagna e la Francia lasciare il canale non significava solo rinunciare agli enormi profitti che derivavano dal pedaggio, ma anche permettere che l'Egitto divenisse il guardiano di tutto il traffico di petrolio proveniente dai Paesi Arabi. C'era inoltre il rischio che nella gestione del canale intervenisse anche l'Unione Sovietica, fornitrice di armi all'Egitto: ciò avrebbe potuto comportare il blocco dei rifornimenti petroliferi diretti all'Occidente. Nasser uscì politicamente vincitore dalla crisi grazie all'arma del petrolio ricattando la Francia e l'Inghilterra che senza petrolio non avrebbero potuto affrontare l'inverno.

L'approvvigionamento petrolifero dovette affrontare per un lungo periodo il periplo dell'Africa con un incremento notevole dei costi che, in massima parte, si tramutarono in profitti a favore delle compagnie petrolifere che scaricarono il sovraprezzo sulle imprese acquirenti le quali, a loro volta, lo riversarono sui consumatori. Poi, l'inasprirsi dei rapporti tra Israele, Egitto, Siria e Giordania portò nel giugno 1967 alla *"guerra dei sei giorni"* che, a seguito di un fulmineo attacco aereo israeliano, si risolse in una totale vittoria di Israele. Al termine del conflitto, Israele aveva sottratto la Penisola del Sinai e la Striscia di Gaza all'Egitto, la Cisgiordania e Gerusalemme Est alla Giordania e le alture del Golan alla Siria, anche per garantirsi l'uso perenne delle risorse naturali acquifere[41]. L'esito della guerra, la condizione giuridica dei

---

[41] Cfr.: Ronald Bleier, *Israel Appropriation of Arab Water: An Obstacle to Peace*, ebleier@igc.org, Middle East Labor Bulletin 1994; Zeitun Academic Exchange, *The Golan Heights: An Ongoing Conflict*, September 2010; *War on Water*, Wikipedia, *Golan Heights*, Wikipedia.

territori occupati e il relativo problema dei rifugiati influenzano pesantemente ancora oggi la situazione geopolitica del Medio Oriente.

È a questo punto che l'interesse statunitense nei confronti del Medio Oriente si fa più intenso.

Peraltro, l'atteggiamento strategico che caratterizza la politica interventista occidentale prima europea e poi statunitense in Medio Oriente ha origini lontane[42]. Essa fu preconizzata da Lord Curzon, viceré dell'India, che considerava *"i paesi come i pezzi di una immensa scacchiera del grande gioco per dominare il mondo"* e poi fu riaffermata da Zbigniew Brzezinski, consigliere statunitense per la sicurezza del Presidente Carter, che considerava *"l'Asia centrale la chiave per dominare il mondo, a causa della sua posizione strategica e delle sue immense ricchezze di petrolio e di gas naturale"*[43].

2.1.3 Iran-Irak 1980 – 1988

La prima operazione significativa in Medio Oriente riguardò ciò che restava in Iran dell'impero ottomano. All'inizio del secolo passato, le mire britanniche sui giacimenti petroliferi e l'espansionismo russo si risolsero nella cessione alla Russia delle regioni caucasiche, alla creazione dell'Afghanistan e ad una sorta di indipendenza dell'Iran sotto il protettorato inglese. Nel 1921 un colpo di stato militare portò al potere Mohammed Reza Shah Pahlavi che nel 1925 stabilì un regime dittatoriale e dette origine alla omonima dinastia. Le due guerre mondiali videro l'Iran successivamente occupato da inglesi, russi e americani e, al termine, la cessione dell'Azerbaijan e della Repubblica Curda ai russi che vi avevano fomentato una

---

[42] Quanto segue é tratto da: Augusto Leggio, *Megatrend, Rischi e Sicurezza*, Franco Angeli 2004

[43] Cfr.: John Pilger, *Breaking the Silence*, The Guardian Magazine, 20 settembre 2003

rivolta contro il governo centrale. La dichiarazione di Teheran dell'indipendenza e dell'integrità territoriale iraniana pose fine a questo periodo di assestamento politico. Nel 1951 si sviluppò un movimento nazionalista capitanato da Mohammed Mossadegh che diviene primo ministro e, nell'entusiasmo generale del popolo iraniano, attuò una politica d'indipendenza nazionalizzando l'industria petrolifera di proprietà inglese. Nel 1953 gli angloamericani fomentarono e condussero a termine un colpo di Stato che eliminò Mossadegh e conferì il potere a Reza Pahlavi figlio del precedente. Costui creò un consorzio tra americani, inglesi, francesi e olandesi per la gestione del petrolio con profitti suddivisi equamente tra il consorzio e l'Iran. Peraltro, sviluppò con logiche autoritarie, repressive e poliziesche una politica di intensa occidentalizzazione del paese. Questa provocò una violenta reazione del clero e del popolo che sfociò nella detronizzazione di Reza Pahlavi nel gennaio 1979 e nell'instaurazione di un regime islamico di stampo conservatore il cui modello costituzionale era rappresentato dal Corano. I rapporti tra Iran e Stati Uniti peggiorarono rapidamente anche per la cattura di ostaggi statunitensi da parte di estremisti iraniani[44]. La reazione degli Stati Uniti non si fece attendere: essi armarono e finanziarono l'Irak, alla cui testa fu posto Saddam Hussein il quale, in base ad una vecchia disputa territoriale con l'Iran circa la via d'acqua Shatt al Arab, lo invase il 22 settembre 1980; poiché la guerra volgeva a favore dell'Iran, Saddam Hussein non esitò ad usare armi chimiche contro gli iraniani, il che provocò la riprovazione della comunità internazionale. Lo scontro terminò nel 1988 con circa un milione di morti.

---

[44] La crisi dei 52 ostaggi americani inizia il 4 novembre 1979 e termina, dopo un fallimentare tentativo statunitense di recupero dell'aprile 1980, ben 444 giorni dopo, il 20 gennaio 1981 (cfr. Columbia Enciclopedia, sesta edizione, 2003).

2.1.4 Irak 1990 – 1991 (*Desert Storm*)

Saddam Hussein, imbaldanzito dall'appoggio ricevuto a suo tempo dagli Stati Uniti, invase il Kuwait il 2 agosto 1990 per rappresaglia per la superproduzione kuwaitiana e il pompaggio illegale di petrolio dai pozzi irakeni di Rumaila.

A partire dal 15 gennaio 1991, una coalizione di 32 Stati capitanata dagli Stati Uniti, distrusse le forze militari e le infrastrutture civili irakene.

L'intervento militare (*Desert Storm*), capitanato dal presidente George Herbert Walker Bush, fu caratterizzato dalla spettacolarizzazione televisiva, dall'uso spregiudicato della comunicazione per manipolare l'opinione pubblica in senso favorevole all'intervento bellico, dall'innovazione tecnologica ICT applicata agli armamenti al fine di incrementarne la precisione e la potenza distruttiva. Ad esso fece seguito un embargo contro l'Irak determinato dall'ONU su pressione degli Stati Uniti che causerà negli anni successivi più sofferenze e morti che non la stessa guerra. Questa terminò il 28 febbraio dello stesso anno con la disfatta dell'esercito iracheno senza che da parte della coalizione occidentale fosse richiesta a Saddam Hussein né la resa, né alcuna condizione o limitazione sui suoi armamenti, né la rinunzia alla sua politica aggressiva; "un lavoro incompiuto", si dirà più tardi. L'opinione pubblica occidentale peraltro rimase affascinata dall'illusione, abilmente propagandata dalle televisioni occidentali, di poter, con l'aiuto della tecnologia, condurre "guerre incruente", cioè senza né sofferenze né spargimento di sangue e quindi senza l'onere di complessi di colpa; a tal fine, le atrocità commesse dagli eserciti occidentali non vennero portate ad effettiva conoscenza del pubblico; solo Saddam Hussein mostrò senza ritegno cadaveri di civili carbonizzati dai missili statunitensi: queste immagini non circoleranno in Occidente se non anni più tardi, perché considerate lesive della dignità umana e contrarie al diritto internazionale.

C'è peraltro chi ha cercato di valutare l'iniziativa *Desert Storm* dal punto di vista dell'analisi dei processi funzionali e dei costi/benefici[45]. Il costo dell'intervento bellico è stato valutato pari a circa 40 miliardi di dollari, di cui 10 sopportati dagli Stati Uniti e 30 dai paesi arabi, in particolare dal Kuwait e dall'Arabia Saudita. Il finanziamento dell'intervento è stato tratto dalla lievitazione del prezzo del petrolio che prima dell'intervento era pari a 15 $ per barile e che dopo è salito fino a 42 $, generando un ricavo extra pari a circa 60 miliardi di $. A causa delle norme vigenti nei paesi arabi che stabilivano la ripartizione dei ricavi in parti uguali tra le società petrolifere che gestivano gli impianti e i governi locali, 30 miliardi di $ andarono a queste e altrettanti andarono fondamentalmente al Kuwait e all'Arabia Saudita. I 30 miliardi di $ delle società affluirono per 21 miliardi nelle casse del governo U.S.A. (5 società erano di proprietà del governo statunitense) e per 9 miliardi nei portafogli di privati sempre statunitensi. Quindi il profitto statunitense riveniente dall'iniziativa fu pari a 30 − 10 = 20 miliardi di $, senza calcolare l'indotto valutato pari ad ulteriori 49 miliardi. Il profitto dei paesi arabi fu pari a 30 − 30 = 0, cioè praticamente nullo.

A questo punto l'approccio statunitense sul controllo delle riserve energetiche derivanti dal petrolio e dal gas si fa più deciso; esso risulta essere indipendente dal colore politico della Casa Bianca, repubblicano o democratico che sia, perché è fortemente voluto dal potere economico, finanziario e industriale americano rappresentato dalle compagnie petrolifere a cui si sono successivamente aggiunte compagnie che operano in altri settori industriali; esso trova all'interno naturali alleati ed esecutori nelle burocrazie militari e nello spionaggio, nonché all'estero in governi indifferenti o

---

[45] Cfr.: "Modellistica e Gestione delle Risorse Naturali, Politecnico di Milano, riportato su www.emergency.it

compiacenti di Stati occidentali. Questo tipo di politica venne dapprima esplicitata dall'amministrazione Reagan e, poi, con l'amministrazione di George Walker Bush, assunse una determinazione e un supporto ideologico che contrasta duramente con gli ideali di Thomas Woodrow Wilson che aveva costruito il sistema dei valori americano.

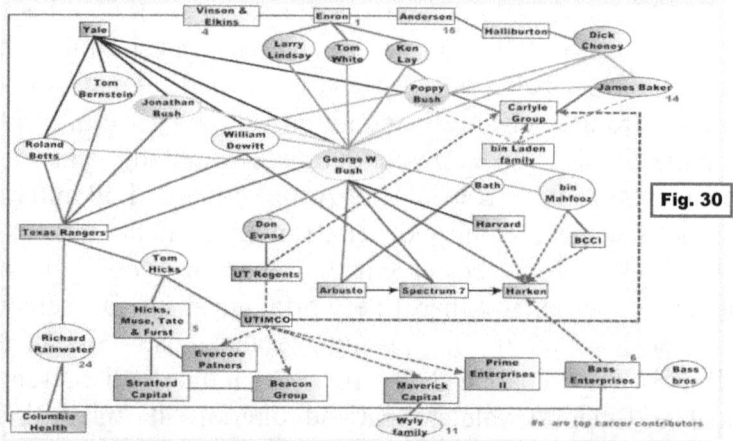

Rete economica-finanziaria della famiglia del Presidente statunitense George W. Bush. Si notano i legami con la famiglia di Bin Laden e con società oggetto di scandalo negli U.S.A. tipo la Enron e la Andersen per i bilanci falsi

Fonte: *Bush Watch*. Copyright © 1999, 2002 Politex

Il potere del presidente americano George Walker Bush nacque nel Texas per la sua difesa delle compagnie petrolifere locali e per i suoi interessi diretti nel settore che risalivano a trivellazioni effettuate nel Kuwait molti anni prima; ciò fece sì che egli salisse a ricoprire la posizione di vicepresidente degli Stati Uniti comportandosi in maniera discreta, approvando tutte le decisioni del Presidente Reagan, tanto che veniva compassionevolmente denominato "povero Bush". Ma il suo potere reale, consistente nei rapporti personali ed economici strettissimi con la famiglia reale saudita (cfr. Fig. 30) vennero alla luce nel 1986 quando, in piena caduta dei prezzi del petrolio voluta dall'amministrazione americana per distruggere i giganteschi profitti delle esportazioni petrolifere sovietiche e per impedire la costruzione di un gasdotto lungo 5.500 km dalla zona siberiana di Urengoi verso l'Europa, si mosse autonomamente compiendo un viaggio di 10 giorni in Medio Oriente e nel Golfo, dove pressò duramente e pubblicamente gli Stati produttori di petrolio ad aumentare i prezzi, pena l'introduzione di quotazioni e di tariffe doganali sulle importazioni.

Questa uscita da "cane sciolto" di Bush (che fece imbestialire Reagan) gli fruttò successivamente la presidenza degli Stati Uniti in quanto le compagnie petrolifere occidentali (e, in particolare, statunitensi) intravidero in lui il garante assoluto dei loro immensi interessi e lavorarono attivamente a questo fine.

2.1.5 Afghanistan 2001 – in corso (*Enduring Freedom*)

La guerra in Afghanistan trae la sua origine da un sogno americano di circa 60 anni fa di costruire un oleodotto che dal Mar Caspio potesse portare il petrolio greggio ad un porto in acque profonde del Mare Arabico. A tal fine, per contrastare l'influenza e le mire dell'Unione sovietica, per circa 17 anni l'amministrazione statunitense finanziò con circa 4 miliardi di $ e addestrò alla guerriglia e al terrorismo i signori della guerra afgani contro i russi. Una serie di eventi, quali l'eliminazione della minaccia russa, la presa di potere da parte dei Talebani, il fallimento delle trattative tra questi e gli Stati Uniti per la costruzione dell'oleodotto e il declino del sostegno americano ad Osama Bin Laden (che successivamente aveva trasformato il risentimento islamico contro l'occidente in una organizzazione multinazionale denominata "La Base" (*Al*

Qaeda), giustificarono l'intervento militare statunitense[46]. Esso fu svolto all'insegna della liberazione dall'opprimente regime talebano, dell'esportazione della democrazia, della libera impresa e delle pari opportunità in favore delle donne. La guerra produsse morte e distruzione tra la popolazione civile e si trasformò in una autentica caccia all'uomo nell'intento di catturare Osama Bin Laden il quale non è più comparso dopo l'inizio delle ostilità ed è probabile che sia deceduto subito dopo a causa delle ferite riportate, mentre la versione americana ufficiale sostiene che abbia continuato a tramare e sia stato giustiziato molto tempo dopo in Pakistan da una opaca operazione militare in terra straniera (*rendition*) posta in essere dai servizi segreti statunitensi, i quali com'è loro consuetudine ne hanno cancellato ogni traccia.

L'unico risultato positivo tangibile dell'intervento militare USA appare essere la costruzione (finalmente!) dell'oleodotto e la distruzione dei campi per l'addestramento dei terroristi facenti parte delle rete *Al Qaeda*. I risultati negativi consistono in circa 20.000 vittime civili oltre agli 8.000 combattenti afgani uccisi, il regime di terrore instaurato dai signori della guerra che appare essere ancora peggiore di quello talebano, la palese incapacità o il disinteresse dei vincitori di "ricostruire" l'Afghanistan in ogni senso, il coinvolgimento dell'America nei crimini commessi contro i talebani dall'Alleanza del Nord prezzolata dall'esercito statunitense[47] e l'affermazione di un

---

[46] Cfr.: John Pilger, *The Betrayal of Afghanistan*, Guardian Magazine, 20 settembre 2003

[47] Nel periodo novembre-dicembre 2001, alcune migliaia di talebani e di aderenti al Al Qaeda si arresero a Konduz al generale Dostum dell'Alleanza del Nord, alla presenza di truppe speciali americane dopo circa tre giorni di trattative. Ai prigionieri fu garantito il ritorno ai paesi di origine salvo indagini circa l'appartenenza ad Al Qaeda. Essi furono stipati in container e trasportati alla prigione di Shebergthan. Circa un migliaio di essi morirono per asfissia, sete e per il caldo all'interno dei container, i loro corpi bruciati e i resti sepolti in località Dasht-e Leili, dove furono trovati nel gennaio 2002 da

imperialismo economico-militare che viene percepito dal mondo intero come sempre più minaccioso e apportatore di reazioni imprevedibili. L'occupazione dell'Afghanistan da parte occidentale continua peraltro tuttora, e le relative motivazioni saranno esposte in appresso.

2.1.6 Seconda guerra in Iraq (Guerra del Golfo) 2003-2011

Un ulteriore episodio bellico determinato dalla lotta per il possesso dei giacimenti di petrolio è costituito dalla seconda guerra in Iraq.
Il regime di Saddam Hussein aveva fatto parte di quella categoria di dittature e di vergogne internazionali mantenute in vita per un complesso di circostanze ascrivibili allo scarso potere delle istituzioni multilaterali come l'ONU, agli opportunismi delle regioni politico-economiche e degli Stati, nonché agli interessi economici legati ai giacimenti petroliferi. Il modificarsi dell'atteggiamento statunitense nei confronti del dittatore, dapprima considerato utile per distruggere la repubblica islamica dell'Iran e poi un intralcio alla politica nel Medio Oriente e considerato un rischio per lo Stato d'Israele, inizia vari anni prima dell'operazione bellica vera e propria e si esplica con una serie di articoli sulla stampa riguardanti le atrocità commesse dal regime, la mania di *grandeur* di Saddam Hussein e la sua supposta attività di costruzione di armi di distruzione di massa. L'evento dell'11 settembre irrigidisce l'approccio del Presidente George W. Bush degli Stati Uniti che attribuisce a Saddam Hussein l'attentato alle Torri

---

organizzazioni umanitarie. L'episodio pone la questione della responsabilità degli Stati Uniti nell'utilizzo e nel finanziamento di forze militari o paramilitari che non rispettano i diritti umani e rimane tuttora irrisolto, vista la reticenza statunitense ad approfondirlo. (Babak Dehghanpisheh, John Barry and Roy Gutnam, with Donatella Lorch, Karen Breslau and Strryker McGuire, *The Death Convoy of Afghanistan*, Newsweek, august 26, 2002).

Gemelle di New York. Gli Stati Uniti tentano lungamente e inutilmente di ottenere dall'ONU l'autorizzazione all'intervento armato, ma riescono a convincere solo il governo inglese capitanato dal laburista Tony Blair. Le ispezioni dell'ONU in Iraq non avevano infatti mostrato evidenze di armi di distruzione di massa e il discorso al Consiglio di Sicurezza del Segretario di Stato Colin Powell e le prove (consistenti in foto riprese da sistemi satellitari) non convincono nessuno. La guerra in Iraq che l'amministrazione Bush e il governo Blair intraprendono unilateralmente ha caratteristiche innovative che preludono a ulteriori rischi e minacce successive che è bene, anche se sinteticamente, esporre (cfr. Fig. 31).

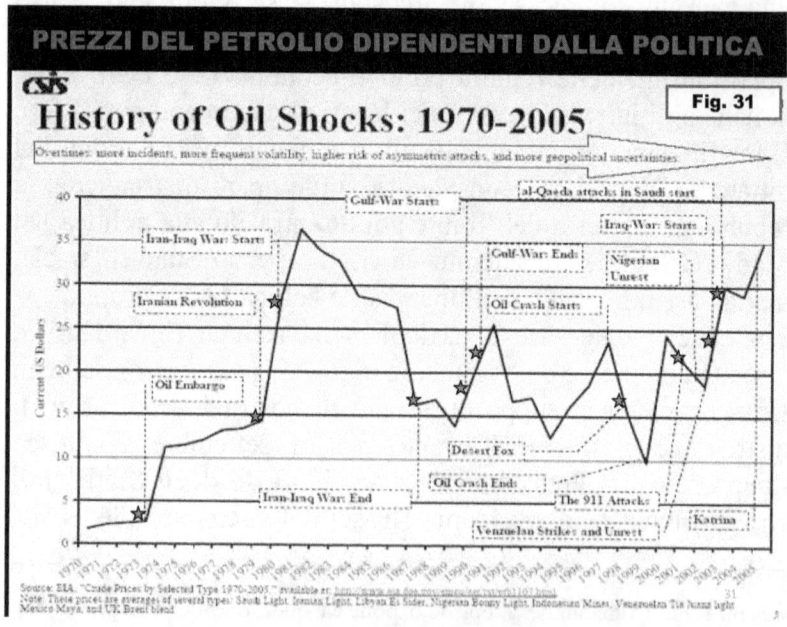

L'intervento armato in Iraq spacca il mondo in tre gruppi: i <u>contrari</u> rappresentati fondamentalmente da Francia e

Germania[48] che portano avanti rispettivamente motivazioni di rispetto del diritto internazionale e di disaccordo a risolvere le situazioni critiche con la guerra, e che cercano altresì di difendere i propri interessi economici in Iraq; gli <u>opportunisti</u> che sperano di ottenere benefici economici dall'intervento bellico senza sopportarne i costi; i <u>favorevoli</u> guidati da Stati Uniti e Gran Bretagna che ritengono che la partecipazione attiva alla guerra sia un dovere morale e un buon affare. Infatti, il prezzo del petrolio aumenterà e le compagnie petrolifere faranno grandi profitti. Si levano voci autorevoli decisamente contrarie alla guerra da parte del Pontefice cattolico Giovanni Paolo II, di rappresentanti di altre religioni, del Segretario dell'ONU, ecc. L'opposizione alla guerra assume una connotazione globale in tutto il mondo con l'esposizione spontanea di bandiere della pace.

L'intervento bellico viene presentato come una <u>guerra necessaria</u> in quanto le armi di distruzione di massa che Saddam Hussein ha approntato costituiscono una minaccia reale per l'Occidente; è inoltre una <u>guerra elegante</u> (*Smart War*), in cui l'adozione della tecnologia consente la distruzione dei soli obiettivi militari e risparmia le popolazioni civili, una <u>guerra lampo</u> (non più di una settimana), una <u>guerra desiderata</u> dalla popolazione irakena esasperata dalla dittatura di Saddam

---

[48] La leadership politica francese sostenuta dal potere economico tedesco ha potuto far valere le ragioni del diritto internazionale in quanto poggiava sostanzialmente sul potere acquisito dall'Europa con la creazione dell'euro, che si presentava come alternativa e valuta di riserva rispetto al dollaro. Il valore dell'euro non è misurabile peraltro in termini puramente monetari, ma in termini di indipendenza politica rispetto al potere del dollaro che, dall'eliminazione del Gold Standard in poi, ha consentito e consente tuttora agli americani di gestire elevati deficit commerciali e di aggirare la disciplina imposta dalla bilancia dei pagamenti per finanziare il proprio potere militare e politico ben oltre i mezzi reali a loro disposizione. (cfr. Stephen Cohen, *L'euroargine degli USA*, La Repubblica, 11 maggio 2003). Tuttavia, la crisi finanziaria, amplificata in Europa dall'errore fatale di aver creato l'euro prima dell'unione politica ha reso il sogno politico europeo sempre più lontano.

Hussein, una guerra buona capace di portare la democrazia in Iraq e di risollevare l'economia occidentale dalle paludi della stagnazione. Le televisioni occidentali si attivano per presentare ai telespettatori avidi di emozioni una opulenta cornucopia di dibattiti, testimonianze, strategie militari, analisi storiche, ecc. La guerra si compie e, dopo talune incertezze iniziali, termina abbastanza rapidamente con il trionfo militare anglo-americano, la caduta del regime e la sostanziale scomparsa dell'organizzazione militare irachena; ma la gestione del dopo-guerra e della pace si rivela molto più complessa del previsto. In primo luogo la guerra non è stata poi così *smart* come è stato voluto far credere, la popolazione non accoglie i "liberatori" con l'entusiasmo sperato, le truppe di occupazione si dimostrano incapaci di mantenere l'ordine pubblico nelle città, il controllo del territorio è un problema complesso che richiederebbe ben altre risorse. Fiorisce la resistenza che miete vittime tra i militari americani e inglesi, attacca la Croce Rossa Internazionale, assale la missione di pace dei carabinieri italiani. Il terrorismo prospera, semina morte e distruzione e appare incontrollabile. Si creano masse di diseredati e bisognosi, la ricostruzione è difficile e lunga. A fronte dei costi immediati tipici di ogni guerra, i benefici si riassumono in una frettolosa Costituzione e in obiettivi sempre più prospettici, ostacolati dalle profonde differenziazioni religiose e culturali nonché dagli aspri contrasti tra i paesi occidentali, indotti da interessi economici conflittuali. Ciò che disgusta molti è la percezione della volontà statunitense di controllare il paese *sine die* in maniera sostanzialmente unilaterale eliminando dalla scena l'ONU, di affidare alle sole industrie americane il *business* della ricostruzione irachena e di prestare la massima attenzione alle infrastrutture petrolifere e non agli immani problemi che la popolazione deve sopportare per la totale assenza di un qualsiasi regime sostitutivo di quello precedente. Inoltre, non solo le armi di distruzione di massa che hanno costituito la motivazione dell'entrata in guerra anche senza l'autorizzazione dell'ONU sono introvabili, ma si scopre che le informazioni del controspionaggio statunitense sono inaffidabili e nonostante questo sono state inserite dalla CIA nei discorsi che Bush ha tenuto alla nazione e al mondo. La fiducia nella Casa Bianca e nel governo di Tony Blair subisce un duro contraccolpo. Inoltre, assume contorni inquietanti quando si scoprono le torture inflitte a prigionieri iracheni da americani e britannici[49]. Infine emerge che le armi di distruzione di massa di Saddam Hussein non sono mai state considerate un pericolo da parte degli stessi Colin Powell e Condoleeza Rice i quali, in tempi non sospetti, e cioè prima dell'11 settembre, avevano dichiarato l'incapacità di Saddam a produrre armi di distruzione di massa[50]. Se si legano queste informazioni con quelle fornite nel libro "*Dude, Where's my country*" di Michael Moore, ci vuol poco a comprendere che l'episodio delle *Twin Towers* è stato sfruttato dall'amministrazione statunitense per attribuirne la responsabilità a Saddam Hussein invece che ai veri responsabili, da ricercarsi probabilmente nell'Arabia Saudita a cui gli Stati Uniti e l'amministrazione Bush sono stati intimamente legati per motivazioni finanziarie, economiche e

---

[49] La prigione di Abu Ghraib dove sono state inflitte torture umilianti a prigionieri irakeni è una vergogna nazionale degli Stati Uniti, tanto che la coalizione anglo-americana ha deciso di distruggere l'edificio per cancellare la memoria del fatto. Ciò che è sconcertante non è tanto l'episodio in sé (la tortura, le violenze contro i civili, gli eccidi, ecc che costituiscono il lugubre strascico di ogni guerra), ma il fatto che l'adozione di comportamenti contrari ai diritti umani era stata sollecitata dai più alti livelli statunitensi e che la materia, pur essendo stata disciplinata dalla normativa americana (2340-2340A) sulla Convenzione ONU contro la tortura, l'aveva giustificata, sollevando il Presidente da ogni responsabilità e ponendolo al di sopra di ogni legge, nonché rendendo di fatto la Convenzione inoperante (cfr. Economist Global Agenda, 18 giugno 2004, *Shameful revelations will haunt Bush*, www.economist.com

[50] Cfr.: John Pilger, *Pilger Film Reveals Colin Powell said Irak was no Threat*, Daily Mirror, 30 settembre 2003

politiche. La cattura di Saddam Hussein in condizioni di totale degradazione fa comprendere che le problematiche in cui oggi si dibatte l'Occidente nel controllo dell'Iraq vanno ben oltre la demonizzazione che ne era stata fatta tramite i mezzi di comunicazione di massa.

2.1.7 Balcani e Mar Caspio 1991 – Tensioni in corso

Sul grande specchio d'acqua del mar Caspio si affacciano ben cinque paesi: Russia, Kazakistan, Turkmenistan, Azerbaijan, e Iran. La zona è ricca di giacimenti di petrolio e di gas, di cui è iniziato lo sfruttamento sin dal 1920; dal Mar Caspio si possano estrarre ancora non meno di 200 miliardi di barili, pari a circa 7 volte le riserve statunitensi[51]. La connotazione politico-amministrativa dello specchio d'acqua è ambigua: può essere considerato un mare in riferimento alla sua grande ampiezza (386.000 kmq) ovvero un lago; a seconda della sua connotazione variano le norme di proprietà, transito ed utilizzo (cfr. Fig. 32).

Lo sfruttamento e il trasporto di petrolio e di gas è oggetto di aspre contese tra le compagnie petrolifere occidentali e orientali, gli Stati rivieraschi e gli Stati di transito degli oleodotti e dei gasdotti.

Lo sfruttamento delle risorse energetiche del Mar Caspio ha avuto origine sin dalla fine del diciannovesimo secolo con i fratelli Nobel seguiti a ruota dal ramo francese della famiglia Rothschild per cui, nel periodo 1898-1902, la Russia fu *leader* della produzione di petrolio proveniente per circa la metà dalla zona caspica. A seguito della rivoluzione bolscevica, l'Unione

---

[51] Questo sotto-paragrafo è estratto in gran parte da: Enciclopedia degli idrocarburi Vol IV, *Economia, Politica e diritto degli idrocarburi*, Treccani Editore 2011

sovietica assunse piena responsabilità nella produzione del petrolio. Sia nella prima che nella seconda guerra mondiale, il petrolio caspico fu oggetto del contendere tra la Germania (che attaccò l'Unione Sovietica per impadronirsene) e gli alleati i quali, dopo il crollo di questa nel 1991 misero in atto una strategia complessa avente lo stesso fine ed esistente ancora oggi, con l'aggravante che negli ultimi tempi è entrata nel "Grande Gioco del Mar Caspio" anche la Cina.

TENSIONI INTERNAZIONALI NEL MAR CASPIO

MAR CASPIO: ZONA CRITICA E OGGETTO DI TENSIONI INTERNAZIONALI, RICCA DI RISERVE ENERGETICHE, SITUATA TRA RUSSIA, KAZAKHSTAN, UZBEKISTAN, TURKMENISTAN, AFGHANISTAN E IRAN

Infatti, il trasporto del petrolio e del gas caspico verso i mercati di consumo è difficile in quanto il Mar Caspio è privo di sbocchi al mare, anche se è collegato al Mar Nero tramite i fiumi Volga e Don, il canale artificiale Volga-Don e il mar d'Azov che è una piccola porzione del Mar Nero situata a nord-Est. Si è creata pertanto una fitta rete di condotte, tra cui l'oleodotto Baku-Groznyi-Tikhoretsk-Novorossiysk (BGTN), che rappresenta la principale via di esportazione che si

completa con il trasporto di petroliere lungo gli stretti della Turchia. L'oleodotto Baku-Tbilisi-Cyhan (TBC), che passa attraverso l'Azerbaijgian e la Georgia e trasporta il greggio estratto dal Mar Caspio fino al Mediterraneo, costituisce una ulteriore e concorrenziale via di esportazione. Anche i paesi balcanici sono strategicamente importanti ai fini del trasporto via terra fino al Mediterraneo. Essendo la zona molto instabile, molti osservatori hanno intravisto nelle operazioni militari NATO in Kosovo una azione tesa alla stabilizzazione della regione, completata con la costruzione nel sud del Kosovo di Camp Bondsteel che è la più grande base militare statunitense in terra straniera mai posta in essere; secondo l'inviato del Consiglio d'Europa Alvaro Gil-Robles, Camp Bondsteel (cfr. Fig. 33) è anche "una versione ridotta di Guantanamo"[52].
Lo sfruttamento del petrolio caspico rappresenta pertanto uno dei rischi geopolitici maggiori, in quanto pone a diretto contatto e in competizione la NATO capitanata dagli Stati Uniti contro la Russia; quest'ultima, controllando la maggior parte delle vie d'esportazione del petrolio dalla regione, teme di esserne estromessa e, pertanto, indebolita per quanto riguarda la propria situazione internazionale; ancora, gli Stati Uniti, invadendo i Balcani e la zona caspica, si confrontano direttamente con la Cina che ha fatto di quest'ultima un caposaldo della propria politica energetica sviluppando iniziative a larghissimo raggio.
Infatti, queste consistono:

- in un oleodotto che dal Kazakistan passando attraverso lo Xinjiang porta a Shangai (4.200 km),
- in un gasdotto che dal Kazakistan porta allo Xinijang (988 km)
- nei giacimenti petroliferi in Uzbekistan,
- negli impianti idroelettrici in Kirghizistan e Tagikistan

---

[52] Cfr. Wikipedia.

- nel *Pan Asian Global Energy Bridge* finalizzato al collegamento energetico del Medio Oriente, dell'Asia centrale e della Russia con la costa cinese del Pacifico (cfr. Fig. 34).,

Campo Bondsteel nel Kosovo (USA)

Fig. 33

Fonte: Wikipedia

Quanto descritto fa parte del progetto *"Organizzazione per la cooperazione di Shangai"* (OCS[53]) nato nel 1996 tra Russia,

---

[53] L'OCS, ad opera di Russia, Kazakistan e Cina ha dato inizio anche al complesso infrastrutturale terrestre commerciale denominato "Via della seta" che, sulle orme delle antiche vie percorse da mercanti genovesi e veneziani (fra cui Marco Polo) a seguito della stabilizzazione dell'immensa regione che va dall'Occidente all'Oriente operata dall'impero mongolo tra il 1215 e il 1360, tende ad integrare economicamente i paesi membri della regione europea con quelli della regione asiatica. La via ferroviaria terrestre della Via della seta offre molti vantaggi: il trasporto di un container dalla Cina all'Europa impiega 21 giorni rispetto ai 40 di una nave; il costo è accettabile perché pari a 10.000 $ rispetto ai 5.000 $ di una nave e ai 30.000 $ di un aereo; infine rispetta l'ambiente in quanto il trasporto di un container di 14 tonnellate via treno emette 4 kg di anidride solforosa SO_2 rispetto ai 9,2 kg di una nave e ai 25 kg. di un aereo. Ancora, l'OCS costituisce la premessa per la costituzione di un

Cina, Kazakistan e Tagikistan per la sicurezza delle frontiere e consolidato nel 2001 con l'ingresso di molti altri Stati asiatici. In questa luce, ci si rende sempre più conto che i Balcani e la zona caspica rappresentano il primo tassello di un mosaico di rischi geopolitici attinenti ad un possibile scontro di proporzioni gigantesche tra Stati Uniti e l'Asia su un campo di battaglia euro-asiatico e mediterraneo.

Il progetto strategico rappresentato dall'OCS, oltre a difficoltà obiettive interne all'area (instabilità, competizione tra Cina e India, inaffidabilità del Pakistan, radicalismo islamico dell'Iran) è naturalmente osteggiato dagli Stati Uniti e da alcuni paesi appartenenti alla NATO. Questi sono timorosi non solo di perdere l'influenza acquisita a suo tempo tramite le conquiste coloniali e poi rafforzata dalla seconda guerra mondiale nell'Oceano Indiano e nell'Oceano Pacifico, ma anche preoccupati per il progetto marittimo cinese del "*filo di perle*", costruito tramite concessioni portuali ottenute da Myanmar, Sri Lanka, Bangladesh e Pakistan, finalizzato da un lato a ridurre i costi di trasporto delle merci verso gli altri continenti e, dall'altro, a potenziare il proprio apparato navale militare.

---

complesso multi-Stato asiatico in cui la Cina riacquisterebbe il ruolo storico centralistico di "Paese di mezzo", la Russia assicurerebbe la tecnologia e la potenza militare, i paesi partecipanti metterebbero a disposizione le immense risorse minerarie di natura energetica e di estrema rarità (cosiddette "terre rare"), essenziali alla diffusione mondiale delle tecnologie ICT; tuttavia, il progetto, per essere completato, dovrà comprendere l'adesione del Giappone e dell'India e, in un prosieguo di tempo, delle tigri asiatiche (Indonesia, Singapore, Corea del Sud, Vietnam, Taiwan), del Pakistan e dell'Iran.

2.1.8 Libia 2011

Il penultimo episodio militare in ordine di tempo relativo ai conflitti per il possesso delle riserve di idrocarburi è quello libico.

Con 46,5 miliardi di barili di riserve accertate, (10 volte quelle dell'Egitto), la Libia è la più grande economia petrolifera del continente africano, seguita da Nigeria e Algeria. Al contrario, le riserve accertate di petrolio degli Stati Uniti a dicembre 2008 erano dell'ordine dei 20,6 miliardi di barili. Le più recenti stime pongono le riserve di petrolio della Libia a 60 miliardi di barili e le sue riserve di gas a 1.500 miliardi di m^3. La sua produzione è tra 1,3 e 1,7 milioni di barili al giorno, ben al di sotto della propria potenziale capacità produttiva; il suo obiettivo a più lungo termine è di tre milioni di barili di petrolio al giorno ed una produzione di gas di 73,58 milioni di di m³ al giorno[54].

In Libia, per oltre quaranta anni, Mu' Ammar Gheddafi (1942-2011) ha gestito con pugno ferro il potere sin dal 1969, dopo aver detronizzato il re Idris (1890-1983) filo-occidentale.
L'evento fu sostanzialmente trascurato dall'Occidente ma, per una serie di circostanze fortuite e impreviste, fu all'origine di un eccezionale ribaltamento che spazzò via il vecchio sistema instaurato dalle compagnie petrolifere e creò nuovi rapporti di forza.
Tutto era partito dalla caduta dell'impero ottomano e dalla sua spartizione suggerita dal magnate Calouste Gulbenkian già ricordata in precedenza[55]. Tuttavia, dopo l'intervento del 1952 della *Federal Trade Commission* statunitense, i meccanismi di controllo assoluto del mercato del petrolio da parte delle compagnie divennero di dominio pubblico e nel 1959 queste decisero unilateralmente di ridurre il prezzo del barile; fu quindi creato un meccanismo più equo di ripartizione dei profitti al 50% per produttori e compagnie petrolifere occidentali, ma queste iniziarono a manipolare i prezzi d'acquisto con artifici contabili. Infine, nel 1960, i ministri dei maggiori paesi produttori di petrolio dettero vita all'*"Organizzazione dei Paesi Esportatori di Petrolio"* (OPEC) nell'assoluta indifferenza dell'Occidente.
Orbene, tutto ciò premesso, durante il regno di re Idris, un avventuriero della finanza di nome Michael Armand Hammer (1898-1990), proprietario della compagnia petrolifera *Occidental Petroleum* e benvoluto dalla Russia, scelse la Libia per le prospezioni petrolifere e riuscì ad ottenere le due

---

[54] Fonti: *Oil and Gas Journal*, *Energy Information Administration*, dicembre 2008

[55] Cfr.: Federal Trade Commission, *The International Petroleum Cartel*, Washington 1952

concessioni più ambite, venendo incontro all'orientamento strategico libico di non assoggettarsi al cartello di Achnacarry.

La scoperta di giacimenti ricchissimi rese l'Occidental una miniera d'oro; il colpo di stato di Gheddafi e la sua scelta di utilizzare l'Occidental come compagnia petrolifera *leader* e di dettarle le sue condizioni, rovesciò gli equilibri preesistenti, in quanto tutte le altre compagnie operanti in Libia si dovettero adeguare ad esse, anche a causa del fatto che, contrariamente al passato, la domanda di petrolio aveva per la prima volta superato l'offerta.

A seguito della vendita della Occidental nel 1973 da parte di Hammer alla Libia, il potere politico, economico e finanziario di Gheddafi divenne immenso e sostenne una sua controversa visione panaraba e anticolonialista basata su una personale interpretazione del Corano.

Peraltro Gheddafi, imbaldanzito dal potere economico derivante dal petrolio, infervorato dalla sua visione religiosa di tipo messianico e alle prese con una struttura nazionale di natura tribale molto complessa da gestire, non compì alcuno sforzo per favorire la democrazia nel proprio paese reprimendo con estrema violenza qualsiasi opposizione.

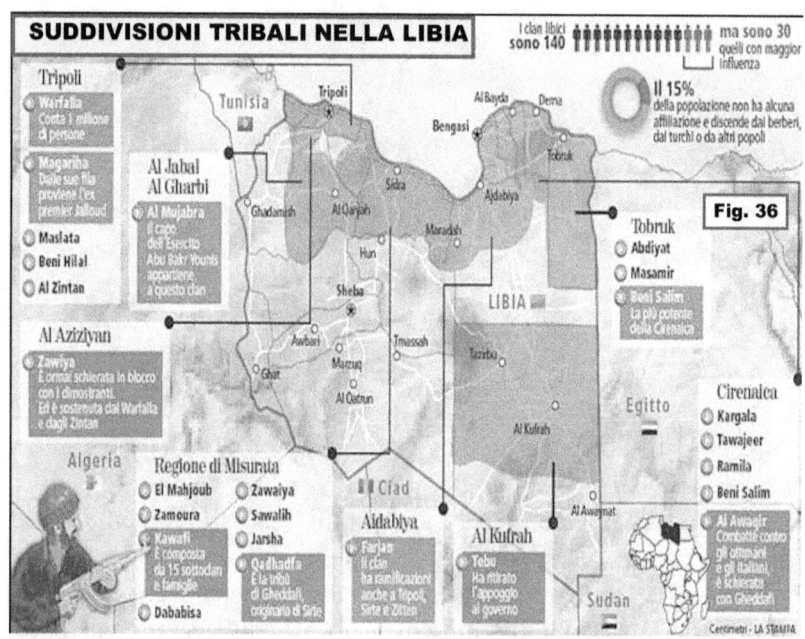

Fig. 36

La recente "primavera araba" colpì anche la Libia, diede la stura alle mai sopite tensioni duramente represse e sfociò in una guerra civile tra il governo libico e un movimento di rivolta denominato "Consiglio nazionale di Transizione" (CNT) che aveva le sue radici nella Cirenaica. Quest'ultimo fu sostenuto militarmente dall'Occidente nel nome di una *"guerra giusta"*[56], ma che in realtà era ansioso di mettere le mani sulle

---

[56] Secondo la dottrina cattolica, la "guerra giusta"è consentita solo se: *"l'aggressore causerà danni gravi, durevoli e certi; tutti gli altri mezzi si sono rivelati*

ricchezze petrolifere libiche (cfr. Fig. 35). Pertanto, ancora una volta il Trattato di Westfalia[57] non è stato osservato. Con l'uccisione di Gheddafi il 20 ottobre 2011, avvenuta in circostanze non chiare, ma documentate da riprese effettuate tramite telefoni cellulari che hanno fatto il giro del mondo, si chiude l'avventura del "Rais" e con lui il tentativo di un paese debole di gestire la propria ricchezza petrolifera in modo assolutamente e caparbiamente indipendente dal contesto internazionale dominante. La Libia rimane peraltro un paese instabile ad alto rischio geopolitico dove, in talune zone, il

---

impraticabili o inefficaci; sussistono fondate condizioni di successo; il ricorso alle armi non deve provocare mali e disordini più gravi del male da eliminare, considerando inoltre la potenza dei moderni mezzi di distruzione. Nel caso che queste condizioni siano osservate, in tempo di guerra bisogna osservare ulteriori principi e precisamente: la legge morale è valida anche durante i conflitti; i non-combattenti, i soldati feriti e i prigionieri vanno rispettati e trattati con umanità; le azioni contrarie al diritto delle genti e ai principi universali sono crimini; ogni atto di guerra che indiscriminatamente mira alla distruzione di città o di vaste regioni e dei loro abitanti è un delitto contro Dio e contro la stessa umanità." Infine, la dottrina cattolica ammonisce i governanti sui seguenti fatti: "*la corsa agli armamenti non assicura la pace; l'armarsi ad oltranza moltiplica le cause dei conflitti e il rischio del loro propagarsi; le ingiustizie, gli eccessivi squilibri di carattere economico o sociale, l'invidia, la diffidenza e l'orgoglio minacciano incessantemente la pace e causano le guerre*" (Conc. Ecum. Vat. II, *Gaudium et Spes*, Paolo VI, *Populorum Progressio*, *Il Catechismo della Chiesa Cattolica*, artt. 2309-2317, Libreria Ed. Vaticana, 1992).

[57] Il trattato di Westfalia del 1648 pose fine alla cosiddetta guerra dei trent'anni, iniziata nel 1618, e alla guerra degli ottant'anni, tra la Spagna e le Province Unite. Con esso, si inaugurò un nuovo ordine internazionale, consistente in un sistema in cui gli Stati si riconoscono tra loro proprio e solo in quanto Stati, al di là della fede dei vari sovrani. Assunse dunque importanza il concetto di sovranità dello Stato (e quindi, il principio di non interferenza nelle politiche interne di ciascuno Stato da parte di altri) e nacque quindi una comunità internazionale prossima a come la si intende oggi. Il principio di non interferenza è stato peraltro negato spesso e, in particolar modo nel secolo scorso e in quello attuale da molteplici interventi militari da parte delle grandi potenze nei confronti di Stati più deboli (Polonia, Ungheria, Cecoslovacchia, Corea, Vietnam, Golfo Persico, Irak, Afghanistan, Tibet e, in quest'ultimo caso, Libia).

governo sostenuto dall'Occidente non è riconosciuto (cfr. Fig. 36).

2.1.9 Ideologia delle strategie di potere USA

Il supporto ideologico alle politiche conservatrici dell'amministrazione statunitense ha origini lontane che risalgono ad interpretazioni di parte del pensiero di John Locke, Adam Smith e ad altri filosofi protestanti. Durante l'amministrazione di Bush junior, la tradizione conservatrice è stata mantenuta viva come non mai dallo sforzo di una serie di istituti di ricerca strategica[58] e in particolare dal *New American Century* (cfr. Fig. 37), formato da un gruppo di intellettuali di estrema destra[59] preoccupati che il collasso dell'impero delle

---

[58] Essi sono: l'*American Enterprise Institute* (AEI), teso a sviluppare la libera impresa e a limitare l'intervento pubblico nell'economia; la *Brookings Institution* (BI) che sviluppa conoscenza nei settori della politica estera, dell'economia e della capacità di governo; il *Center for Defense Information* (CDI), teso alla sicurezza internazionale; il *Carnegie Endowment for International Peace* (CEIP), che promuove la cooperazione e la presenza internazionale statunitense; il *Cato Institute* (CI), che difende la libertà individuale, il libero mercato e la pace; lo *Hudson Institute* (HI), che si occupa di socio-economia e di politica estera; la *Heritage Foundation* (HF), di stile reazionario, che difende e diffonde "i valori americani" consistenti principalmente nel fondamentalismo di mercato apportatore di libertà e democrazia; la *Lynde and Harry Bradley Foundation* (LHBF), dichiaratamente di destra; il *Project for the American Century* che intravede nel potenziamento della difesa statunitense lo strumento essenziale per portare la "pax americana" in tutto il mondo (cfr. Giorgio S. Frankel, I serbatoi dove nasce il Bush-pensiero, Il Sole 24 Ore, 17 marzo 2003).

[59] I pensatori del Project for American Century sono: "E. Abrams, G. Bauer, W. J. Bennett, J. Bush, D. Cheney, E. A. Cohen, M. Decter, P. Dobriansky, S. Forbes, A. Friedberg, F. Fukuyama, F. Gaffney, F. C. Ikle, D. Kagan, Z. Khalilzad, L. Libby, N. Podhoretz, D. Quayle, P. W. Rodman, S. P. Rosen, H. S. Rowen, D. Rumsfeld, G. Weigel e P. Wolfowitz. Essi, sin dai tempi della presidenza Clinton elaborarono una teoria strategica ultraconservatrice, adottata senza riserve dall'amministrazione Bush. Taluni di loro sono stati alla guida degli Stati Uniti (cfr: www.newamericancentury.org/statementofprinciples.htm).

repubbliche socialiste sovietiche e del comunismo potesse indurre gli Stati Uniti ad una sorta di fuga dalla responsabilità di assicurare al mondo la pace e la prosperità nel nuovo secolo. Secondo costoro (e sulle orme del progetto di Andrew Marshall), la "*pax americana*" globale avrebbe potuto essere ottenuta solo a condizione di mantenere e accrescere la potenza militare statunitense che, a seguito della scomparsa del nemico istituzionale del periodo della guerra fredda, aveva iniziato un declino di ruolo e di investimenti.

Il rafforzamento della difesa venne pertanto giudicato condizione essenziale per raggiungere tutta una serie di obiettivi collaterali secondo la dottrina (cfr. Fig. 38) riportata integralmente in appresso.

"Le missioni fondamentali delle forze militari statunitensi si riassumono nelle seguenti:
- *difendere il suolo americano;*
- *combattere e vincere decisamente in teatri di guerra multipli e simultanei;*
- *assolvere ai doveri di organizzazione di polizia per conferire alle regioni critiche un assetto di sicurezza;*
- *trasformare le forze armate statunitensi al fine di produrre una vera e propria rivoluzione degli affari militari.*

Per adempiere a queste obbligazioni, è necessario fornire forze e risorse finanziarie sufficienti. In particolare, gli Stati Uniti devono:
- *a) mantenere la superiorità strategica nel settore nucleare, facendo in modo che il deterrente nucleare statunitense non sia meramente idoneo a bilanciare il potenziale della Russia, ma assuma una connotazione globale atta a fronteggiare la totalità delle minacce attuali e di quelle emergenti;*
- *b) ripristinare le capacità delle attuali forze armate al livello anticipato dall'amministrazione Bush in riferimento alla cosiddetta "Forza di base", un incremento della forza militare in attività da 1,4 a 1,6 milioni di persone;*
- *c) riposizionare le forze armate statunitensi per rispondere alle necessità strategiche del 21° secolo spostando le forze armate attuali verso l'Europa del Sud-Est e l'Asia del Sud-Est, modificando inoltre il dispiegamento attuale delle forze navali*

statunitensi indirizzandole verso l'Asia dell'Est che desta le maggiori preoccupazioni di indole strategica;
d) modernizzare selettivamente le forze armate statunitensi ...;
e) cancellare i programmi che assorbono risorse esorbitanti a fronte di miglioramenti limitati per destinarle alla trasformazione dell'apparato militare;

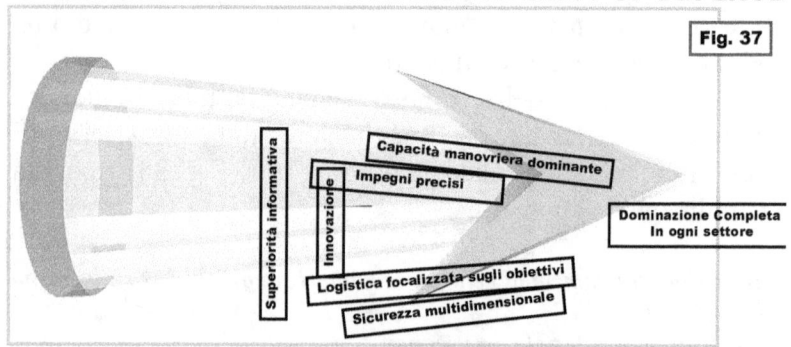

STRATEGIA 2002 -2020 U.S. DEPARTMENT OF DEFENCE

Fig. 37

L'approccio strategico delle Forze Armate statunitensi per il ventunesimo secolo prevede il raggiungimento della dominazione completa in ogni settore, da realizzarsi trasformando, innovando e integrando le attuali risorse costituite dagli individui e dalle organizzazioni, nonché agendo sulla persuasione in tempo di pace, sull'azione decisiva in tempo di guerra e sulla preminenza in ogni forma di conflitto che dovesse verificarsi.

Fonte: DOD Joint Vision 2020, 2002

f) sviluppare e realizzare una difesa missilistica globale che difenda il suolo americano e gli alleati dell'America e provveda una base sicura per il dispiegamento del potere statunitense in tutto il mondo;
g) controllare le nuove zone internazionali costituite dallo spazio e dal ciberspazio, e creare le condizioni per la creazione di un nuovo servizio militare – le Forze Armate U.S.A dello spazio – la cui missione è il controllo dello spazio;
h) attuare una vera e propria rivoluzione negli affari militari, atta ad assicurare la superiorità nel lungo termine delle forze armate convenzionali statunitensi, tramite un processo di trasformazione a due stadi, che massimizzi per mezzo di tecnologie avanzate il valore militare degli attuali sistemi d'arma, produca un miglioramento profondo delle capacità

militari, incoraggi la concorrenza tra i singoli servizi con la sperimentazione di servizi congiunti;
i) *aumentare gradualmente la spesa per la difesa passando dal 3,5% al 3,8% del Prodotto Interno Lordo."*

Secondo gli ideologi del *Project for the New American Century*, pena la perdita in breve tempo della *leadership* mondiale, gli Stati Uniti avrebbero dovuto approfittare dell'attuale finestra temporale in cui sostanzialmente non avevano avversari, per consolidare e accrescere a livello globale e in ogni settore il proprio potere.

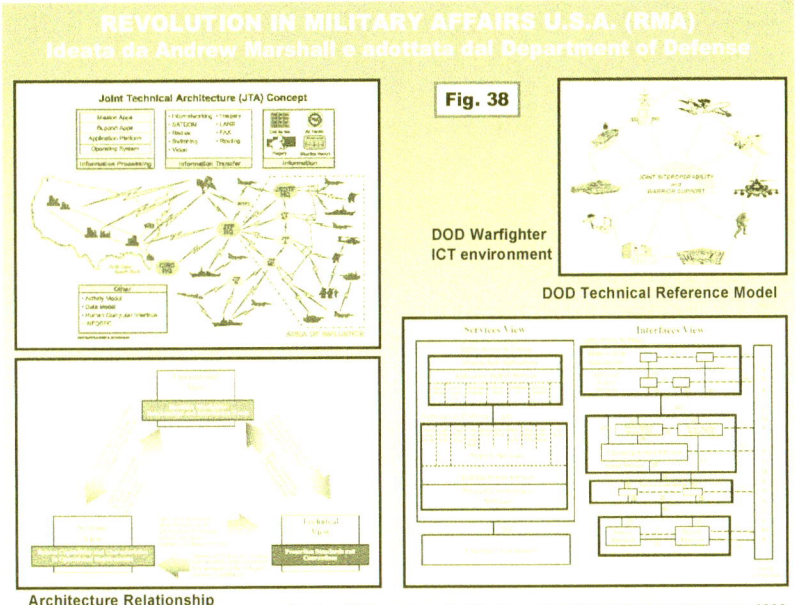

Fonte: *US Department of Defense Joint Technical Architecture*, 1999

Questa irripetibile opportunità storica avrebbe dovuto essere colta spostando l'interesse strategico dall'Europa al Medio ed Estremo Oriente dove avrebbe dovuto crearsi un avamposto strategico degli interessi e dei valori americani. Essenziale al raggiungimento di tale obiettivo sarebbe stato il rafforzamento delle Forze Armate tramite il potenziamento delle 720 basi militari disperse in tutto il mondo e, in particolare, lo sviluppo della "*Forza armata dello Spazio*", spazio che attualmente è *res nullius*, in modo da creare una sorta di legittimazione di proprietà di fatto del possesso di una risorsa essenziale alla sorveglianza dall'alto di tutto il pianeta, alla difesa e ad una improbabile, ma pur sempre possibile, offesa nei confronti di un qualsiasi punto dell'intero orbe terracqueo che volesse sottrarsi a quest'ordine prestabilito.

Il controllo planetario così conseguito, affidato nelle migliori mani possibili (ovviamente, quelle statunitensi) avrebbe dovuto assicurare pace e prosperità per le decadi a venire.

Questa politica ("*Full-Spectrum Dominance*") non è certo nuova, è stata il *leit-motiv* degli Stati Uniti fin dall'inizio del secolo scorso ed è stata di norma perseguita fermamente ma con discrezione. Con l'avvento dell'amministrazione Bush (che sotto il mantello neo-conservatore nascondeva un preciso atteggiamento di imperialismo energetico), aveva subito un nuovo impulso ed è stata esplicitata brutalmente al mondo che, in generale, ne è rimasto terrorizzato[60]. Con l'amministrazione Obama, questo atteggiamento si è un poco attenuato, ma non di molto: infatti gli Stati Uniti mantengono nei fatti la loro politica internazionale, cercando peraltro di farne ricadere i relativi costi sul mondo occidentale tradizionalmente alleato. L'emergere e il diffondersi della crisi economica ha reso peraltro questa tendenza strategica ancora più irrealistica. Peraltro, nonostante questo immenso dispiego di mezzi e di tecnologie, gli Stati Uniti seguitano ad accumulare fallimenti strategici perché, come scrive espressamente Boob Woodward, la strategia che seguono di "*sfruttare il potere del denaro*

---

[60] Cfr.: Fareed Zakaria, *Why America scares the world*, Newsweek 24 marzo 2003

utilizzando pochi americani e mandando a morire gli stranieri al nostro posto" tende ad ignorare non solo le realtà storiche, culturali, etniche, religiose e tribali dei paesi che vogliono tenere sotto controllo o di cui vogliono acquisire le risorse energetiche o minerarie essenziali allo sviluppo tecnologico[61], ma anche quelle dell'Occidente cristiano.

2.1.10 Tecniche di asservimento di Stati geo-strategici

L'asservimento posto in essere dai Paesi avanzati PA (e, a partire dalla conclusione della seconda guerra mondiale, massimamente dagli Stati Uniti) nei confronti di Paesi in via di sviluppo (PVS) di importanza geo-strategica ha origini colonialiste lontane.

Oggi è il risultato di una innovazione politica, economica e militare iniziata immediatamente dopo la conclusione della seconda guerra mondiale; essa ha raggiunto un livello di sofisticazione molto elevato, si è basata sulla collaborazione di grandi imprese nazionali che operano a livello globale e di taluni Stati compiacenti dando luogo ad una nuova forma di colonialismo[62].

Il tutto ebbe inizio in Iran ad opera di Kermit Roosvelt Jr. (1916-2000), nipote del Presidente americano Theodore (1858-1919) e agente della Central Intelligence Agency (CIA), il quale svolse un ruolo fondamentale nel colpo di stato anglo-britannico Ajax del 1953 che depose il Presidente Mossadegh (1882-1967) democraticamente eletto e lo sostituì con lo Shah

---

[61] Cfr.: Michael Scheur, *L'arroganza dell'impero – Perché l'Occidente perderà la lotta al terrorismo*, Marco Tropea Editore, Brassey Inc. 2004.

[62] Cfr.: John Perkins, *Confessioni di un sicario dell'economia*, BEAT 2012 (traduzione dall'originale *Confessions of an Economic Hit Man* 2004); *La storia segreta dell'impero americano*, minimumfax 2007 (traduzione dall'originale *The Secret History of the American Empire, Hit Men*, Dutton Penguin Group U.S.A.).

Reza Pahlavi (1919-1980). Agli occhi della Gran Bretagna e degli USA Mossadegh si era reso colpevole di aver nazionalizzato la Anglo-Iranian Oil Company per restituire al proprio paese i benefici connessi allo sfruttamento del petrolio: fu imprigionato e finì i propri giorni agli arresti domiciliari.

Questo episodio fu il primo a cambiare il corso della storia moderna delle risorse energetiche. L'*establishement* politico-economico statunitense ritenne politicamente pericoloso il ruolo esplicitamente svolto dalla CIA e preferì sostituirlo con imprese private che lo avrebbero portato avanti su mandato statale segreto; solo in caso di resistenze o difficoltà, gli USA sarebbero intervenuti dapprima sotto copertura e, in caso di fallimento, con azioni esplicite di natura bellica. In tale strategia, gli USA avrebbero potuto contare su paesi alleati o compiacenti che in prima istanza furono lo stesso Iran (ad opera di Reza Pahlavi) e poi la Giordania, l'Arabia Saudita, il Kuwait, l'Egitto e Israele.

La spinta nei confronti dei governi USA venne dalle proprie imprese energetiche che convinsero il Congresso che sarebbe stato necessario impadronirsi delle riserve energetiche dei PVS deboli per conservare quelle nazionali da utilizzare nel futuro. Il suggerimento fu accolto dalla massima potenza vincitrice e ne ha improntato la politica estera da quel momento in poi, indipendentemente dai diversi orientamenti dei Presidenti che si sono succeduti nel tempo.

A tali fini, la Banca Mondiale, il Fondo Monetario Internazionale e altre organizzazioni multilaterali furono pian piano trasformate in tessere congruenti di un mosaico teso alla costruzione di un impero americano globale.

Inoltre, le imprese energetiche svolsero una propaganda intensa a livello mondiale per dimostrare che l'utilizzo dell'energia era indispensabile per il miglioramento degli stili di vita e, in conseguenza, della libertà e della felicità (materiale); in tal modo, la popolazione mondiale fu convinta a

giustificare ogni azione tesa all'accaparramento delle risorse energetiche.
In tale ambito concettuale, il comunismo fu (con buona parte di ragione) identificato come massima minaccia possibile: ciò comportò spese ingenti per infrastrutture e per azioni militari specifiche (Corea, Vietnam, ecc); peraltro l'ideale comunista implose per proprio conto per l'eccessivo autoritarismo, per la violenza nei confronti degli oppositori interni e per l'assoluta inconsistenza della propria politica economica; nei tempi recenti, questa minaccia è stata sostituita da quella (gonfiata ad arte) relativa al terrorismo, il cui numero di vittime è peraltro infinitesimale rispetto a quelle derivanti dall'incremento della fame, della povertà e degli eventi bellici tesi al possesso delle riserve energetiche e dei minerali essenziali allo sviluppo delle tecnologie.

Il secondo episodio avvenne nel periodo 1967-1971 e creò una connessione inestricabile tra risorse energetiche, risorse finanziarie e volontà americana di dominio imperiale mondiale. Lo stato di Israele - sulla base del sogno romantico della propria ricostruzione dopo 2 millenni della patria di Abramo e della emigrazione di capitali sottratti dai nazisti agli ebrei verso le ospitali banche americane - si assunse il ruolo di avamposto degli interessi politici ed energetici statunitensi nel Medio Oriente.

Infatti come già accennato, nel 1967 Israele iniziò unilateralmente la *"guerra dei sei giorni"* contro Egitto, Siria e Giordania che si concluse con una espansione notevole del proprio territorio (4 volte) che veniva così a comprendere le alture di Golan essenziali per l'approvvigionamento dell'acqua.
La reazione arabo-islamica non si fece attendere e si concretizzò fondamentalmente nell'embargo del petrolio, diretto contro gli USA; lo sgarbo fece aumentare il prezzo del

petrolio in maniera vertiginosa a tutto vantaggio delle imprese energetiche e dei paesi possessori di riserve.

Il successivo accordo segreto degli USA con l'Arabia Saudita (paese debole, fondamentalista, corrotto e principale produttore di petrolio) sancì un nuovo ordine mondiale basato sul dollaro-moneta universale, il cui controvalore non era più basato sull'oro, ma sul petrolio.

Pertanto, sotto la minaccia di una invasione militare, l'Arabia Saudita si accordò con gli USA in maniera tale da legare il prezzo del petrolio estratto dai propri giacimenti agli interessi delle imprese statunitensi[63].

Infine, alle richieste provenienti da più creditori di altri Paesi occidentali e non che pretendevano di essere pagati in oro, nel 1971 l'amministrazione di Richard Milhouse Nixon (1913-1994) rispose abrogando il regime aureo e imponendo il dollaro come moneta universale scambiabile al meglio solo con le forniture di petrolio[64].

La strategia posta in essere dagli Stati Uniti a favore delle proprie imprese e dei propri interessi geo-politici è esemplificata nella Fig. 39.

---

[63] Cfr.: *Saudi Arabian Money-Laundering Affair* (SAMA). Sotto la minaccia di una azione militare statunitense, l'Arabia Saudita accettò di: a) investire una buona parte dei dollari guadagnati dalla vendita del petrolio in titoli di stato USA; b) utilizzare solo imprese USA per il proprio sviluppo industriale a valere sugli interessi di detti titoli di stato; c) contenere il prezzo del proprio petrolio per dette imprese; d) vendere il petrolio esclusivamente in dollari USA.

[64] Alla luce di quanto esposto, risulta ben chiaro il disappunto degli Stati Uniti nei confronti della nascita della moneta alternativa occidentale rappresentata dall'Euro.

L'episodio iniziale in Iran del 1953 e quello successivo del periodo 1967-1971 nell'Arabia Saudita costituiscono le due pietre miliari della strategia di asservimento dei PVS deboli ma ricchi di risorse geo-strategiche; essa peraltro fu poi applicata sistematicamente su scala mondiale.

In primo luogo, gli USA operarono al fine di controllare strettamente alcuni organismi globali quali la **Banca Mondiale** (che dispone di un portafoglio creditizio di 200 mld $) e **il Fondo Monetario Internazionale** (che fa credito a breve termine); essi erano stati costituiti subito dopo la seconda guerra mondiale al fine di evitare un nuovo disastro economico, simile a quello avvenuto durante la grande depressione.

Per quanto attiene la Banca Mondiale, dei 24 consiglieri, 8 spettano a: USA, Gran Bretagna, Germania, Giappone, Arabia Saudita, Cina e Russia) e 16 agli altri 184 paesi; gli USA (che hanno il 5% della popolazione mondiale e consumano il 25% delle risorse) hanno potere di veto su tutte le decisioni.

Per quanto riguarda il secondo, i meccanismi amministrativi sono identici.

I due organismi offrono congiuntamente ai PVS ricchi di risorse energetiche e minerarie forme di credito caratterizzate da clausole obbligatorie denominate *Structural Adjustment Policies* (SAP) le quali condizionano il credito all'ingresso di società straniere esperte nella costruzione di infrastrutture essenziali al vivere civile (reti elettriche e di trasporto, dighe, etc) e a politiche di austerità che si risolvono in tagli delle spese sociali e della protezione dell'ambiente.

Questa politica infatti ha prodotto da un lato l'arricchimento oltre misura delle imprese straniere e, dall'altro, lo sfruttamento al limite dello schiavismo dei lavoratori locali, nonché la distruzione sistematica dell'ambiente dei PVS che hanno accettato le clausole SAP.

Le differenti condizioni in cui operano le imprese nei PA e nei PVS che hanno avuto la sventura di accettare le forme di credito SAP sono esemplificate nella Fig. 40.

I profitti eccezionali delle imprese straniere derivano dalle mancate spese sociali e di protezione ambientale rispetto a cui le spese della possibile corruzione dei governi dei PVS risultano insignificanti.

Peraltro, con riferimento agli Stati Uniti, se i governi dei PVS opponessero resistenza all'erogazione dei crediti sotto le condizioni SAP, subentrerebbero i meccanismi di convincimento violento descritti nella Fig. 39. La storia recente abbonda di episodi a riguardo.

In disparte i casi relativi alle due crisi egiziane, all'Iran, all'Iraq e alla Libia esposti in precedenza, talune strategie poste in essere in Asia e nell'America latina sono brevemente esposte in appresso; la rassegna non pretende di essere esaustiva ed espone pertanto solo taluni casi emblematici.

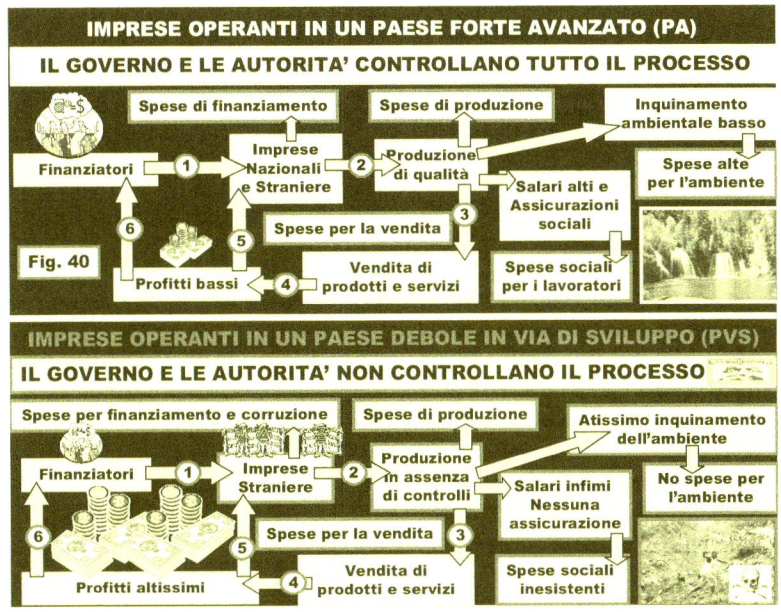

Fig. 40

Asia: Nel **Vietnam** del sud, nel 1963 gli USA, per contrastare l'opposizione dei Vietcong, attuarono un colpo di stato militare; il presidente Ngo Dinh Dhu (1910-1963) venne assassinato e le forze armate USA entrarono in massa nello Stato; nel 1965 gli USA bombardarono con insistenza il Vietnam del nord e si ebbe la guerra nel Vietnam che avrà termine nel 1973 con milioni di morti di vietnamiti unitamente a 58.000 decessi e 153.000 feriti americani; per i contribuenti statunitensi, la guerra ebbe costi diretti pari a 150 mld di dollari.

In **Corea**, nel 1948 si giunse ad una situazione di fatto che dura ancora oggi: il 38° parallelo divenne la linea di demarcazione della Corea del Nord sotto influenza sovietica e la Corea del sud sotto influenza americana. La volontà di riunificazione sospinse la Corea del nord ad invadere la Corea del sud nel 1950 a cui seguì il contrattacco USA su mandato dell'ONU. La guerra terminò nel 1953 con circa 2 mln di morti e con l'occupazione militare del Tibet da parte della Cina nel 1950 nel silenzio dell'Occidente.

Nell'**Indonesia**, ricca di risorse naturali, di etnie diverse, di biodiversità e dispersa su 17.508 isole, al termine della seconda guerra mondiale nel 1945 il leader indipendentista Kusno Sorso Dihaardjo detto Sukarno (1901-1970) proclamò l'indipendenza dall'Olanda che fu riconosciuta nel 1949. Nel 1965, con l'appoggio degli USA, il potere fu conquistato da Haji Mohammad Suharto (1901-1970) il quale dischiuse il paese agli investimenti stranieri e instaurò un regime dittatoriale che provocò una rivolta che fu soffocata nel sangue con centinaia di migliaia di morti. L'apertura alle imprese straniere creò una ricchezza fragile e mal distribuita tant'è che l'Indonesia è un paese poverissimo e fu quello che in Asia soffrì maggiormente a causa della crisi finanziaria del 2007-2008. È da notare che, come altrove, in Asia il Fondo Monetario Internazionale ha offerto credito alle condizioni del SAP: la conseguenza è stata il crollo economico nel 1997 delle nazioni che lo hanno adottato; si sono salvate solo la Cina, l'India, Taiwan, Singapore e in seconda battuta la Malaysia che lo hanno rifiutato e che hanno dirottato gli investimenti stranieri verso le proprie imprese.

America latina: In **Bolivia**, dopo una serie di instabilità di politica interna ed estera negli anni cinquanta del secolo scorso, Angel Victor Paz Estenssoro (1907-2001) nazionalizzò le miniere di stagno per migliorare le condizioni di lavoro degli operai; venne deposto dai militari con l'aiuto della CIA; il medico Ernest Guevara de la Serna (1828-1967) detto Che Guevara combatté per la libertà dell'America latina; nel 1967 l'agente Felix Ismael Rodriguez Mondigutia della CIA lo catturò e ordinò all'esercito boliviano di giustiziarlo; l'esercito eseguì materialmente l'esecuzione. Nel 1969 il Presidente René Barrientos Ortuno (1919-1969) in accordo con i militari attuò una politica tesa alla soppressione di ogni opposizione. Nel 1980 il generale Luis Garzia Meza Tejada attuò un violento colpo di stato e instaurò una feroce dittatura caratterizzata anche da legami con il traffico di droghe; abbandonato dagli USA, sconta una pena di 30 anni in una prigione.

Poi, nel 1993 salì al potere Gonzalo Sanchez de Lozada che attuò numerose riforme con logiche dittatoriali violente, si piegò alle richieste del Fondo Monetario Internazionale e della Banca Mondiale e accettò le condizioni SAP, privatizzando le imprese nazionali. Dopo un periodo di violente proteste e la deposizione di Lozada, venne nominato presidente l'indio Juan Evo Morales Ayma che nazionalizzò i giacimenti di idrocarburi, attuò politiche sociali e nel 2006 insedia una assemblea costituente.

Nel **Cile**, dopo un lungo periodo di assestamento politico interno ed estero, nel 1970 salì al potere Salvador Guillermo Allende Gossens (1908-1073) che nazionalizzò le miniere di rame e cercò di attuare una serie di riforme osteggiate dai poteri economici statunitensi e dal governo Nixon. Nel settembre 1973 i militari con il sostegno della CIA effettuarono un colpo di stato ove perse la vita lo stesso Allende; poi, i militari non portarono al potere la destra economico-politica che aveva ideato la rivolta, ma consegnarono il Cile al generale Augusto José Ramòn Pinochet Ugarte (1915-2006). Pinochet pose in essere una dittatura feroce che durerà dal 1973 al 1990 con arresti, torture, uccisioni e sparizioni di circa 30.000 oppositori (*desparecidos*) che indignò il mondo intero. Il Cile si riprenderà solo nel nuovo millennio ad opera di Michelle Bachelet che ha attuato un serie di riforme sociali ed economiche che oggi riscuotono pieno consenso a livello interno e internazionale.

Nel Panamà, nel 1901 gli USA ottennero dal governo colombiano l'autorizzazione per costruire e gestire il Canale per 100 anni; all'epoca, il Panamá faceva parte della

Colombia. Nel novembre 1903 venne dichiarata l'indipendenza dalla Colombia che non ratificò l'accordo sul Canale; gli USA allora non esitarono a organizzare una sommossa a Panamá e a minacciare l'intervento dell'esercito se il governo legittimo avesse preteso di opporsi ai loro voleri. Il Canale (costruito dai militari americani) fu aperto nel 1914. Panamá così, come già altri Paesi, divenne una repubblica formalmente indipendente ma sotto la tutela degli Stati Uniti che ottennero l'affitto perpetuo della zona del Canale (da cui peraltro dipende in modo pressoché totale l'economia del Panamà). Nel 1968 il generale Omar Efrain Torrijos Herrera (1929-1981) divenne leader del proprio paese e attuò una politica indipendente dagli USA e favorevole ai poveri e ai contadini. Promosse i Trattati Torrijos-Carter del 1977 che restituivano a Panamà il territorio sottratto a suo tempo dagli USA e sancivano il diritto di controllo del Canale di Panama da parte del proprio paese, salvo il diritto statunitense di intervenire militarmente per salvaguardare la propria sicurezza nazionale. Torrijos, considerato troppo indipendente e non corruttibile, morì prematuramente nel 1981 a causa di un misterioso incidente aereo che, secondo alcune fonti, si ritiene sia stato organizzato dalla CIA[65].

Nel Venezuela, dopo il periodo coloniale spagnolo, a causa della scoperta di miniere d'oro e d'argento si sviluppò una società dominata da latifondisti e dalla burocrazia spagnola che si avvalse di manodopera locale o ridotta in schiavitù perché importata dall'Africa.

A partire dal diciottesimo secolo, a somiglianza delle rivolte dei nordamericani nei confronti dell'Inghilterra, si sviluppò una ribellione dei sudamericani nei confronti della Spagna, anche in virtù delle eccezionali doti politiche e militari di Simòn Bolivar (1783-1830); in particolare, nel 1830, il

---

[65] Cfr.: John Perkins, *Confessioni di un sicario dell'economia*, BEAT 2012.

Venezuela si costituì come stato autonomo. Il diciannovesimo secolo, è stato caratterizzato da instabilità politica e da governi che tendevano ad una centralizzazione politico-economica. Nel ventesimo secolo iniziò lo sfruttamento del petrolio, il potere dei militari venne attenuato e si ebbero vari episodi di instabilità politica fino alla presa di potere nel 1998 del carismatico Hugo Rafael Chavez Frias (1954-2013) fautore di un socialismo democratico, dell'integrazione dell'America latina e critico nei confronti della globalizzazione neoliberista e della politica estera statunitense. La sua politica, fortemente criticata dall'establishment economico occidentale, è stata caratterizzata da riforme sociali e dall'indipendentismo dagli USA. La sua recente morte può rimetterne in forse la politica da lui perseguita.

Nell'**Ecuador**, la scoperta del petrolio negli anni '60 del secolo scorso dando luogo a un periodo di instabilità aveva scatenato, nell'assenza di un regime governativo responsabile, appetiti sfrenati da parte dei maggiorenti locali che avevano condotto il paese alla bancarotta. Alla fine degli anni '70, fu eletto presidente Jaime Roldòs Aguilera (1940-1981) che sviluppò una politica tesa a far sì che il petrolio costituisse la leva fondamentale per lo sviluppo della popolazione del proprio paese e non solo delle compagnie petrolifere. Gli Stati Uniti non intervennero durante la presidenza di Carter che nutriva simpatia per l'indipendenza dei paesi in via di sviluppo, ma non appena fu sostituito da Reagan, la politica di protezione ad oltranza degli interessi delle compagnie petrolifere statunitensi riprese vigore. Jaime Roldòs morì nel maggio 1981 in un incidente aereo le cui cause non furono mai chiarite. Al suo posto si insediò Osvaldo Hurtado Larrea che ha sviluppato un ampio programma di estrazione delle riserve energetiche da parte delle compagnie straniere dimenticando così il sogno del suo predecessore.

Nel **Guatemala**, dal 1500 in poi il potere militare spagnolo distrusse la civiltà Maya ma, alla fine dell'ottocento fu a sua volta soppiantato dal potere commerciale americano della United Fruit[66]. Negli anni '50 del secolo scorso fu eletto presidente Jacobo Arbenz Guzmàn (1913-1971) che attuò una riforma agraria che minacciava gli interessi della United Fruit. Nel 1954, fu predisposto ad opera della CIA un colpo di stato e la capitale fu bombardata da aerei statunitensi, Arbenz fu rovesciato e sostituito da Carlos Castillo Armas (1914-1957). Costui, detenuto condannato a morte ed evaso, interruppe la riforma agraria, instaurò una dittatura brutale caratterizzata da stragi ad opera dello stato, ispirò rivolte orientate al marxismo che causarono 200.000 morti e creò veri e propri genocidi; il complesso di queste azioni sprofondò il paese in un mare di violenza. Gli USA, preoccupati dalla deriva marxista, supportarono finanziariamente e militarmente Armas fino a che, a causa dell'intervento dell'ONU e del premio Nobel per la pace del 1992 assegnato alla attivista indigena per i diritti umani Rigoberta Menchù, venne firmato nel 1996 un accordo di pace che ha portato nel 2003 alle prime elezioni democratiche. Oggi il Guatemala è un paese dominato economicamente e militarmente dagli Stati Uniti e da una élite locale corrotta.

Nella **Colombia**, il potere militare spagnolo sfruttò le miniere d'oro e d'argento a favore della madrepatria e fu sede dell'Inquisizione, ma essa è considerata dall'America latina la capostipite dell'indipendenza dalla dominazione europea per la vittoria di Simòn Bolivar a Boyacà nel 1819. Porta di collegamento del continente sudamericano con il nord America, la Colombia è situata in una posizione strategica

---

[66] Sul Web è descritta l'origine della proprietà della United Fruit, derivante dalla Zapata Petroleum in parte di George W. Bush, i collegamenti con la CIA e la distruzione dei relativi documenti riservati.

fondamentale ed è considerata dagli USA il paese più importante per la protezione dei propri interessi. A tali fini è sostenuta finanziariamente e militarmente dal mondo politico, industriale, finanziario americano e, nella classifica degli aiuti militari, viene subito dopo Israele, Egitto e Iraq.

La Colombia è peraltro tristemente nota come portale di uscita della droga in diretta connessione con il portale d'ingresso in Europa saldamente tenuto in mano dalla 'Ndrangheta italiana.

In **Egitto** (paese geo-strategico da sempre per il controllo dell'Africa nord-orientale), si è verificato il più recente episodio della specie. L'apparato militare, interpretando le istanze di un largo movimento di protesta e da sempre sostenuto finanziariamente e politicamente dagli Stati Uniti, ha organizzato un colpo di stato destituendo il presidente Morsi regolarmente eletto, il quale aveva assunto un atteggiamento rigido ispirato dal movimento islamico dei Fratelli musulmani. In conseguenza, il prezzo del petrolio WTI è salito sopra i 100 $/barile con grande soddisfazione delle compagnie petrolifere.

Se si vuole trarre una conclusione da questi episodi che, come già accennato, non esauriscono il ventaglio globale delle operazioni svolte dagli USA al fine di accrescere e mantenere il dominio del mondo, si può affermare che il modello della *Full Spectrum Dominance* americana è stato presente a partire dalla conclusione della seconda guerra mondiale e viene mantenuto caparbiamente in essere dai poteri industriali, economici, militari e dei Servizi di sicurezza statunitensi.

Esso tuttavia non appare più in grado di garantire il raggiungimento degli obiettivi definiti a suo tempo e il volerlo mantenere ad ogni costo rappresenta con buona probabilità uno dei maggiori rischi geopolitici esistenti oggi e in futuro.

2.1.11 Tecniche di asservimento di Stati europei deboli

Le strategie degli Stati Uniti e degli Stati Europei forti che sono state poste in essere per asservire gli Stati Europei più deboli meritano una ulteriore analisi[67].

Esse costituiscono la prosecuzione in forma moderna del colonialismo occidentale dell'ottocento, rappresentano la motivazione fondamentale degli eventi bellici mondiali della prima metà del secolo scorso e sono state concretizzate nella sua seconda metà.

Lo sfuggire di mano a coloro che l'avevano ideata e sviluppata rappresenta in buona parte il fenomeno complesso che è denominato "Crisi finanziaria" e in cui siamo attualmente immersi.

La crisi finanziaria poggia su distorsioni volute e poste in essere da un macro-sistema globale denominato "Totalitarismo inverso" composto dalla integrazione e dalla sinergia di sotto-sistemi essenziali allo sviluppo che sono riassumibili nel sotto-sistema scientifico e tecnologico, nel sotto-sistema militare, nel sotto-sistema monetario, nel sotto-sistema bancario e nel sotto-sistema finanziario.

Le distorsioni si attuano quando detti sotto-sistemi subiscono un processo involutivo che li porta a trascendere gli scopi tesi al bene comune dello Stato per cui erano nati e a favorire minoranze esigue delle popolazioni in cui viene concentrata la ricchezza e il potere.

---

[67] La prima parte di questo sotto-paragrafo è tratto da: Joseph E. Stiglitz, *Il prezzo della disuguaglianza – Come la società divisa di oggi minaccia il nostro futuro*, Einaudi 2013; Bruno Amoroso, *Figli di Troika – Gli artefici della crisi economica*, Castelvecchi Rx - Lit Edizioni Srl.

Il convincimento comune delle popolazioni è orientato a ritenere che la crisi sia stata un fatto ineluttabile.

Essa è invece il risultato di una strategia posta scientemente in essere dalle devianze dei poteri di cui dispongono i sotto-sistemi di cui sopra.

In Europa, alla fine della seconda guerra mondiale, la situazione si presentava molto complessa.

Il sogno romantico di Jean Monnet (1988-1979) di eliminare per sempre i contrasti tra gli Stati europei si concretizzò (sulla scorta di esempi storici precedenti quali l'Impero Romano, l'Impero dei Franchi, il Sacro Romano Impero) con la creazione nel vecchio continente di una entità politico-economica unitaria.

Nacquero così, fin dal 1951, una serie di istituzioni (CECA, CEE, ...) tese ad agglomerare progressivamente in un sistema coerente tutti gli Stati Europei.

Tuttavia, la nascita nel 1992 dell'Unione Monetaria non fu gradita dagli USA in quanto contemplava la presenza di una moneta concorrenziale al dollaro negli scambi internazionali.

Da quel momento in poi l'Unione Europea, a causa di fattori disgreganti esogeni ed endogeni perse slancio, e subì il fallimento della mancata Costituzione europea a causa della ritrosia degli Stati a cedere sovranità; in conseguenza, gli antichi contrasti tra Gran Bretagna, Francia e Germania tesi alla supremazia sul continente sono riemersi.

Taluni ritengono che tutto ciò sia avvenuto non solo a somiglianza di quanto già compiuto nei confronti degli Stati geostrategici deboli extra-europei esposti nel sotto-paragrafo precedente, ma anche e fondamentalmente ad opera degli USA, della Banca Mondiale e del Fondo Monetario Internazionale, con la connivenza della BCE e della Commissione Europea.

Molti considerano naturale che gli Stati Uniti si siano adoperati e si adoperino tuttora al fine di restaurare il complesso politico-economico europeo precedente all'Unione Europea in modo che non possa minacciare i loro interessi monetari, economici, politici e militari.

Le considerazioni riportate in appresso appaiono dar ragione a questa ipotesi.

In primo luogo, in una logica di liberismo spinto ai limiti estremi, si sono volute superare le forme pubbliche di governo dello Stato (considerato lento, inefficiente e talora incoerente con i propri scopi istituzionali) con forme privatistiche di *governance* in quanto è notorio che l'operatore privato nel perseguire il proprio interesse è rapido, efficiente ed efficace[68].

A questo orientamento strategico si oppose dapprima l'ONU nel 1994 e poi nel 2004 l'economista statunitense James K. Galbraith che lo definì come il risultato di *"una coalizione in cui il bene pubblico dipende da imprese che non hanno alcun rapporto di fedeltà con il proprio Paese"* mentre lo storico Franco Cardini oggi lo descrive come *"un comitato di affari che persegue un progetto di egemonia politico-economica mondiale"*. L'economista Stiglitz rincara la dose affermando

---

[68] La concezione della *Corporate governance per l'Italia* è stata propagandata nel 1998 in Italia dalla Società di consulenza Ambrosetti con interventi di istituzioni, aziende e personaggi di rilievo nazionale e internazionale: Coopers&Lybrand, Russel Reynolds Associates, Preda Stefano, Casonato Stefano della Corporate and Investment Banking, Pinza Roberto , Davies Gavin, Penati Alessandro, Mussa Michael, Arcelli Mario, Tremonti Giulio, Centro Studi Confindustria, Clinton Bill, Giscard D'Estaing Valery, Savona Paolo, McKnight Lee W., Balley, Joseph P., de Rosnay Joel, Commissione delle Comunità Europee, Padoa Schioppa Tommaso, Cipolletta Innocenzo, Dornbush Rudiger, Scognamiglio Carlo, Vaciago Giacomo, Jeffery Reuben, Spaventa Luigi, Galli Gianpaolo, OCSE, Prodi, Ciampi, Visco Vincenzo, Di Pietro Antonio, Arafat Yasser, Dahrendorf Ralf, Gates Charles Mayer Charles, Monti Mario, Tantazzi Angelo, Jean Carlo, Tietmeyer Hans, Fazi Elido, Patroni Griffi Filippo, Hampel Ronald, e altri.

con forza l'incompetenza dimostrata dal Fondo Monetario Internazionale in occasione della crisi asiatica dove si salvarono solo i Paesi che non ne avevano seguito le direttive.

In Europa il complesso dei sotto-sistemi indicati, per raggiungere i propri scopi, dopo la creazione del pensiero unico della *governance*, dovette portare dalla propria parte la Commissione Europea e la Banca Centrale Europea; ciò al fine di impadronirsi delle ricchezze private degli Stati e delle popolazioni essendo i Paesi europei, a differenza dei Paesi strategici trattati nel sotto-paragrafo precedente, poveri di risorse energetiche e di minerali rari.

Da parte di detti sotto-sistemi, oltre alla strategia di *governance*, è stato necessario affiancare il controllo del sistema bancario e finanziario per condizionare il mondo imprenditoriale e i cittadini, nonché per incoraggiare il debito pubblico al fine di produrre instabilità.

L'obiettivo è stato conseguito attuando liberalizzazioni e privatizzazioni, privando così gli Stati dei poteri essenziali derivanti dalla proprietà delle infrastrutture critiche che condizionano il vivere civile, mentre l'indebitamento è stato sollecitato con la solita promessa di creazione di infrastrutture, altissimi rendimenti finanziari che sarebbero stati garantiti dall'IMF, dalla Banca Mondiale e dalla BCE.

Il meccanismo è simile a quello del sotto-paragrafo precedente. Dopo che una infrastruttura critica è stata privatizzata, le si offrono grandi opportunità di sviluppo offrendo progetti il cui finanziamento sarà garantito dagli organismi internazionali.

In particolare, vengono privilegiati i progetti ove al sistema economico-finanziario prospettato, possano essere aggiunte opportunità scientifiche, tecnologiche e militari.

L'offensiva, con l'appoggio delle banche tedesche e francesi è stata dapprima condotta nei confronti della Grecia, di Cipro e di Malta, quindi contro l'Islanda e l'Irlanda e altri paesi deboli dell'Unione Europea come la Slovenia ed è attualmente in corso con l'appoggio delle banche statunitensi, tedesche e francesi nei confronti del Portogallo e dell'Italia; successivamente, sarà il turno la Francia.

L'obiettivo USA finale appare essere quello dello smantellamento dell'Europa continentale come potenziale avversario economico e politico e la sua trasformazione in una piattaforma, a loro sottomessa, di dominazione del Mediterraneo e del Nord Africa, nonché di contenimento e controllo del Grande Oriente.

Per quanto riguarda il sistema politico italiano, esso è rimasto silente per circa un ventennio: solo oggi a causa della crisi, taluni partiti o movimenti minoritari espongono il problema.

Il fenomeno può trovare spiegazione nel fatto che per anni, il sistema politico è stato inondato di flussi intensi di denaro fatti pervenire tramite leggi e regolamenti, creando un sistema corruttivo legalizzato che oggi appare impossibile estirpare perché diffuso negli schieramenti di destra, di sinistra e di centro.

Facendo riferimento alla Fig. 39, e alle fonti citate all'inizio di questo sotto-paragrafo, si può concludere che, per quanto riguarda la conquista del nostro Paese, non è stato necessario passare alle "maniere forti" previste in caso di resistenza dei governi alla penetrazione delle imprese straniere.

Ci si può domandare quali siano i soggetti che supportano questa strategia di esproprio politico, economico e civile dell'Europa continentale.

In disparte la Banca Mondiale, l'FMI e la BCE a cui si è già accennato, la società Goldman Sachs risulta avere avuto e di mantenere tuttora un ruolo primario nello sfornare soggetti che hanno ostacolato e stanno oggi distruggendo il sogno di Jean Monnet e di coloro che hanno cercato di porlo in essere[69].

In tale contesto, Mario Draghi, funzionario della Banca Mondiale dal 1984 a 1990, nel 1991 diviene Direttore generale del Ministero del Tesoro italiano, importa nel nostro Paese la liberalizzazione dei mercati finanziari adottata passivamente da Clinton sulla scorta delle indicazioni di Reagan, tiene a battesimo le grandi banche d'affari nazionali (Banca Intesa, Unicredit, Monte dei Paschi di Siena) e si avvale della consulenza della Goldman Sachs, della Lehman Brothers e della UBS a tutela del proprio operato.

Nel 2002 diventa direttore della Goldman Sachs mettendole a disposizione l'esperienza economica italiana di un decennio.

Nel 2006 viene nominato Governatore della Banca d'Italia.

Nel 2009 viene nominato Presidente del Financial Stability Board che, in difesa dei nefasti effetti della crisi, propone una serie di miglioramenti del sistema bancario internazionale la gran parte dei quali rimane sulla carta.

In Italia, Draghi non attua alcun provvedimento sostanziale di moralizzazione del sistema bancario e finanziario, ma propone una serie di riforme i cui oneri dovranno essere supportati dai lavoratori, dai pensionati, dal sistema scolastico e dal sistema sanitario nazionale.

Infatti, in occasione dell'Assemblea della Banca d'Italia del 31 maggio 2007, il Governatore Draghi, pur denunciando varie

---

[69] Dalla Goldman Sachs provengono: Sutherland Peter (Irlanda), Van Miert Karel (Belgio), Borges Antonin (Francia), Monti Mario (Italia), Issing Otmar (Germania), Papademos Lucas (Grecia); Draghi Mario (Italia), Tononi Massimo (Italia), Letta Gianni (Italia), Rubin Robert (USA), M. Paulson Henry (USA), Christodoulou Petros (Grecia), Prodi Romano (Italia), Zoellich Robert (USA), Dudley William (USA), Tain (USA) Paul, Murphy Philip D. (USA), Bolten Joshua (USA), Gensler Gary (USA), Corzine John (USA).

problematiche, sosteneva che *"La finanza ha dato un contributo fondamentale alla crescita economica degli ultimi anni, consentendo una mobilità dei capitali senza precedenti e favorendone l'efficiente allocazione;...L'innovazione finanziaria ha conferito liquidità ai mercati, ne ha ridotto la volatilità. ...I derivati di credito contribuiscono ad elevare la produttività del sistema finanziario, proprio come nuove tecnologie produttive accrescono quella dell'economia reale."* Auspicava una *"Finanza pubblica sostenibile ... riducendo stabilmente la spesa corrente."* Riteneva *"necessario accrescere nel tempo l'età di pensionamento"*. Affermava che *"La previdenza complementare va estesa al più presto al pubblico impiego."*

Nel 2011 Draghi diventa Presidente della BCE e anche in quella sede non appare che operi decisamente a favore dell'Europa: infatti, non crea una agenzia europea di *rating* che possa controbilanciare le agenzie statunitensi; non affronta decisamente le problematiche relative alle devianze e allo strapotere del sistema bancario e finanziario; si astiene altresì dal mettere in discussione i favolosi compensi dei manager bancari, dal sollecitare azioni giudiziarie nei confronti dei comportamenti speculativi delle banche e dal sequestrare i prodotti finanziari derivati di cui le banche sono piene e il cui valore di mercato è praticamente nullo rispetto al valore nominale iniziale di scambio.

Ultimamente, la BCE e la Commissione Europea hanno promosso la vigilanza unificata a livello europeo[70].

---

[70] Fonti: Il Sole 24 Ore: A. Zeli, *L'utopia dell'euro-convergenza* 14.11.13; M. Fortis, *I conti tornano solo a Berlino* 19.11.13; J. Pisani Ferry, *La scomoda via di mezzo della BCE* 6.12.13; G. Rossi, *Teatri del mondo e ignoti sovrani* 8.12.13; A.Leipold, *E' tutta una questione di governance* 19.12.13, Economy2050.it 2013

Essa sarebbe composta da un meccanismo unico di risoluzione di crisi bancarie e dal conferimento alla BCE di poteri di vigilanza delle banche dell'Eurozona nell'ambito di una rigorosa separazione dei compiti di politica monetaria da quelli di vigilanza per scongiurare conflitti d'interesse; la vigilanza unificata sarebbe esercitata solo sulle 187 banche più grandi (su circa 6.000) con attivi per almeno 30 mld Euro e un patrimonio almeno pari al 20% del Pil del Paese ospitante.

Il progetto della vigilanza bancaria unificata è teso alla futura unione bancaria europea con un fondo di risoluzione delle crisi finanziato ex ante dalle banche e con un fondo di prestiti obbligazionari tra i sistemi nazionali.

Il progetto si concluderebbe nel 2015 e, in caso di ricapitalizzazione di banche in difficoltà, dovrebbero intervenire fondi vari (in parte ancora da determinare) di cui alcuni finanziati da banche e altri dagli Stati.

In pratica, la Bce si assume la responsabilità di valutare la salute delle maggiori banche europee, responsabilità che prima era espletata dalle Banche centrali nazionali.

La BCE intende valutare il rapporto tra il patrimonio di base e gli impieghi ponderati al rischio dell'8%, in osservanza della definizione di capitale contenuta nelle norme Basilea III. In caso di insufficienze patrimoniali gravi, si dovrebbe procedere rapidamente alle necessarie ricapitalizzazioni.

Tuttavia, se il progetto avrà successo, in assenza dell'Unione politica europea, il potere della BCE (e quindi delle banche) crescerà ancora e l'Unione politica europea apparirà sempre più lontana.

La risoluzione delle crisi sarà solo in parte a carico delle banche deteriorate a causa dei loro comportamenti: il resto lo pagheranno gli Stati (cioè le imprese e i cittadini) in termini ancora da definire. Ciò significa che, i Paesi deboli che sono nell'Euro (a differenza di quelli che ne sono fuori) avranno maggiori difficoltà a risolvere i propri problemi in quanto la BCE sarà condizionata dai Paesi forti.

In conclusione, il progetto della BCE appare ottimistico.

Peraltro, è appoggiato dalla Commissione Europea e, in particolare, dal Commissario Michel Barnier il quale - sulla scorta del Rapporto Likkanen che proponeva di riformare il sistema bancario europeo - ha proposto una serie di regole che tuttavia sono giudicate un compromesso tra le attività delle banche nel finanziare l'economia reale, le pressioni dei governi e gli interessi della *lobby* bancaria e finanziaria. È da notare peraltro che le regole imposte dalla Gran Bretagna sono molto più severe in quanto impongono la separazione netta tra banche d'investimento e banche di deposito[71].

Peraltro, la vigilanza unica europea appare puntata sui rischi a cui le grandi imprese bancarie vanno incontro quando prestano denaro alle famiglie e alle imprese industriali, ma non sui rischi che esse corrono quando prendono denaro in prestito per operare sul mercato mondiale finanziario a fini speculativi[72].

È da notare che questi ultimi prestiti, nel caso delle grandi banche, rappresentano una percentuale elevatissima degli asset rispetto alle percentuali delle imprese industriali che prendono denaro in prestito per finanziare i propri investimenti.

Ancora, le agenzie di rating conferiscono un giudizio molto positivo alle grandi banche che si comportano in maniera così spericolata in quanto, poiché queste sono considerate "troppo grandi per fallire", i governi interverranno sempre per salvarle a spese dei contribuenti e delle imprese industriali.

---

[71] Beda Romano, *Stop alla speculazione delle banche*, Il Sole 24 Ore 29 gennaio 2014

[72] Queste considerazioni sono estratte da: Anat Admati & Martin Wellwig, *The Bankers New Clothes: What's Wrong with Banking and What to Do about it*, 2013, Princeton University Press, *The Emperors of Banking Have no Clothes*, 2013

In verità, invece, le grandi banche potrebbero essere "troppo grandi per essere salvate".

Per attenuare le considerazioni espresse nella nota di cui sopra, la Bce nella persona del suo Presidente Mario Draghi e il Commissione Europea nella persona del già citato Commissario Michel Barnier si sono affrettati a dichiarare rispettivamente che le banche irrimediabilmente deteriorate non saranno salvate e che la loro speculazione sarà fermata.

In disparte il comportamento del Presidente della BCE, ci si può domandare come mai durante tutti questi anni il sistema politico e giudiziario europeo[73] sia rimasto sostanzialmente inerte di fronte alla spoliazione da parte delle banche della ricchezza accumulata da imprese e famiglie nel passato: infatti, salvo talune eccezioni, le prime azioni di rivalsa si sono iniziate a svolgere solo a seguito delle risultanze della Commissione d'inchiesta 2011 del Governo USA sulle cause della crisi[74].

Solo successivamente, in più Paesi, la magistratura o le Autorità di vigilanza si sono attivate per contestare alle banche i comportamenti truffaldini o addirittura criminali. Tipico è il

---

[73] In Italia, in riferimento alla sentenza in appello n. 14 del 14 gennaio 2009 della Sezione Prima della Corte dei conti, emanata sulla base di diverse pronunce della Corte di Cassazione, è apparso essenziale il principio fondante della responsabilità amministrativa e contabile di chiunque (persone giuridiche rappresentate dagli enti e persone fisiche rappresentate dagli amministratori) appartenga sia al settore pubblico e sia al settore privato, nel caso di danni all'erario inferti alla comunità di appartenenza, rappresentata dallo Stato. Tale responsabilità è stabilita non solo nei confronti di coloro che operano, ma anche di coloro che, vigilando sull'operato altrui, se ne fanno garanti nei confronti della collettività.

[74] Cfr.: Donato Masciandaro, *Multe record nel 2013, ma restano inutili senza riforme vere*, Il Sole 24 Ore: 31/12/2013. Simon Johnson, *Finanza malata e pugno di velluto. Il caso Jp Morgan Chase: multa inadeguata, inefficace e "pilotata"*, 12/1/2014. L. Meis, *Scandalo Libor: anche Radobank pronta all'accordo*, 20/10/2013.

caso della manipolazione del Libor[75] (contestata alla Barclays, alla Royal Bank of Scotland, alla UBS, alla Deutsche Bank), delle transazioni spericolate (contestate alla JP Morgan Chase, alla Bank of America, alla Rbs, alla Hsbc, alla Chase Manhattan Bank), delle citazioni in giudizio nei confronti di Credit Suisse, ecc.

Tutto ciò è da ascrivere all'eccesso della propensione al rischio delle banche che porta all'illegalità finanziaria e alla sua legittimazione derivata dai salvataggi che contemplano, ad esempio, il fatto che le sanzioni siano esentasse.

La beffa nei confronti delle imprese, delle famiglie e dei risparmiatori consiste nel fatto che le multe nei confronti delle banche e dei banchieri sono lievi rispetto ai danni provocati e all'inosservanza delle leggi che vengono per loro volutamente mantenute permissive in nome del neo-liberismo.

Tuttavia, per quanto riguarda in nostro Paese, c'è da dare atto alle Forze dell'Ordine – in riferimento al peggiorare della situazione economica e delle condizioni sociali che sfociano sempre più spesso in proteste di violenza crescente – di aver potenziato, anche sulla la scorta di norme recenti più severe e pur nell'ambito di una cooperazione mutua da potenziare, le attività di prevenzione e contrasto nei confronti di persone fisiche e giuridiche anche di elevato livello che hanno posto in essere comportamenti illeciti e/o criminali.

---

[75] Il Libor (*London Interbank Offered Rate* è il tasso di riferimento per i mercati interbancari. Esso può essere alterato artificiosamente per favorire le banche a danno di imprese e famiglie che richiedono prestiti.

3. FUTURO DELL'ENERGIA

3.1 FUTURO PROSSIMO DELL'ENERGIA E DELL'AMBIENTE

3.1.1 Evoluzione dello stato energetico e ambientale del pianeta

Innanzi tutto, è bene ricordare che l'energia esistente ha due diverse origini a cui corrispondono due diverse nature: nel primo caso si tratta di **energia primaria** (direttamente disponibile in natura), nel secondo **di energia secondaria** derivata da trasformazioni dell'energia primaria[76].

Alla prima categoria appartengono:

a) la **radiazione solare** e i suoi effetti che si hanno nella biosfera (energia chimica delle piante, energia meccanica del vento e delle cadute d'acqua per gravità, energia termica prodotta dalla diversa temperatura delle correnti oceaniche, ecc),
b) il **calore proveniente dall'interno del globo terrestre,**
c) **i combustibili fossili** (carbone, petrolio, gas),
d) **gli isotopi di elementi naturali pesanti** (uranio) sottoposti ad un procedimento di fissione nucleare.

Alla seconda categoria appartengono la benzina, il gasolio, il GPL, l'idrogeno.

Lo sviluppo dell'elettricità, avvenuto in epoca relativamente recente (se considerata in una scala temporale ampia che parte dalla comparsa dell'*homo sapiens*) ha prodotto una innovativa

---

[76] Queste considerazioni sono tratte da Vaclav Smil, *Energy Transitions – History, Requirements, Prospects*, Praeger 2010 (pagg. 2-7).

e flessibile tipologia energetica: si parla infatti di **energia elettrica** cosiddetta *primaria* quando essa deriva dalla conversione di energia naturale rinnovabile (calore solare, geotermico, vento, cadute d'acqua, differenze di temperature delle acque degli oceani, fissione nucleare, mentre si parla di **energia elettrica** cosiddetta *secondaria* quando essa deriva dal calore rilasciato dalla combustione di combustibili fossili (carbone per i turbogeneratori a vapore e gas naturale per le turbine a gas).

A parte l'energia per il riscaldamento, l'illuminazione e le telecomunicazioni, l'energia di ogni tipo è oggi, dopo l'utilizzo del vapore, sempre di più orientata verso le famiglie e i trasporti a discapito dell'agricoltura e dell'industria (quest'ultima attestata sul 50% del totale nel 1950 e ridotta nel 2010 al 25%). Peraltro, nel periodo che va dal 1700 ai giorni nostri, si è avuto un incremento costante dei rendimenti: mentre i motori a vapore utilizzati fino al 1930 non potevano superare un rendimento del 23%, nel 2000 quelli a benzina sono arrivati al 33%, oggi le turbine a gas arrivano al 43%, i motori diesel al 50% e, infine, le turbine a gas a ciclo combinato arrivano al 60% e tendono a migliorare ancora.

L'utilizzo di tipologie energetiche diversificate produce non solo diverse tipologie industriali per il reperimento, la lavorazione, la produzione e il trasporto delle varie fonti energetiche presso i consumatori, ma modifica anche profondamente gli stili di vita delle istituzioni, delle imprese e delle persone.

Inoltre, l'energia elettrica esige la costruzione di reti complesse di trasmissione e di distribuzione, nonché di convertitori, mentre l'energia nucleare esige imponenti infrastrutture di sicurezza.

Altresì, i diversi sistemi energetici si integrano tra loro e l'energia assume configurazioni infrastrutturali di natura globale: circa 50 nazioni esportano e 150 nazioni importano petrolio greggio; 20 nazioni sono interconnesse da gasdotti, utilizzano navi o autotreni per il trasporto di gas liquefatto (*Liquefied Natural Gas* LNG) mentre altre 12 nazioni utilizzano questi ultimi per il trasporto di carbone; infine, viene scambiata energia elettrica lungo reti di trasmissione interconnesse.

L'industria di progettazione e produzione di sistemi avanzati e di motori per il trasporto aereo e via mare ha subito una progressiva concentrazione che oggi è sfociata in un duopolio globale di solo due fornitori.

L'energia è anche un buon indicatore dello sviluppo economico globale: dall'inizio alla fine del ventesimo secolo l'incremento commerciale annuale dell'energia è aumentato di 17 volte (da 22 a 380 exajoule), e il prodotto lordo annuale globale è aumentato di 16 volte (da 2 a 32 trilioni $).

Inoltre, nel secolo passato si è avuta una progressiva tendenza a sostituire il carbone con idrocarburi allo stato liquido (diesel e benzina) e nello stato LNG; l'abbandono del carbone è stato motivato anche dalla produzione di energia primaria per via elettrica.

Nonostante l'incremento delle economie di scala, dell'efficienza indotta dall'innovazione tecnologica e dei mercati competitivi, i prezzi seguitano non solo a rimanere fluttuanti ma a crescere per il timore dell'esaurimento dei giacimenti di petrolio biogenico; sempre in tema di prezzi, é da notare che essi sono falsati dai sussidi statali e dagli accordi e dai cartelli stipulati tra imprese; inoltre, i costi riflettono solo una minima parte dei costi totali perché questi non contemplano i costi dell'inquinamento atmosferico, dello smaltimento dei rifiuti tossici, dei disastri ambientali (con particolare riguardo a quelli indotti dall'energia nucleare e in acque profonde) e i costi degli eventi bellici che si generano tra gli Stati per l'accaparramento dei giacimenti su terra e in acque internazionali.

Concludendo, il mercato dell'energia non è un mercato così come viene inteso secondo le teorie economiche, ma un fenomeno molto più complesso che va analizzato non solo con approcci multidisciplinari e adattativi, ma anche con la certezza che si è in presenza di un sistema globale che sta subendo rapidamente sostanziali modifiche.

Peraltro, queste modifiche richiedono tempi lunghi, ma la loro analisi storica presenta profili di grande interesse, utili per poter delineare un ventaglio di possibili future evoluzioni, come, come ad esempio quella del gas LNG (cfr. Fig. 41).

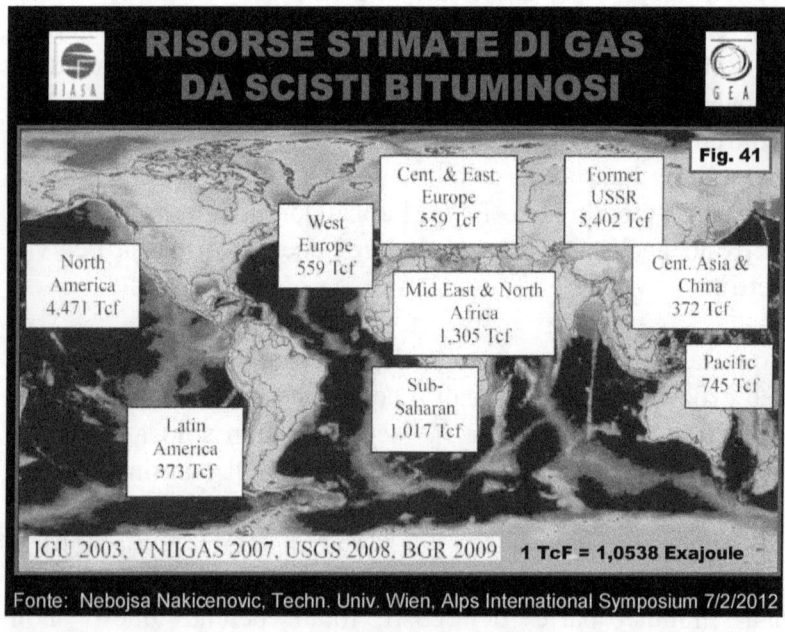

I primi esperimenti sulla liquefazione dei gas risalgono al 1852 a merito di James Prescott Joule (1818-1889), ma è solo nel 1895 che Carl von Linde (1842-1934) la mette in pratica e la brevetta nel 1916; poi, nel 1915 Gofrey Lowell Cabot (1861-1962) brevetta un sistema di trasporto di piccoli quantitativi di gas LNG, ma il trasporto di massa non decolla anche a causa di

incidenti; lo sviluppo riprende negli anni sessanta del secolo appena trascorso.
Oggi, il gas LNG rappresenta circa il 30% dell'intero mercato del gas naturale.

Se poi si osserva la produzione di carbone posta in essere nel periodo 1810-2010 dagli Stati che lo posseggono in massima parte (Gran Bretagna, Stati Uniti, Russia e Cina), si nota un incremento sempre crescente che tende ad arrestarsi e a decrescere a partire dagli anni 70 del secolo scorso; peraltro, la produzione globale si mantiene costante per il contributo di altri Paesi produttori. Un fenomeno simile si ha anche per la produzione di petrolio degli Stati Uniti, della Russia e dell'Arabia Saudita nel periodo 1852-2010. Tuttavia, l'incremento della produzione termina già negli anni 70 del secolo appena trascorso; poi la produzione inizia a decrescere; peraltro, anche in questo caso, il contributo di altri Paesi mantiene costante la produzione globale.
Invece, mentre la produzione di gas naturale da parte degli Stati Uniti e della Russia smette di crescere già negli anni 70 del secolo scorso, il contributo degli altri Paesi produttori riesce ancora a mantenere l'incremento della produzione globale.
Tuttavia, la possibilità di ottenere gas non convenzionale (da scisti bituminosi) mediante la fratturazione idraulica altera nel breve termine l'intera architettura energetica globale. Infatti, le enormi quantità di gas non convenzionale disponibile nei paesi in cui sono situati i relativi giacimenti creano non solo eccezionali disponibilità energetiche per i consumi interni, ma consentono loro di rivendere i prodotti energetici a prezzi maggiorati sul mercato mondiale[77]. Da questa ultima considerazione, si trae che i paesi che riescono a mantenere

---

[77] Cfr.: Sissi Bellomo, Gas, entro 5 anni agli USA il primato della produzione, Il Sole 24 Ore 6 giugno 2012.

detto incremento complessivo ottengono enormi vantaggi economici, politici, finanziari e di potere dal possesso dei propri giacimenti di gas naturale convenzionale e non convenzionale; tutti gli altri paesi (e, in particolare i paesi europei) sarebbero soggetti ad uno svantaggio competitivo industriale e sociale.

In particolare, il possibile crollo dell'Europa ascrivibile anche alla scarsità di gas e ai conseguenti maggiori costi di approvvigionamento energetico, contribuirebbe ad aggravarne la crisi economica la quale, date le interconnessioni esistenti, si ripercuoterebbe in particolare anche sugli Stati Uniti che dispongono di energia a basso prezzo[78].

Peraltro, anche l'incremento del vantaggio competitivo dei paesi possessori di gas, se raffrontato all'incremento della popolazione del singolo paese, potrebbe non essere bastevole a migliorarne lo stile di vita.

3.1.2 Fattori geopolitici che influenzano l'energia e l'ambiente

Le fondamentali forze trainanti della domanda di energia sono l'incremento della popolazione e del reddito medio globale; a partire dal 1900, la popolazione è aumentata di circa 4 volte, mentre il reddito medio reale è aumentato di un fattore pari a 25, il che si è riflesso in una domanda dell'energia primaria pari a 22,5 volte (cfr. Fig. 42).

Nei prossimi 20 anni, la globalizzazione complessiva non dovrebbe arretrare e, se la si volesse depurare di alcune distorsioni, sarebbe possibile accelerare lo sviluppo delle economie dei paesi emersi e di quelli emergenti (cfr. Fig. 43); anche se il tasso di crescita della popolazione mondiale

---

[78] Fatto pari a 1 il prezzo del gas negli USA, i prezzi nei seguenti paesi sono: 3,5 (Giappone); 2,9 (Germania); 2,8 (Francia); 2,5 (Italia); 1,9 (Regno Unito).

dovesse diminuire, il reddito medio potrebbe aumentare e ciò si dovrebbe riflettere nei prossimi 20 anni in un incremento del 100%, rispetto all'incremento dell'87% del ventennio precedente; ciò in ragione di un incremento annuo del 3,7% rispetto al 3,2% del ventennio 1990-2010.

L'INCREMENTO GLOBALE DELLA POPOLAZIONE COSTITUISCE IL FONDAMENTALE CATALIZZATORE DELLA DOMANDA DI ENERGIA

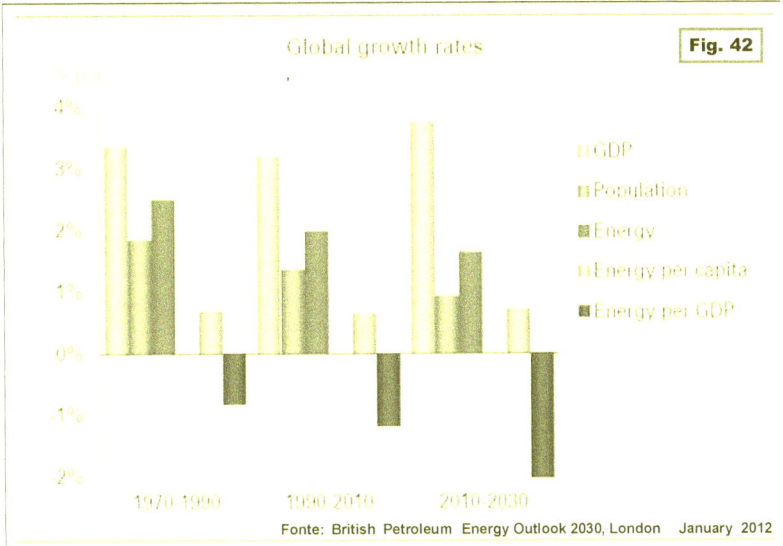

Fonte: British Petroleum Energy Outlook 2030, London January 2012

In tali ipotesi, l'incremento del reddito medio si rifletterebbe in una progressiva domanda di energia da ascrivere all'industrializzazione, all'inurbamento e alla motorizzazione.

Si è riscontrato che la domanda di energia dei paesi segue un comportamento identico a partire dal momento in cui viene utilizzata in maniera massiva: dapprima cresce intensamente, raggiunge un picco e poi declina in quanto intervengono fattori tecnologici e organizzativi che incrementano l'efficienza la quale, pilotata dalla globalizzazione, aumenta in dipendenza della diffusione dei mercati e delle tecnologie; c'è quindi da attendersi un forte incremento delle nuove domande regionali di energia da parte dei paesi emergenti che poi declinerà successivamente.

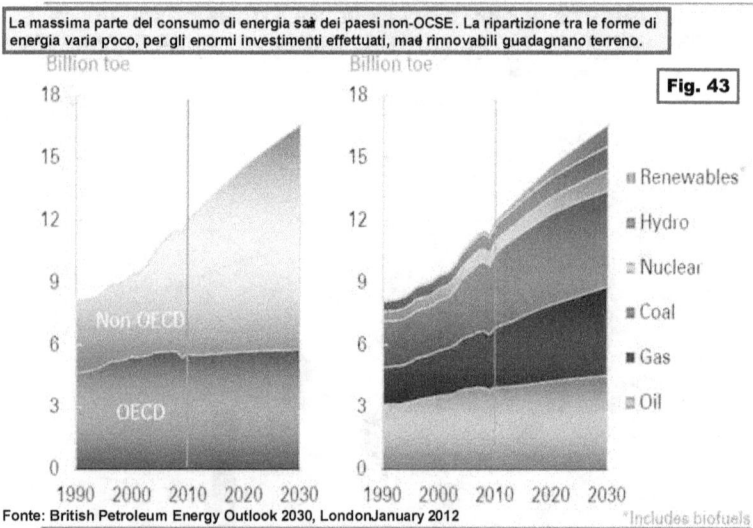

Fig. 43

Fonte: British Petroleum Energy Outlook 2030, London January 2012

Il consumo mondiale di energia primaria nel ventennio passato è cresciuto del 45% e ci si attende che cresca del 39% nel ventennio prossimo; peraltro, a fine 2030, il 68% del consumo di energia sarà ascrivibile ai paesi non-OCSE[79] con un tasso di incremento annuo del 2,6%.

---

[79] L'OCSE (OECD in lingua inglese) è una organizzazione di Stati la cui partecipazione è subordinata all'esistenza di democrazia ed economia di mercato: All'OCSE oggi partecipano: i Paesi fondatori (Austria, Belgio, Danimarca, Francia, Grecia, Irlanda, Islanda, Italia, Lussemburgo, Norvegia, Paesi Bassi, Portogallo, Regno Unito, Svezia, Svizzera, Turchia) e i Paesi che si sono aggiunti successivamente (Repubblica Federale Tedesca, Spagna, Canada, Stati Uniti, Giappone, Finlandia, Australia, Nuova Zelanda, Messico, Repubblica Ceca, Corea del Sud, Polonia, Ungheria, Slovacchia, Cile, Estonia, Israele, Slovenia).

Nel periodo citato, non dovrebbero esserci grandi variazioni per quanto attiene le diverse fonti di energia, in riferimento all'esigenza di mantenere più a lungo possibile la fruizione degli enormi investimenti effettuati per il petrolio e il carbone e anche se si potranno registrare progressi nell'utilizzo del gas, delle energie rinnovabili e dei biocarburanti; peraltro, mentre nel passato ventennio, i combustibili fossili hanno contribuito per l'83% alla crescita, si stima che nei prossimi 20 anni essi contribuiranno alla crescita solo per il 64%; le fonti rinnovabili, nel prossimo ventennio, dovrebbero contribuire alla crescita energetica per il 18%.

Nei paesi OCSE, il consumo per l'energia nei trasporti è in diminuzione, mentre quello industriale è costante; la crescita è ascrivibile solo alle famiglie e al settore dei servizi. Invece, nei paesi non-OCSE e, in particolare nei paesi emergenti, il consumo energetico si ha fondamentalmente nell'industria.

Tutta questa evoluzione si traduce in un incremento del tasso della CO_2 nell'atmosfera. Si stima nei prossimi vent'anni un incremento delle emissioni di CO_2 pari all'1,2% per anno, per cui nel 2030 le emissioni sarebbero del 27% più alte rispetto ad oggi, fondamentalmente a causa dell'utilizzo del carbone. Anche in presenza delle politiche di miglioramento delle emissioni, queste non potranno cogliere l'obiettivo di stabilizzazione della CO_2 di 450 parti per milione (ppm).

A tali rischi sistematici, si debbono aggiungere disastri ambientali specifici dovuti in particolare all'inquinamento delle acque di mare che si verificano a causa di malfunzionamenti delle tubazioni di prelievo da acque profonde. Ultimo in ordine di tempo è il disastro che si è verificato nel 2010 nel Golfo del Messico (cfr. Fig. 44), zona dove la numerosità delle torri di prelievo del petrolio dal fondo del mare è altissima.

3.1.3 Possibili scenari del futuro energetico

I possibili futuri scenari dell'energia sono analizzati annualmente dall'Agenzia Internazionale dell'Energia (IEA) dell'OCSE, istituita nel 1974, che ha il compito di assicurare ai paesi membri l'accesso a forniture energetiche affidabili e consistenti, di promuovere politiche energetiche sostenibili, di migliorare la trasparenza dei mercati internazionali, di sostenere la collaborazione mondiale in tema di tecnologie energetiche e di trovare soluzioni alle sfide energetiche mondiali con tutti i soggetti interessati[80].

Sono stati ipotizzati 3 scenari:

---

[80] Il presente sotto-paragrafo è tratto da IEA World Energy Outlook 2011 e da BP Energy Outlook 2030 Ed 2011 e 2012.

- Lo "**Scenario Politiche attuali**", che prevede di mantenere le politiche già in essere a metà 2011
- Lo "**Scenario Nuove Politiche**", che prevede la realizzazione moderata degli impegni recentemente assunti dai governi, anche nel caso che non siano state definite le misure attuative
- Lo "**Scenario 450**", che prevede la riduzione dell'incremento della temperatura media globale entro 2 gradi Celsius (2°C).

I tre scenari sono stati stimati in riferimento ai fenomeni macroeconomici mondiali esposti più sopra e presentano risultati molto diversi tra loro.

In primo luogo:

- **non appare che ci siano modifiche sostanziali nel comportamento pregresso degli Stati e delle imprese per quanto riguarda una energia pulita e sostenibile;**
- **la domanda di energia è sempre in crescita e così anche le emissioni di CO_2;**
- **i combustibili fossili sono sussidiati e ciò determina consumi superflui in quanto si generano richieste molteplici orientate più ad ottenere sussidi che a servire esigenze energetiche necessarie;**
- **l'incidente nucleare giapponese presso le centrali di Fukushima ha stimolato molti governi ad abbandonare l'energia nucleare e ciò si potrà riflettere in uno sfruttamento ancora più intenso dei combustibili fossili;**
- **le forniture energetiche, le rotte e le infrastrutture di trasporto sono malsicure;**
- **a ciò si deve aggiungere la crisi economico-finanziaria che ha spostato l'attenzione dei governi verso disperati tentativi (ancora in corso) tesi ad evitare il fallimento degli Stati pur volendo comunque mantenere nella sostanza gli attuali assetti e comportamenti economico-finanziari che hanno provocato la crisi.**

Tutto ciò si rifletterà nell'instabilità e nell'aumento dei prezzi dei combustibili fossili a danno dei paesi importatori.

Peraltro, è da considerare che nel periodo 2011-2035, gli investimenti infrastrutturali richiesti per soddisfare la domanda mondiale di energia ammontano a 38.000 mld $, di cui circa 2/3 sono previsti nei paesi non-OCSE.

Nello "Scenario Nuove Politiche", ci si sta muovendo verso un innalzamento della temperatura mondiale a lungo termine di 3,5° Celsius (rispetto all'obiettivo di 2° Celsius); peraltro, se queste politiche non saranno perseguite con decisione, è possibile che si arrivi ad un innalzamento di 6° Celsius, considerato molto pericoloso da un punto di vista climatico.
Peraltro, **circa l'80% delle emissioni di CO_2 sono legate agli impianti energetici esistenti** e, se non sarà varata una azione ferma e prolungata di contrasto alle emissioni, il traguardo previsto al 2035 sarà raggiunto già nel 2017. Ove tale azione fallisse, il conto sarà molto più salato in futuro: infatti, ad esempio, a fronte di 1 $ risparmiato per non contrastare le emissioni di CO_2, si dovranno spendere 4,3 $ negli anni successivi per ottenere lo stesso risultato.

Per quanto riguarda il **petrolio, i prezzi si manterranno instabili e alti**; nello "Scenario Nuove Politiche", il prezzo medio di importazione del greggio nel 2035 dovrebbe avvicinarsi a 120 $ 2010/barile.

Ancora, come già accennato, a causa dell'aumento dei trasporti nei paesi emergenti, il consumo di petrolio (ad esclusione dei biocarburanti) dal 2010 al 2035 aumenterà del 13,8%, cioè da 87 milioni di barili/giorno (mb/g) a 99 mb/g. Per compensare il progressivo esaurimento dei giacimenti esistenti, si dovrà ricorrere a giacimenti ove l'estrazione è molto più costosa. La produzione di greggio verrà dai giacimenti di un esiguo numero di paesi appartenenti all'area del Nord Africa (Libia) e del Medio Oriente (Iraq, Arabia Saudita), dal bacino caspico (Kazakistan) e dal Canada. Se nel periodo 2011-2015 gli investimenti in questi paesi saranno inferiori di 1/3 rispetto ai 100 mld $ previsti dallo "Scenario Nuove politiche", a breve termine si avrà un consistente aumento dei prezzi oltre i 150 $/barile.

Per quanto riguarda il **gas**, il suo consumo aumenta in tutti e 3 gli scenari, e l'80% dell'incremento è attribuibile ai paesi non-OCSE. Nel 2035, **la Russia diverrà il principale fornitore mondiale di gas**, seguita da Cina, Qatar, Stati Uniti e Canada. Tuttavia, **anche se il gas naturale è il più pulito combustibile fossile, il suo consumo – se non assistito dalla cattura e dallo stoccaggio della CO_2 – non sarà sufficiente a limitare l'incremento della temperatura media mondiale entro i 2°C.**

Per quanto riguarda le **fonti rinnovabili**, escludendo la produzione idroelettrica, **il maggior apporto proverrà dalla Cina e dall'Unione Europea** che cresce dal 3% del 2009 al 15% del 2035. Tale crescita tuttavia non è ancora autonoma sotto il profilo economico e necessita per tutto il periodo di sussidi stimati pari a 180 mld $.

Per quanto riguarda il **carbone**, nello **"Scenario Politiche attuali"**, si avrebbe **nel 2035 un aumento del consumo pari al 65%**; nello "Scenario Nuove Politiche", si ha un incremento della domanda nei prossimi 10 anni seguita da un rallentamento nel periodo successivo, per cui l'incremento stimato nel 2035 è pari ad 25% rispetto alla situazione del 2009; lo "Scenario 450" situa il picco del carbone nel 2020 a cui seguirebbe un progressivo declino.

Il consumo di carbone da parte della Cina è pari a circa il 50% della domanda mondiale. Nello "Scenario Nuove Politiche", l'India raddoppia il proprio consumo e nel periodo 2020-2030 diviene il primo importatore a livello mondiale (cfr. Fig. 45).

Le tecnologie CCS (Carbon Capture and Storage) per la riduzione della CO_2 prodotta dal carbone sono applicabili a costi molto minori nel caso di nuove centrali rispetto alle modifiche necessarie per le centrali esistenti.

Nello "Scenario Nuove Politiche", l'adozione dei sistemi CCS è prevista solo alla fine del periodo, mentre, nello "Scenario 450", i sistemi CCS rappresentano una componente essenziale della strategia.

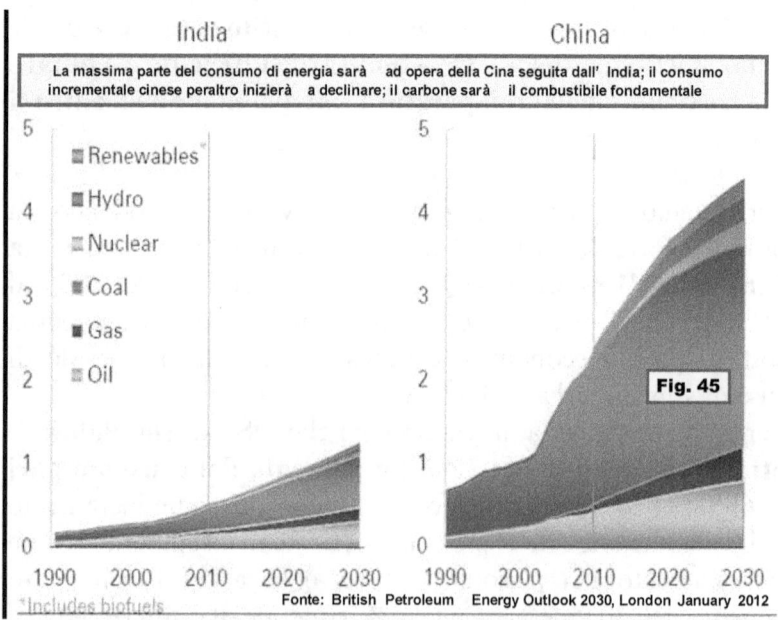

Fig. 45

Fonte: British Petroleum Energy Outlook 2030, London January 2012

Per quanto riguarda l'energia nucleare, il recente orientamento di taluni paesi a mantenere i programmi nucleari e di altri paesi a non utilizzarla in futuro e a dismettere gli impianti esistenti a seguito dell'incidente di Fukushima, comporterà una maggiore richiesta di combustibili fossili e un conseguente aumento dei prezzi.

Il **futuro del nucleare** appare pertanto **condizionato da due orientamenti strategici opposti** e quindi è incerto.

Le previsioni sul futuro globale confermano la **Russia** come **potenza energetica fondamentale** a causa degli immensi giacimenti di petrolio e di gas esistenti nel suo territorio. Anche se quelli della Russia occidentale declineranno, quelli della Siberia orientale e dell'Artico potranno subentrare, ove si effettuino i necessari investimenti infrastrutturali di estrazione, raffinazione e trasporto.
La produzione del petrolio tenderà a diminuire (9,7 mb/g nel 2035 rispetto ai 10,5 mb/g attuali), mentre la produzione di gas aumenterà del 35% con epicentro nella penisola di Yamal della Siberia nord-occidentale.

3.1.4 Rischi geopolitici passati, presenti e futuri indotti dall'energia

L'analisi storica e odierna della produzione, dei consumi, dello sviluppo economico e degli eventi bellici determinati dalla volontà di possesso privato e pubblico dell'energia può condurre a valutare con una buona approssimazione un futuro probabile[81]; tuttavia, anche le migliori estrapolazioni non possono tener conto di due fattori fondamentali: il primo è tradizionale e insito nella natura dell'uomo il quale spesso rifugge da considerazioni razionali e che può essere sviato da manipolazioni informative o da interessi di gruppi di potere; il secondo consiste nel fatto che, per la prima volta nella storia, una combinazione imprevista di innovazioni economiche e tecnologiche di natura massiva (globalizzazione, Internet, Wikipedia, telecomunicazioni vocali, fotografiche e cinematografiche) ha creato una nuova consapevolezza nelle

---

[81] Queste considerazioni sono estratte da *British Petroleum Outlook* 2030, London January 2012.

popolazioni dei paesi avanzati (PA), emersi ed emergenti (PE) e in via di sviluppo (PVS).

I modelli di governo o di *governance* utilizzati in passato e ancora oggi a livello globale, di regione economica, di Stato e di ente locale non sono in grado di gestire efficacemente tale consapevolezza, in quanto da un lato non esistono esperienze significative a riguardo e, dall'altro, non esiste nella più parte dei casi una volontà di vertice delle strutture dominanti a modificare gli attuali assetti di potere.

Prova ne sia il fatto che, **dopo un quinquennio dall'innesco della crisi economico-finanziaria, non si sono volute rimuovere le cause che la hanno prodotta, ma ci si è limitati a ridurne gli effetti**: in tal modo, le soluzioni adottate o proposte ai vari livelli hanno sortito benefici limitati, ovvero in taluni casi hanno addirittura peggiorato singole situazioni.

Pertanto, anche se le migliori estrapolazioni sul futuro forniscono indicazioni utili, sussistono sempre ampi livelli di incertezza.

Comunque, tornando all'argomento trattato nel presente testo, in termini di equilibrio tra esportazioni ed importazioni energetiche, valutato secondo una logica di "*business as usual*", la situazione delle regioni economiche che si dovrebbe presentare nel 2030 risulterebbe al momento essere la seguente.

I paesi che hanno un saldo positivo tra produzione e consumi sono:

- Il Medio (o Grande) Oriente che presenta un trend crescente di esportazione di petrolio in gran quantità e gas in quantità più limitate (cfr. Fig. 46);
- I Paesi della ex Unione Sovietica che presentano trend crescenti di esportazione di petrolio e gas in quantità equivalenti e carbone in quantità più limitate;
- I Paesi dell'Africa che presentano trend crescenti di esportazione di petrolio unitamente a gas e carbone in quantità limitate;

- I Paesi dell'America centrale e meridionale che presentano trend crescenti di esportazione di petrolio in quantità limitate e carbone e gas in quantità molto limitate.
- L'Australia e altri paesi dell'Oceano Pacifico che presentano, dopo una iniziale importazione di petrolio e carbone, esportazione di carbone e importazione di petrolio e gas;
- Il Nord America che, dopo una iniziale esportazione di carbone e di importazione di quantità consistenti di petrolio, presenta una limitata esportazione di gas e carbone.

NEL 2030 EUROPA, CINA E INDIA DOVRANNO IMPORTARE SEMPRE PIU' COMBUSTIBILI FOSSILI DA MEDIO ORIENTE, FEDERAZIONE RUSSA E AFRICA

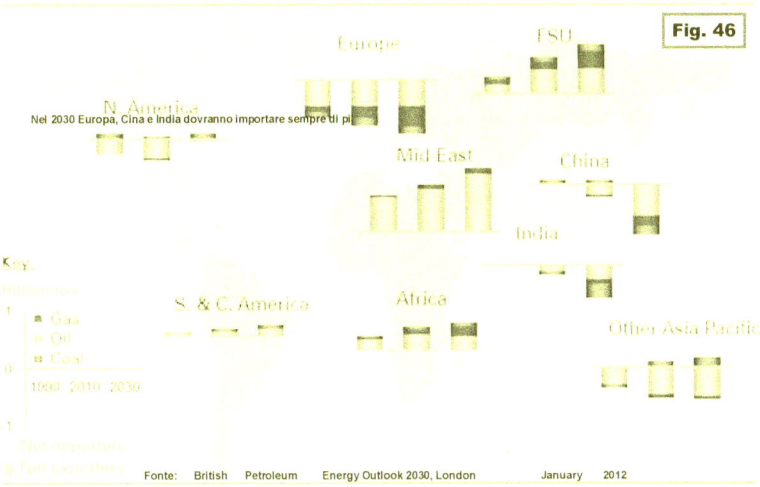

Fonte: British Petroleum   Energy Outlook 2030, London   January 2012

I paesi che hanno un saldo negativo tra produzione e consumi sono:

- L'Unione Europea che presenta un trend crescente di importazione di petrolio in grandissima quantità, poi di gas e poi ancora di carbone in quantità più limitate;
- La Cina che presenta, dopo una iniziale esportazione di carbone, un trend crescente di importazione di petrolio, gas e carbone in grandi quantità;

o L'India che presenta un trend crescente di importazione di petrolio, gas e carbone simile a quello della Cina.

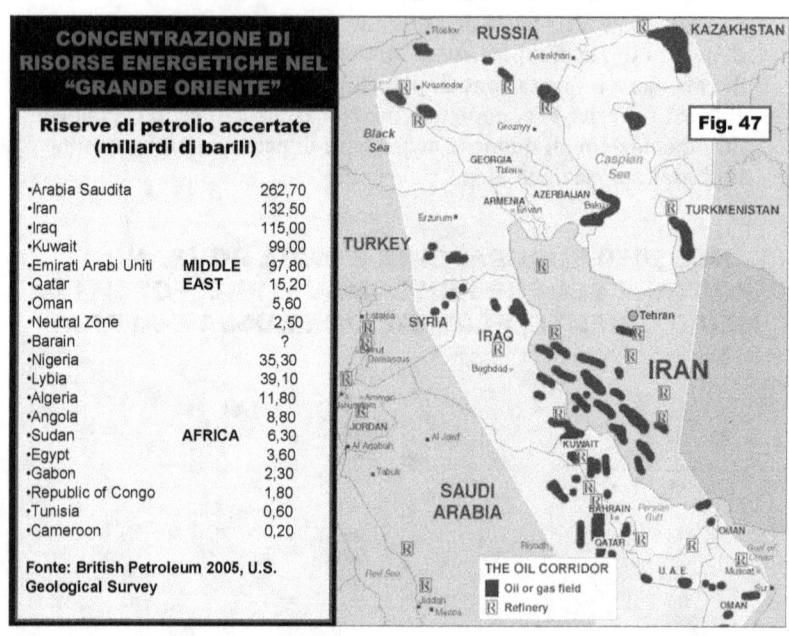

Fig. 47

Pertanto, sotto un profilo globale, **da parte dell'Unione Europea e dell'Asia, la necessità di importazioni di combustibili fossili dal Medio Oriente e dai Paesi della ex Unione Sovietica troverebbe uno sbocco naturale nelle esportazioni di questi Paesi stante la vicinanza geografica che semplifica le difficoltà logistiche e riduce i connessi costi** (cfr. Fig. 47).

A parte le competizioni locali tra i paesi importatori, sussiste tuttavia il **disappunto geopolitico degli Stati Uniti che considererebbero questi accordi commerciali come una perdita della loro influenza economica e militare nel Mediterraneo e nell'Oceano Indiano** acquisita a seguito della seconda guerra mondiale, rafforzata nel periodo della Guerra fredda e assunta in seguito come strategia geopolitica fondamentale.

L'Africa infine costituirebbe una "terra di conquista" da parte di tutti i paesi importatori in competizione tra loro.

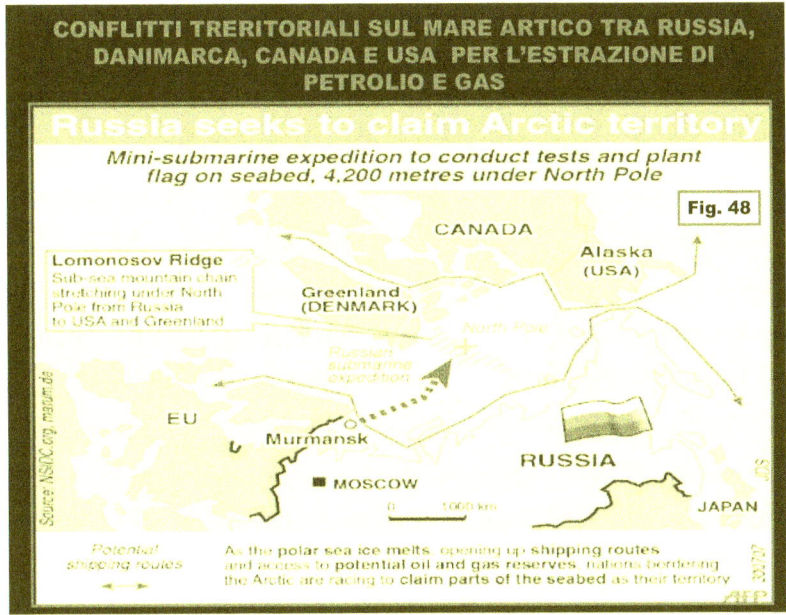

Fig. 48

Ancora, è in corso una **forte competizione per il possesso dei giacimenti in nuovi territori.** Tipico è il caso del Polo Nord, dove Stati Uniti, Canada, Russia e Danimarca si contendono il futuro sfruttamento delle riserve energetiche che, a causa del riscaldamento globale cominciano ad emergere a causa dello scioglimento dei ghiacci (cfr. Fig. 48).

Concludendo, il quadro geo-energetico attuale è complesso e presenta rischi geopolitici di notevole gravità che possono essere attrattivi di ulteriori rischi, stanti le interconnessioni esistenti tra i vari interessi politici e tra i settori infrastrutturali in gioco.

Peraltro, l'analisi geopolitica del rischio indotto dalla enorme ricchezza energetica del Medio Oriente che ha insanguinato quelle terre per più di un secolo e continua tuttora ad insanguinarle può offrire spunti di riflessione per individuare gli scenari globali energetici e geopolitici che potranno verificarsi in futuro al fine di poter elaborare le strategie migliori da adottare per coglierne le opportunità e attenuarne i rischi.

3.1.5 Medio e Grande Oriente: un crogiolo geopolitico

Il Medio Oriente ha attratto l'attenzione degli studiosi sin dall'inizio del Novecento[82]. Già Halford John Mackinder (1861-1947), fondatore della geopolitica, aveva individuato nel continente Euroasiatico denominato anche Eurasia il "cuore della terra" (*Earthland*) in grado di conquistare il mondo.

Poi, Nicholas Spykman (1893-1943) considerò le coste dell'Eurasia (*Rimland*) ancora più strategiche a tale fine e le suddivise in tre zone: Coste europee, Coste del Medio Oriente e Coste asiatiche.

Successivamente, sotto il profilo geopolitico, i confini di Earthland e Rimland si sono estesi fino a comprendere anche il Nord Africa; ciò a causa della eccezionale concentrazione delle risorse energetiche nella zona che viene denominata "Grande Oriente", il cui controllo e sfruttamento è divenuto essenziale per dominare il mondo valendosi dell'apparato militare e per assicurare gli stili di vita delle popolazioni degli Stati dominanti (cfr. Fig. 49).

---

[82] Le considerazioni esposte in questo sottoparagrafo sono estratte dalla Conferenza *"Trasformazioni e costanti geopolitiche negli attuali equilibri mediorientali"*, tenuta dal Gen.(Ris.) Pierluigi Campregher presso L'Università Nicolò Cusano il 31 gennaio 2013.

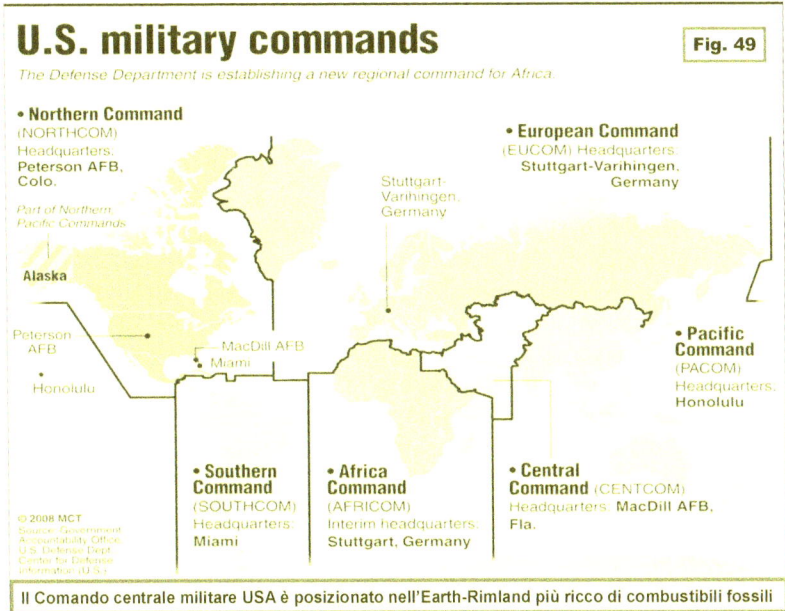

Il Comando centrale militare USA è posizionato nell'Earth-Rimland più ricco di combustibili fossili

Il Grande Oriente è una zona di massima instabilità geopolitica a causa di molti aspetti:

- Eccezionale concentrazione di riserve energetiche e scarsità di acqua con azioni di impossessamento unilaterale da parte di Stati
- Lenta, faticosa e sofferta emersione degli Stati medio-orientali sia dalle condizioni di sfruttamento imposte dagli Stati occidentali più potenti e sia da condizioni di colonizzazione verso la decolonizzazione e l'indipendenza
- Conflittualità insanabile tra Israele e mondo arabo[83]
- Sostegno economico, politico, tecnologico, militare e di *intelligence* degli Stati Uniti ad Israele che suscita crescenti perplessità in Europa e in molti altri Paesi
- Guerre continue che creano una instabilità permanente; tra queste, le guerre basate su false asserzioni da parte anglo-americana su presunte volontà da parte di taluni Stati (Irak, Iran) di utilizzo di

---

[83] Cfr.: Augusto Leggio, *Megatrend, Rischi e Sicurezza*, paragrafo 3.5.7 Israele e Palestina, Franco Angeli 2004

- ordigni nucleari; le asserzioni, smentite successivamente dall'analisi fattuale, hanno suscitato perplessità e indignazione
- Ingerenze anglo-americane negli affari interni degli Stati (ad esempio, in Iran nel caso della imposizione di Reza Pahalavi a capo dell'Iran)
- Conflitto attuale in Siria per l'accesso al Mar Mediterraneo delle risorse energetiche; esistono due fazioni, la prima del Presidente Bashar Afiz al-Assad favorevole allo sbocco delle risorse energetiche russe nel Mar Mediterraneo e la seconda dello zio Rifaat al-Assad favorevole ad impedirla per conto ed interesse statunitense; ruolo ambiguo svolto dall'organizzazione criminale Shabiha autrice di massacri; sostegno di AVAAZ, organizzazione non governativa internazionale istituita nel 2007 a New York favorevole a Rifaat al-Assad sostenuta dal noto speculatore finanziario George Soros che nel 1992 costrinse il Regno Unito ad uscire dal Serpente Monetario Europeo SME ricavando altresì 1,1 mld $ dalle sue manovre finanziarie; la AVAAZ promuove attivismo su diversi problemi quali il cambiamento climatico, i diritti umani e i conflitti religiosi); molti mezzi di comunicazione di massa occidentali i quali attribuiscono alla sola fazione di Bashar Afiz al-Assad i massacri, ripetendo quanto asserito dalla TV locale gestita dal figlio di Rifaat al-Assad, mentre in realtà sono perpetrati da ambo le parti. Ultimamente, anche in considerazione di un deciso intervento del Pontefice cattolico Francesco Bergoglio e alle pressioni della comunità internazionale, è stato bloccato l'espandersi del conflitto e Bashar Afiz al-Assad ha acconsentito alla distruzione del proprio arsenale di armi chimiche
- Scarsa attenzione dei media internazionali (CNN, Al-Jazeera, ecc) alle relazioni degli osservatori della Lega araba
- Gestione innovativa delle strategie militari da parte anglo-americana con utilizzo intenso dei media, tesa a giustificarne i comportamenti in nome della diffusione mondiale della democrazia
- Aspirazione dell'Iran (contrastata dagli Stati Uniti) ad assumere un ruolo chiave nel Golfo Persico in riferimento alle proprie tradizioni persiane e al proprio peso economico e demografico e approccio più morbido nei confronti dell'Occidente
- Proliferazione degli armamenti e scarsa percezione dell'Occidente su quelli che sono i reali rischi.

3.1.6 Armamenti tradizionali e armamenti innovativi

La capacità di reazione nucleare di uno Stato che fosse oggetto di un attacco nucleare ha ridotto drasticamente le possibilità di utilizzo di questa tipologia di armamento in quanto sarebbe certa la distruzione dell'attaccante e ha promosso da un lato l'evoluzione di armamenti già esistenti e, dall'altro, la creazione di armamenti completamente nuovi.

Tra i primi si annovera una eccezionale capacità di discredito del nemico tramite la manipolazione dell'informazione, facilmente ottenibile da mezzi di comunicazione di massa corrotti o asserviti ai poteri pubblici o privati dominanti.
Tra i secondi va considerata la cosiddetta guerra incruenta (cyber war) che è stata resa possibile dall'ICT e che viene gestita direttamente dai servizi di sicurezza degli Stati.
Tuttavia, nell'esercizio di questa tipologia di armamento, i comportamenti degli Stati sono profondamente diversi in quanto influenzati dalle differenti storie e culture; essi sono brevemente esposti in appresso[84].

---

[84] I contenuti relativi a Cina, Russia, Regno Unito e Unione Europea sono estratti da: *La geostrategia nel cyberspazio: analisi comparata delle strategie nazionali di sicurezza cibernetica*, Link Campus University, Roma 22/4/2013; quello relativo agli USA è estratto dalle recenti rilevazioni del Guardian e del Washington Post circa la *Presidential Policy Directive 20* autorizzata da Obama (Washington Post, Robert O'Harrow j.r. e Barton Gellman; ANSA, Marcello Campo, Valeria Robecco; Berendan O'Reilly, *Chi spia di più tra Cina e Stati Uniti*, Asia Times Hong Kong, Glenn Greenwald, *Contro il muro della segretezza*, The Guardian Regno Unito; Ian Black, *La Casa Bianca è in ascolto*, The Guardian Regno Unito, Internazionale 14 giugno 2013.

Cina. Le priorità politiche cinesi sono orientate verso l'economia e la tecnologia. In particolare, la Cina considera l'ICT come un motore fondamentale dello sviluppo.

Nella trattazione dell'uso dell'ICT per scopi difensivi e offensivi nei confronti di altri Paesi, è necessario tener conto della distinzione che si fa in Cina tra i concetti di "guerra" e di "spionaggio". Lo sforzo del governo cinese non è orientato alla guerra, ma allo spionaggio in tutti i campi il quale, peraltro, deve rimanere segreto. Bisogna inoltre tener conto delle straordinarie dimensioni dell'ICT cinese: circa ½ miliardo di cinesi utilizzano la telefonia mobile; al fine di rendere consapevoli gli utenti dei rischi e di spingerli ad approntare difese in tema di sicurezza dei dati, il governo cinese pubblica annualmente un documento sulle problematiche cyber.

Comunque, la maggiore preoccupazione per il governo cinese consiste nella crescita della criminalità interna che costituisce un handicap per quanto attiene la partecipazione cinese ai consessi internazionali. In particolare, il sistema economico-finanziario cinese è vittima di aggressioni cyber da parte della criminalità organizzata; inoltre, esistono persone, gruppi e organizzazioni criminali che utilizzano tecniche di cyberwar (guerra che usa l'ICT come arma impropria) per aggredire i sistemi ICT cinesi.

Dal punto di vista economico, la Cina sta attaccando il mercato USA ed europeo ICT (relazioni commerciali tra Lenovo e Microsoft, Huawey e ZTE); da parte dei media USA, sono state levate forti critiche nei confronti della Cina che in merito ha fornito risposte deboli.

In Cina, esiste una divisione militare espressamente dedicata al cyberspace (settore ICT) e alla crittologia; in particolare, la Cina ha creato una sezione cyber dedicata specificatamente al Medio Oriente. A differenza degli USA, non sembra esistere una "dottrina" cinese in tema di CyberSecurity (Sicurezza ICT); ciò potrebbe essere ascrivibile a motivazioni ideologiche derivanti dalle diverse culture religiose.

La Cina ha di recente pubblicato un Libro bianco sulla Difesa, ma in esso non c'è nulla in termini di CyberSecurity.
I virus utilizzati in Cina sono molto semplici rispetto, ad esempio, alla sofisticazione del virus Stuxnet (che si è poi diffuso in tutto il mondo) utilizzato dagli USA con la collaborazione di Israele contro i sistemi SCADA della Siemens per sabotare i laboratori di arricchimento dell'uranio in Iran.
In ogni caso, esiste un problema oggettivo (forse insolubile) di attribuzione certa a soggetti, bene individuati, responsabili della creazione e diffusione di un virus sul Web; in particolare, in Cina può essere acquistato da chiunque un indirizzo Internet da cui sferrare un attacco; ciò fa sì che le tecniche di dissuasione offensiva non possono essere adottate nella certezza di aver individuato il colpevole; sarebbe pertanto da ritenere necessario un accordo tra Cina e USA (ed anche della UE, se riuscisse ad esprimere una volontà comune sull'argomento) al fine di sviluppare un sistema di individuazione dei soggetti che sferrano un attacco cyber, ma le probabilità di un accordo sostanziale in tal senso appaiono scarse.
Peraltro, su tutte queste problematiche, si assiste ad un fenomeno crescente di disinformazione ad opera dei media occidentali; questo aspetto costituisce un obiettivo politico globale che si può riassumere nel fatto che l'informazione fornita dai media dovrebbe prevalere sulla disinformazione.

Russia. L'analisi del territorio che un tempo costituiva l'Unione Sovietica espone i seguenti fenomeni:
a) attivismo nazionalista (Estonia, Georgia, Kurdistan, …);
b) diffusione di spamming (invio ad utenti del Web di messaggi indesiderati) e di cyber-spionaggio: nel 2007 si sono verificati cyber-attacchi contro l'Estonia e la Georgia;
c) Organizzazione NASCI di reclutamento di hacker (persone che vogliono penetrare ambienti riservati per senso di sfida,

per servire cause politiche o per lucrare guadagni illeciti dalla vendita di informazioni o per patriottismo): non appare chiaro se il fenomeno sia spontaneo o pilotato. Forse gli attacchi cyber russi potrebbero far parte di una strategia dissuasiva tesa ad uscire dalla sfera sovietica. Il fenomeno può essere alimentato dalla enorme disponibilità di ingegneri esperti di software i quali, a causa della caduta dell'impero sovietico, sono rimasti senza lavoro. Esistono sicuramente connessioni tra la criminalità organizzata e gli hacker. La Russia detiene forse la maggiore struttura di cybercrime (crimini eseguiti con l'ausilio dell'ICT) esistente al mondo (Russian Business Network). Appare che in Russia esista tolleranza nei confronti del cybercrime. Il Ministero dell'Interno russo ha una struttura contro il cybercrime, ma questa sembra non avere grandi capacità. Esistono infine gli eredi del Servizio segreto sovietico KGB: fino al 2003 esisteva un facsimile della National Security Agency (NSA) statunitense, dotato di capacità e risorse; poi, a seguito della volontà di Putin di non conferire ad un unico soggetto tanto potere, esso fu suddiviso in più strutture.

Comunque, appare che la Russia sia in grado di controllare Internet, una buona parte del Web, le comunicazioni telefoniche tradizionali ed elettroniche, anche se l'approccio sembra essere più di natura difensiva che offensiva; ciò, in contrapposizione all'approccio posto in essere da USA e Israele di aggressione cyber tramite il virus Stuxnet ai sistemi SCADA della Siemens utilizzati negli impianti di arricchimento dell'uranio in Iran con il risultato che il virus si è diffuso ovunque.

Le attività di spionaggio russe si dispiegano in molti campi (economia, intelligence, ecc), ma le categorie concettuali che le ispirano sono diverse: infatti, la Russia è tesa all'Information Warfare (Guerra Informatica) in ogni campo. In tale ambito, le istituzioni russe utilizzano processi

psicologici e cognitivi in contemporanea ai processi ispirati dalle categorie concettuali dell'Occidente.
La Russia si sente in ritardo e vulnerabile rispetto alle capacità occidentali: teme che l'ICT occidentale (specie per quanto attiene la comunicazione attuata dai media) possa influenzare negativamente la popolazione russa distruggendo i valori tradizionali fondamentali e destabilizzando il sistema politico.

Regno Unito. La posizione concettuale inglese è basata sulla considerazione che la sicurezza nazionale sia una pura illusione. Alle problematiche indotte dal "lato oscuro" della globalizzazione e dalla tecnologia, si può porre rimedio adottando logiche e azioni di livello più alto e più ampio di natura funzionale che facciano fronte a qualsiasi minaccia.
Il Regno Unito ha predisposto nel 2011 una strategia di CyberSecurity che si estende fino al 2015; essa poggia su valori fondamentali diffusi che si possono identificare nella libertà, nell'equità, nella giustizia, nell'onestà e nella trasparenza.
Il contesto su cui questi valori vanno applicati è rappresentato dalla cosiddetta economia digitale che, nel Regno Unito, rappresenta l'8% del Prodotto Interno Lordo e dove il costo degli attacchi cyber è stimato pari a miliardi di sterline/anno.
Secondo il Regno Unito, lo sforzo della prevenzione e del contrasto agli attacchi cyber è destinato a fallire ove non sia attuato un deciso coinvolgimento di tutta la struttura del governo e dei suoi programmi, l'azione nazionale della legislazione, delle Forze di Polizia, della Giustizia, delle infrastrutture, del partenariato, delle Università e del settore privato, a cui si deve aggiungere il partenariato internazionale.
Naturalmente, tutti questi settori devono essere dotati di competenze e di capacità adeguate, di persone di indubbio talento, motivate e ben consce della loro identità e delle loro responsabilità; le competenze e capacità devono essere coltivate, fatte crescere e diffondere in modo da permeare la

società civile a tutti i livelli. Ciò significa creare 8 Università e 2 istituti di Ricerca e Sviluppo espressamente dedicate alla CyberSecurity.

Pertanto, al fine di neutralizzare le minacce cyber, sono state allocate risorse finanziarie pari a 650 mln di sterline inglesi.

Ma la lotta nei confronti delle minacce cyber non può esaurirsi nella sola definizione di una strategia.

È infatti necessario assegnare ai leader che pongono in essere la strategia i necessari poteri, renderla credibile con dati di fatto, disporre dei migliori talenti e farli crescere per prepararli al futuro, educare le nuove generazioni ad evitare e a reprimere le minacce cyber, a scambiare informazioni in modo da accrescere la competenza e la consapevolezza collettiva, a suscitare investimenti pubblici e privati per la Ricerca e Sviluppo.

Inoltre, è assolutamente necessario semplificare la sicurezza; oggi, le strutture di sicurezza sono complicate, noiose e costose; vanno indirizzati gli sforzi verso la creazione di una infrastruttura legale che consenta di scoprire efficacemente e rapidamente le falle della sicurezza cyber dei sistemi infrastrutturali essenziali al vivere civile e di punire gli eventuali attentatori in modo da dissuaderli e persuaderli a collaborare alla sicurezza cyber della collettività. In pratica, bisogna indirizzare gli sforzi verso la rielaborazione dell'economia personale dell'attaccante.

La lotta per la CyberSecurity va peraltro bilanciata con le esigenze di libertà e di privacy.

Unione Europea. La situazione dei lavori per la CyberSecurity a livello europeo non è, al momento, entusiasmante.

Si registrano forti limiti nella trattazione a livello europeo delle problematiche cyber.

Per quanto riguarda la piattaforma di scambio europeo delle informazioni relativo alle infrastrutture critiche, il relativo progetto si è arenato per quanto attiene alle reti classificate.
È stata emanata la direttiva UE 114 che riguarda solo l'energia e i trasporti (che peraltro, insieme all'acqua condizionano tutti gli altri settori), ma il settore ICT non è stato considerato.
La UE ha richiesto agli Stati membri di attivare centri nazionali di CyberSecurity.
Tuttavia, manca una definizione precisa a livello europeo di cosa sia un CERT (esiste solo una definizione in tal senso da parte dell'ENISA)[85].
La Direttiva UE in tema di CyberSecurity appare deludente: infatti, nella Direttiva non c'è nulla sul coordinamento dei CERT nazionali e sulle funzioni che deve svolgere il CERT europeo di coordinamento effettivo dei CERT nazionali.
Nella Direttiva non ci sono istruzioni su come possano essere create, da parte di ciascun Stato membro, le competenze per la sicurezza cyber.
Non sono infine indicati nella Direttiva i rapporti del CERT europeo con altri organismi che operano nel campo della sicurezza internazionale e a cui partecipano gli Stati europei: ad esempio, la NATO sta stendendo un Report riguardante le obbligazioni dei Paesi membri per quanto attiene la CyberSecurity ma, allo stato, non risulta che esista alcun collegamento tra le due iniziative. Negli USA, dopo le rilevazioni al Guardian da parte di Edward Snowden[86], il

---

[85] I CERT (Computer Emergency Response Team) sono organizzazioni, finanziate generalmente da Università o Enti Governativi, incaricate di raccogliere le segnalazioni di incidenti informatici e potenziali vulnerabilità software che provengono dalla comunità degli utenti (Wikipedia).

[86] Edward Snowden non é una spia di professione, ma un *whistleblower* (letteralmente, persona che soffia il fischietto) espressione che qualifica tutte quelle persone che, in riferimento a criteri etici di ricerca della verità che innescano crisi di coscienza, decidono di denunciare le attività illecite commesse dall'organizzazione pubblica o privata per cui lavorano,

pubblico mondiale è venuto a conoscenza di quanto in appresso.

Il National Cybersecurity Center (NCSC) è un ufficio all'interno del Dipartimento della Sicurezza della Nazione, creato nel marzo 2008 e basato sui requisiti della Direttiva Presidenziale NSPD-54/HSPD-23 in base a cui il presidente Obama, in qualità di Commander in Chief, è autorizzato a "compiere azioni non convenzionali (cyber), uniche e offensive allo scopo di promuovere gli obiettivi di interesse nazionale USA in tutto il mondo".

Inoltre, "i grandi colossi americani del Web (Google, Yahoo, Microsoft-Hotmail …, Facebook, PalTalk, YouTube, Skype, AOL, Apple) in base al Foreign Intelligence Surveillance Act, sono stati obbligati dal programma PRISM/US-984XN a fornire alla National Security Agency (NSA) dati personali degli utenti per quanto attiene a: "E-mail, Chat-video-voice, Videos, Photos, Stored Data, VoIP, File Transfers, Video Conferencing, Notifications of Target Activity-login-etc, Online Social Networking details, Special Requests".

Pertanto, in occasione dell'incontro tra il Presidente cinese XI Jinping e quello statunitense Obama, non è stato trovato alcun accordo per assicurare una Cybersecurity comune essendo ciascuno dei convenuti a conoscenza dell'approccio menzognero dell'altro. Inoltre, la rivelazione del sistema

---

esponendosi così a ritorsioni o minacce. Ultimamente, Snowden è emigrato a Hong Kong in quanto poco fiducioso nella sicurezza che possono offrire i paesi che dipendono in un modo o nell'altro dagli USA e poi, si è recato a Mosca. La Russia ha offerto asilo a Snowden e ciò ha irritato molto gli Stati Uniti. Le rivelazioni di Snowden hanno messo a nudo la strategia statunitense di spionaggio politico, economico e commerciale nei confronti non solo dei potenziali avversari ma anche di alleati come l'Unione Europea. Una figura simile a Snowden è rappresentata da Julian Paul Assange che ha diffuso in tutto il mondo 251.000 relazioni confidenziali o segrete degli ambasciatori statunitensi (scandalo WikiLeaks) e si è poi rifugiato nell'ambasciata dell'Equador a Londra.

PRISM ha messo in crisi i rapporti tra USA e UE e ha scatenato accese proteste da parte dei paesi dell'America latina.

A proposito di quanto più sopra esposto è interessante effettuare le seguenti considerazioni[87]:

- L'ICT ha fornito al mondo intero la possibilità di creare biblioteche elettroniche (*banche dati*) di enormi dimensioni che consentono la ricerca di informazioni utili in tempi eccezionalmente più brevi rispetto a quelli delle biblioteche cartacee
- I dati che vengono memorizzati nelle biblioteche elettroniche sono in crescita esponenziale: dagli anni '80 in poi, nel mondo, il tasso di memorizzazione per persona si è raddoppiato ogni 40 mesi
- Nel 2012, ogni giorno, è stata memorizzata una quantità di dati pari a 2,5 exabyte ($2,5 \times 10^{18}$ caratteri) e, pertanto, la ricerca delle informazioni utili con tecniche tradizionali è diventata molto lenta
- Per superare tali difficoltà, sono state inventate tecniche di ricerca mirata di informazioni[88] che consentono di individuare rapidamente ciò che interessa in settori molteplici e complessi, caratterizzati da immense quantità di dati disponibili (astronomia, genoma umano, scienze sociali, previsioni del clima, previsioni di rendimenti finanziari a brevissimo termine, ecc)
- Queste tecniche costituiscono rielaborazioni e potenziamenti di motori di ricerca utilizzati comunemente (Google)
- Queste tecniche sono utilizzate in ambito pubblico (ad esempio, nel 2012, l'amministrazione Obama ha annunziato la creazione del *Big Data Research and Development Initiative* e in ambito privato (Ebay, Amazon, Walmart, Facebook, ecc), causando altresì una ricaduta sui principali prodotti delle imprese ICT (Software Ag, Oracle, IBM, Microsoft, ecc) e su tutto il comparto della telefonia mobile e dell'accesso a Internet.
- Non mancano critiche all'utilizzo dei *Big Data* nel caso di previsioni.

---

[87] Questo inserto é tratto da Wikipedia

[88] Le tecniche più utilizzate per ricercare informazioni utili in banche dati esistenti in vari sistemi informativi residenti in più luoghi logici e fisici (*Big Data*)sono: *Apache Adoop* e *NoSql* , MongoDB, Splunk.

Una ulteriore arma innovativa è costituita dalla **manipolazione sistematica della comunicazione**.

In particolare, la disinformazione occidentale sulla proliferazione degli armamenti merita un approfondimento. Se si analizzano i dati ufficiali[89], risulta quanto segue:

TESTATE NUCLEARI[90]

- Stati Uniti   9.400 (5.200 c/o il Dipartimento della Difesa di cui 2.700 operative, 2.500 di riserva e 4.200 in attesa di smantellamento)
- Russia   13.000 (di cui 8166 in riserva o in attesa di smantellamento)
- Regno Unito   160 (senza contare quelli in dotazione ai sommergibili nucleari)
- Francia   300
- Cina   186
- India   60-70
- Pakistan   60
- Israele   80

SPESE MILITARI NEL 2008[91]

	Spesa totale (miliardi $)	Spesa per abitante ($ per abitante)
Stati Uniti	607	1.967
Cina	84,9 (stima)	5,8 (stima)

---

[89] Fonti: Stockolm International Peace Research Institute (SIPRI) 2009, Richard F. Grimmet, Congressional Research Service, various Reports

[90] Taluni dei dati riportati sono incerti

[91] Fonte: *Military expenditure*, United Nations Population Fund UNFPA New York 2008

Francia	65,7	1.061	
Regno Unito	65,3	1.070	
Russia	58,6 (stima)	413	(stima)
Germania	46,8	508	
Giappone	46,3	361	
Italia	40,6	689	
Arabia Saudita	38,2	1.511	
India	30,0	25	
Corea del Sud	24,2	501	
Brasile	23,3	120	
Canada	19,3	581	
Spagna	19,2	430	
Australia	18,4	876	

Pertanto, pur nella consapevolezza che i dati ufficiali talora celano voci di spesa, spesso inserite nei bilanci di agenzie e organi dichiaratamente civili ma in realtà operanti per la difesa, gli importi pubblicati da organismi attendibili possono fornire una idea della predisposizione di un paese a confrontarsi con il contesto internazionale e con i propri competitori regionali e/o globali.

Gli Stati Uniti risultano essere lo Stato più bellicoso che, in valore assoluto, anche dopo la fine della guerra fredda e la scomparsa di reali minacce dirette, continua ad affidare a potenti strumenti militari la difesa dei propri interessi nazionali (607 mld $); analogamente, se si considera la spesa militare pro-capite, gli Stati più bellicosi sono nell'ordine: Stati Uniti, Arabia Saudita, Regno Unito, Francia, Italia, Germania, Corea del Sud, Russia, Giappone.

Tuttavia, oltre alla spesa sostenuta, é necessario considerare da un lato la sofisticazione e la conseguente precisione e capacità distruttiva degli armamenti e, dall'altro, il rischio della mancanza di controllo democratico da parte di ciascuno Stato, nonché il ruolo (libero, ovvero asservito al potere) dei mezzi di comunicazione di massa. In particolare, così come esposto nella Fig. 50, gli Stati Uniti hanno sviluppato una strategia sofisticata per ottenere il consenso popolare sugli investimenti e le imprese militari.

Oltre ai Paesi avanzati e ai Paesi orientali emersi (Cina, India, Corea del Sud), appare **particolarmente temibile la potenza di fuoco dell'Arabia Saudita** composta da aerei Tornado, missili IRBM con gittate fino a 2.600 km, in un contesto rischioso per motivazioni varie: regime assolutistico a successione dinastica, amplissime capacità di autofinanziamento, facilità di ricorso a manodopera specializzata straniera, intolleranza religiosa, imponenti apparati polizieschi.

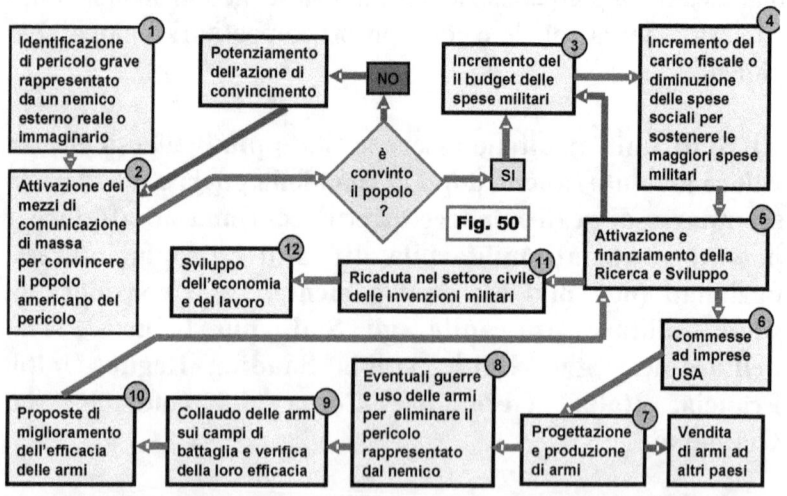

STRATEGIE STATUNITENSI PER OTTENERE IL CONSENSO POPOLARE NEI COONFRONTI DI INVESTIMENTI E IMPRESE MILITARI

La strategia statunitense dal termine della seconda guerra mondiale in poi si è sempre basata su azioni integrate su più fronti, tese a potenziare il proprio potere. La strategia ha successo nel breve-medio termine, ma produce disuguaglianze globali e comporta gravi rischi nel lungo termine. Fonte: Noam Chomsky, *Capire il potere*, 2002

Alle problematiche esposte, se aggiungono altre.
Esse si riassumono:

- nella esplosione delle cosiddette "primavere arabe" indotte dalle nuove consapevolezze assunte dalle popolazioni a seguito del sistema Internet/Web/telefonia mobile
- nel mutamento del clima che sta procedendo alla desertificazione di una gran parte dell'Africa del nord-est che sospinge grandi masse di popolazioni verso l'Europa e la Russia
- nelle profonde differenze religiose che acuiscono le conflittualità
- nella consapevolezza da parte delle popolazioni dell'area medio-orientale di essere state defraudate dall'Occidente per più di un secolo delle loro ricchezze energetiche e nella loro volontà di rivalsa
- nella corruzione dominante
- nelle ingerenze esterne nell'area da parte di Stati, interessati al solo sfruttamento delle riserve energetiche e minerarie rare
- nella manchevole volontà e nell'incapacità da parte dell'Unione Europea e degli Stati Uniti di affrontare in modo coordinato le problematiche dell'area.

In conclusione, **il "Grande Oriente", l'aggressività statunitense nei confronti del resto del mondo, gli estremismi etnici e religiosi nonché le tensioni economiche, commerciali e politiche in tutta l'Asia rappresentano oggi le maggiori cause di rischi geopolitici globali.**

3.2 FUTURO A MEDIO-LUNGO TERMINE DELL'ENERGIA E DELL'AMBIENTE

3.2.1 Limiti della crescita

Il Rapporto del 1972 richiesto al *Massachussets Institute of Technology* (MIT) dal Club di Roma predisse l'impatto della progressiva crescita della popolazione mondiale sull'ecosistema terrestre e sulla sopravvivenza della specie umana, analizzando più scenari e argomenti:

- Input e Output infiniti;
- Crisi varie provenienti da risorse non rinnovabili, inquinamento, situazione alimentare, erosione, costi;
- Programmazione familiare;
- Moderazione degli stili di vita;
- Utilizzo più efficiente delle risorse naturali;
- Tempestività;
- "Rivoluzione sostenibile".

L'esperienza fino ad oggi conferma nella sostanza le previsioni del Club di Roma, pur considerandone taluni errori sostanziali sulle previsioni demografiche e altri errori marginali su tempi e dettagli (cfr. Fig. 51). È peraltro impossibile valutare se tali previsioni saranno confermate anche in futuro.

Le teorie sui limiti dello sviluppo umano hanno origini lontane e solo oggi, in occasione della crisi finanziaria hanno ripreso vigore, trascurando peraltro la correlazione ferrea esistente tra numero di esseri umani viventi e risorse disponibili[92].

Il primo che si occupò della questione fu Thomas Robert Malthus (1766-1834) nel 1798 con il "*Saggio sul principio della popolazione*", in cui affermava che "la popolazione, se

---

[92] Cfr: Charles A.S. Halle John W. Day Jr., Rivedere i limiti della crescita, Le Scienze, Settembre 2009

non ha freni, aumenta in progressione geometrica mentre la sussistenza aumenta in progressione solo aritmetica". Questa asserzione fu peraltro smentita dai fatti successivi.

Fonte: Charles A.S. Hall e John W. Day Jr., *Rivedere i limiti della crescita*, Le Scienze, Settembre 2009

Nel 20° secolo, una lunga serie di ecologisti e di studiosi di sistemi affermarono che:

- le persone sfruttano a proprio vantaggio (e quindi a danno di tutti gli altri) le risorse comuni;
- la continua crescita della popolazione avrebbe avuto conseguenze disastrose su risorse alimentari, salute e natura;
- l'agricoltura moderna dipende dall'energia che viene prodotta in massima parte dai combustibili fossili che sono inquinanti;
- i fondamenti teorici dell'economia, che prevede una crescita illimitata dissociata dalla biosfera che invece ha limiti ben precisi, sono erronei;
- la crescita esponenziale della popolazione, lo sfruttamento delle risorse naturali che sono limitate e l'assorbimento degli inquinanti avrebbero portato ad un grave declino della qualità della vita;

o la risorsa fondamentale energetica del petrolio, essenziale allo sviluppo, avrebbe cominciato a declinare per poi esaurirsi.

Il complesso e la mutua interazione di tali fenomeni avrebbe prodotto problemi immensi riguardanti l'ambiente (piogge acide, riscaldamento globale, inquinamento, perdita di biodiversità, distruzione dello strato di ozono).

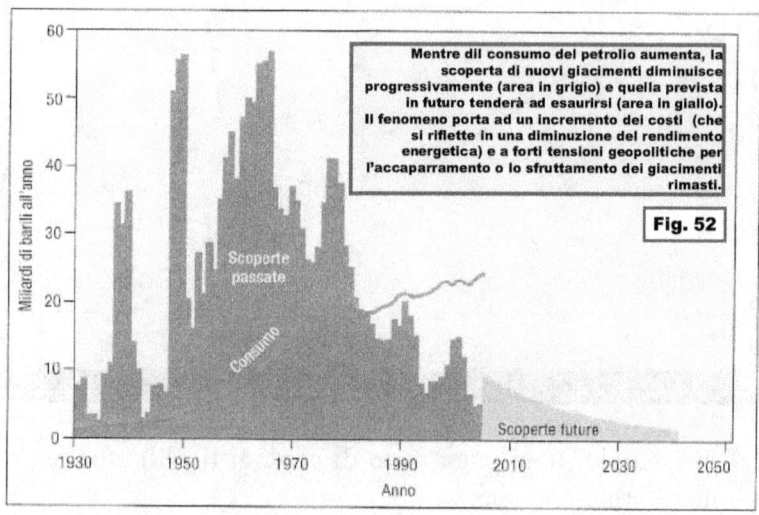

Fonte: Charles A.S. HallLe John W. Day Jr., *Rivedere i limiti della crescita*, Le Scienze, Settembre 2009

Infine, la produzione dell'energia essenziale allo sviluppo richiede energia: il rendimento energetico (rapporto tra energia prodotta e quella necessaria per produrla (*Energy Return Of Investment*) sta diminuendo a causa dell'esaurimento dei giacimenti facilmente aggredibili.

Oggi, il rendimento energetico massimo spetta al carbone; poi, al legno; poi all'idroelettrico; poi al petrolio, al gas naturale e all'eolico; poi al fotovoltaico; quindi al nucleare; ancora, al biodiesel e all'etanolo; infine, alle sabbie bituminose.

LIMITI DELLO SVILUPPO UMANO
RENDIMENTO ENERGETICO DEI COMBUSTIBILI

Rendimenti energetici:petrolio USA da 100:1 del 1930 al 14:1 attuale (uguale all'eolico e al gas naturale); altri rendimenti: fotovoltaico: circa 10; nucleare: circa 5; biodiesel ed etanolo: circa 3; scisti e sabbie bituminose: 2

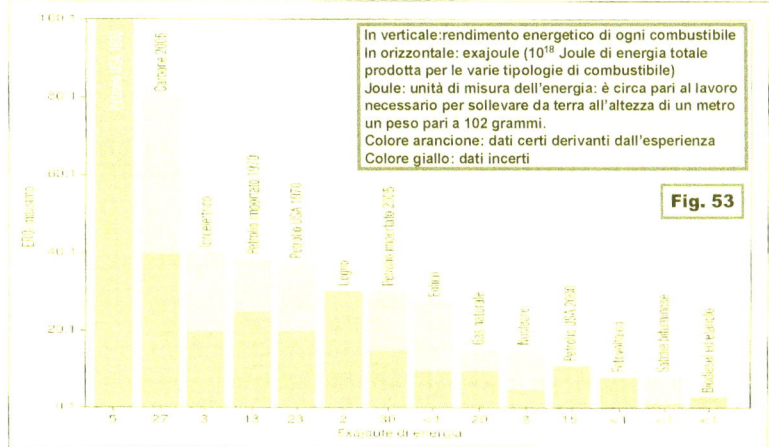

Fonte: Charles A.S. Hall Le John W. Day Jr., *Rivedere i limiti della crescita*, Le Scienze, Settembre 2009

Ora, mentre il consumo del petrolio aumenta, la scoperta di nuovi giacimenti diminuisce progressivamente e quella prevista in futuro tenderà ad annullarsi.[93]

Il fenomeno porta ad un incremento dei costi (che si riflette in una diminuzione del rendimento energetico) e a forti tensioni geopolitiche per l'accaparramento e/o lo sfruttamento dei giacimenti rimasti.

Inoltre, bisogna tenere conto del cosiddetto rendimento energetico dei combustibili.

Il rendimento energetico di un combustibile è il rapporto che si ottiene tra l'energia che è stata ottenuta e l'energia che è stato necessario spendere per ottenerla.

---

[93] Cfr: Charles A.S. Hall e John W. Day Jr., Rivedere i limiti della crescita, Le Scienze, Settembre 2009

Ora, rispetto al momento storico in cui si è cominciato ad estrarre petrolio con procedimenti industriali, il rendimento è progressivamente diminuito (cfr. Fig. 52).

Infatti, i rendimenti energetici del petrolio USA estratto nel 1930 erano pari a 100:1 mentre attualmente sono pari a 14:1 e sono circa uguali a quelli dell'eolico e del gas naturale); il fotovoltaico ha un rendimento pari a circa 10:1; il nucleare pari a circa 5:1; il biodiesel e l'etanolo pari a circa 3:1 (limite della profittabilità); gli scisti e le sabbie bituminose a 2^{94}.

3.2.2 Esaurimento delle riserve strategiche essenziali

Gli ultimi due secoli sono stati caratterizzati da una impetuosa evoluzione scientifica ed industriale che, anche se funestata da sconvolgenti eventi bellici, ha in genere prodotto un drastico miglioramento delle condizioni di vita di gran parte delle popolazioni; dopo la seconda guerra mondiale, nonostante una serie pressoché ininterrotta di conflitti locali, si è avuta una accelerazione di tale tendenza presso i Paesi orientali che hanno assunto la statura di temibili concorrenti dei Paesi occidentali, i quali appaiono essere in declino.

Il fenomeno ha prodotto non solo una aspra competizione per il possesso delle riserve energetiche, ma anche di risorse naturali e minerarie essenziali allo sviluppo[95].

Per quanto riguarda il petrolio, le ultime previsioni stimano che nel 2014 si toccherà il picco della produzione

---

[94] Pertanto, le grandi speranze citate in precedenza che si hanno nei confronti dell'utilizzo delle sabbie e degli scisti bituminosi, oltre alle problematiche derivanti dalla fatturazione idraulica, dovranno incrementare di molto la propria efficienza per poter costituire una alternativa economicamente sostenibile alle altre fonti energetiche tradizionali.

[95] Gli argomenti esposti nel sotto-paragrafo sono estratti da: Michael Moyer e Carina Storrs, *Quanto ci rimane?*, Le Scienze Novembre 2010.

economicamente sfruttabile e che nel 2050 sarà rimasto appena il 10% delle riserve oggi accertate.

La situazione del carbone appare più tranquilla, ma l'esperto David Rutledge ritiene che le previsioni fatte dai governi siano sovrastimate per motivi politici e che, entro il 2072, sarà stato sfruttato il 90% di tutto il carbone disponibile al mondo[96].

Inoltre, il riscaldamento climatico, quale che ne sia la causa (antropica e/o astronomica), crea **in talune regioni una disperata carenza di acqua**. In Egitto, Europa orientale, Medio Oriente, Lago Aral e nella ex Unione Sovietica le riserve rinnovabili di acqua stanno scendendo al disotto di 500 metri cubi/persona per anno, che è considerato un limite per la sopravvivenza. **Il riscaldamento globale comporterà drastiche variazioni nei regimi di piovosità e quindi della portata dei fiumi.** Lo *U.S. Geological Survey*, effettuando la media di 12 modelli climatici, ha elaborato una mappa di come saranno alterati i corsi d'acqua nei prossimi 50 anni. Le zone che soffriranno di più della mancanza delle precipitazioni sono: Spagna, Marocco, Tunisia, Algeria, Egitto, Europa dell'Est, Turchia, Medio Oriente, Afghanistan, Pakistan, Stati Uniti dell'Ovest, Messico, Venezuela, Argentina, Africa dell'ovest e del sud, Nord della penisola arabica. Le variazioni del clima si rifletteranno sull'agricoltura in forma e intensità variabile, con taluni paesi che ne trarranno vantaggi (Russia e Cina) e altri che ne trarranno danni cospicui (India e Messico). In generale, **la disponibilità di cibo (espressa in calorie procapite) diminuirà e i prezzi dei prodotti alimentari fondamentali (riso, frumento e mais) aumenteranno**.

Infine, **la disponibilità di minerali essenziali allo sviluppo strategico diminuirà e la competizione per il loro possesso aumenterà in conseguenza**. Ad esempio:

---

[96] Cfr: David Rutledge, *Estimating Long-Term Coal Production with Logi and Probit Transform*, International Journal of coal geology – Elsevier 2010

- o l'indio è un minerale che si usa per la costruzione degli schermi a cristalli liquidi e dei pannelli solari. Le riserve di cui si ha oggi conoscenza saranno sufficienti a soddisfare la domanda per soli 18 anni;
- o l'argento si utilizza su tutti i prodotti medicali e tutti gli imballaggi in quanto è un potente disinfettante; la sua estrazione dalle riserve sarà bastevole per soli 19 anni; tuttavia, potrà essere utilizzato per altri decenni se si utilizzeranno i prodotti d'argento (gioielli, soprammobili, posateria, ecc) già esistenti;
- o l'oro, a giudizio di Julian Phillips, direttore di Gold Forecaster, ha riserve disponibili per soli 20 anni.

3.2.3 Il caso dell'Afghanistan

Oggi, l'interesse verso l'Afghanistan è motivato dalla **eccezionale presenza di risorse minerali rare ed essenziali per lo sviluppo strategico economico e militare di cui gli USA e molti altri paesi occidentali sono sostanzialmente privi**[97].

L'Afghanistan è infatti straordinariamente ricco di *"terre rare"* e di minerali essenziali allo sviluppo tecnologico, i quali sono al momento in massima parte estratti e forniti dalla Cina per il 95% del fabbisogno mondiale (cfr. Fig. 54).

Lo sviluppo sistematico di ricerche di tali minerali è stato promosso da Jack H. Medlin dell'*U.S. Geological Survey* e da Said Mirzad, ex-Direttore dell'*Afghanistan Geological Survey*. A seguito dell'analisi effettuata, il Ministero delle miniere afghano ha iniziato a bandire aste internazionali per le relative concessioni estrattive; di esse, la prima riguardante il giacimento di Aynack è stata aggiudicata al *China Metallurgical Group* dietro la condizione di costruire 2 centrali elettriche e una linea ferroviaria di raccordo con una linea preesistente. Peraltro, la ricchezza dei giacimenti afghani di

---

[97] Gli argomenti esposti nel sotto-paragrafo sono tratti da: Sarah Simpson, *I tesori sepolti dell'Afghanistan*, Le Scienze dicembre 2011, desunti da *Mineral Commodity Summaries*, *U.S. Internal Affairs Department* e USGS.

minerali critici essenziali allo sviluppo di tecnologie avanzate (sistemi ICT, catalitici, chimici, aerospaziali, laser, supermagnetici, ecc) è di eccezionale rilevanza geo-strategica e militare.

RISERVE MINERALI PREGIATE E RARE DELL'AFGHANISTAN

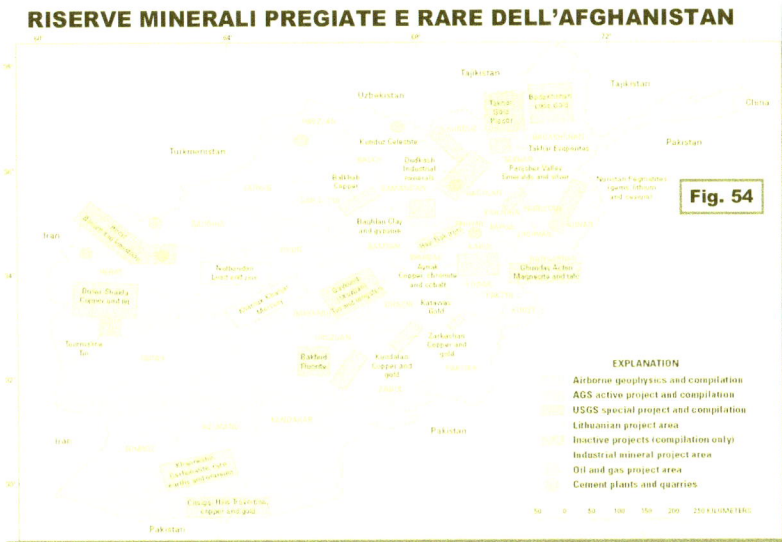

Afghanistan: Una miniera di valore mondiale per lo sviluppo delle tecnologie avanzate. Fonti: Sarah Simpson, *I tesori sepolti dell'Afghanistan*, Le Scienze, Dicembre 2011, da: USGS; U.N. Safety & Security Dpt , ; U.N. AfghanistanGvt, U.N. Drugs & Crime Office.

Rispetto alle riserve conosciute al 2010, la produzione annuale mondiale è la seguente: Platino e Palladio (forniti in massima parte dal Brasile): 5,7‰; Terre rare (fornite in massima parte dalla Cina: 1,17 ‰; Manganese (fornito da Australia, Brasile, Cina, Columbia, Gabon, India, Sud Africa, Ucraina): 2,09%; Niobio (fornito solo dal Brasile): 2,14%.

I fautori dello sviluppo intensivo dell'estrazione di minerali rari ed essenziali dal territorio afghano sostengono che la relativa industria potrà nel tempo soppiantare la tradizionale produzione dell'oppio e trasformare l'Afghanistan in una moderna potenza industriale.

Questa visione ottimistica si scontra peraltro con la realtà esistente di un paese arretrato e di estrema povertà che, anche con le migliori buone intenzioni, impiegherà più generazioni per evolvere da una società tribale ad una società civile nel senso modernamente inteso. Inoltre, le zone ricche di minerali sono nel sud del paese, dove il territorio è in mano ai talebani che vi coltivano l'oppio (oggi unica risorsa economica nazionale) i quali, sostenuti anche dalla criminalità organizzata occidentale interessata al monopolio del traffico di stupefacenti, si opporranno strenuamente agli insediamenti industriali.

Ancora, il governo afghano è fragile, instabile, prono alla corruzione e controlla solo una piccola parte del territorio nazionale.

Infine, come già accaduto in Nigeria, dove il petrolio fu scoperto circa mezzo secolo fa, esso ha arricchito solo le compagnie petrolifere e taluni rappresentanti di governi corrotti e autoritari, lasciando gran parte la popolazione nigeriana nella più assoluta povertà[98].

---

[98] Per valutare il livello di povertà di una popolazione, esistono 3 misure: la povertà relativa (definita in riferimento agli standard di vita della maggioranza); la povertà assoluta (definita in riferimento alle esigenze minime di cibo, vestiario, salute e protezione); la possibilità di minima sopravvivenza (stimata convenzionalmente pari alla disponibilità economica di 1 $/giorno). Nella Nigeria, la povertà relativa della popolazione è aumentata dal 54,4% del 2004 al 69% del 2010 (corrispondente a 112, 5 milioni di persone); nello stesso periodo, la povertà assoluta è cresciuta dal 54,7% al 60,9 % (corrispondente a 99,3 milioni di persone) e la possibilità di minima sopravvivenza è cresciuta dal 51,6% al 61,2%. Ancora, la disuguaglianza del reddito dal 2004 al 2009 è aumentata da un coefficiente pari a 0,43 a 0,49. Tuttavia, a partire dalle liberalizzazioni degli anni 80 dove il tasso annuale di crescita economica era già soddisfacente (+4%), quello attuale sembra essere altissimo (+7,8%). La situazione della Nigeria è quindi paradossale: ad un tasso di sviluppo umano negativo e sempre più iniquo, corrisponde un eccezionale tasso di sviluppo economico. Fonti: BBC News, Wikipedia, Banca Mondiale, Fondo Monetario Internazionale.

Pertanto, **non è affatto detto che l'industrializzazione di un paese effettuata da imprese straniere possa essere facilmente trasfusa nella classe media e nella popolazione: a tal fine occorrerebbero infrastrutture scolastiche, industriali e sociali attualmente pressoché inesistenti.**

Inoltre, **l'industria estrattiva di minerali produce residui inquinanti che dovrebbero essere adeguatamente gestiti**; ma in generale non esistono, se non allo stato iniziale e solo presso le comunità scientifiche afghane, le sensibilità per le problematiche ambientali, le organizzazioni statali atte a pianificare, programmare e controllare efficacemente la materia e, infine, le necessarie infrastrutture per la gestione operativa.

In ogni caso, per l'Afghanistan, lo sfruttamento delle risorse minerarie rimane l'unica occasione di evoluzione economica e sociale da cogliere; essa andrebbe adeguatamente assistita dall'Occidente che non dovrebbe presentarsi nel modo rapace con cui si è presentato in passato e continua a presentarsi ancora oggi. Una sfida difficile, ma l'unica percorribile in una logica di solidarietà e non di conquista e di sfruttamento.

Un compito di difficoltà estrema, che dovrebbe essere promosso dalle organizzazioni internazionali che dovrebbe forzare gli Stati più potenti a sviluppare approcci di cooperazione opposti a quelli di competizione ad oltranza.

Una situazione simile a quella dell'Afghanistan si sta presentando mentre si scrivono queste note nel caso del Mali, ricco anch'esso di minerali rari (oro, rame, uranio, ecc), di petrolio e di acqua, oggi teatro di una nuova guerra ove si intersecano e si confondono interessi energetici, politici e criminali.

3.2.4 Evoluzione dei consumi energetici e incremento della domanda

Il consumo di energia ha avuto una evoluzione lenta durante tutto il secolo che va dal 1850 al 1950 (si stima che nel 1850 sia stato pari solo a 0,4 miliardi di tonnellate equivalenti di petrolio) per subire una eccezionale impennata nel periodo successivo.

Peraltro le previsioni sono tutte concordi nello stimare forti aumenti dei consumi nei tempi a venire, variabili da un incremento dal 26 al 71 per cento nel periodo fino al 2020, a cui peraltro non corrisponde affatto una offerta in grado di soddisfare la domanda crescente indotta dall'evoluzione dei paesi emersi/emergenti (PE) e di quelli in via di sviluppo (PVS). Il consumo di energia inoltre è condizionato e a sua volta condiziona l'incremento della popolazione mondiale, stimata pari a otto miliardi di individui intorno al 2025.

3.2.5 Degradazione ambientale, fame e fallimento di Stati

Abbiano visto quanto l'energia sia fondamentale per il successo in guerra e come le due guerre mondiali del secolo scorso siano state influenzate e motivate dalla volontà di possesso delle riserve energetiche da parte degli Stati; inoltre, la disponibilità energetica è fondamentale per gli stili di vita delle nazioni (cfr. Fig. 55).

Ora, è bene porre in evidenza che gli USA hanno sviluppato una strategia di trasporto interno di persone basato su aereo e non su ferrovia che è stato sostanzialmente ridotto al solo trasporto merci. Ciò ha comportato l'attuale assenza sul suolo americano di treni ad alta velocità per il trasporto di persone (che invece si è sviluppato in Europa e nei paesi orientali avanzati). Ancora, gli USA hanno promosso strategie abitative che richiedono necessariamente da parte delle famiglie l'utilizzo di grandi autovetture private in contrapposizione all'utilizzo di mezzi pubblici. Tipica a tale proposito è stata la diffusione di auto familiari *monstre* tipo l'Hummer H1, versione civile dell'omonimo veicolo militare che pesa 3,5 tonnellate rispetto a modelli con capacità di trasporto analoghe che ne pesano 1,2.

CORRELAZIONE TRA CONSUMO ENERGETICO IN KW E PRODOTTO INTERNO LORDO ($) PER PERSONA

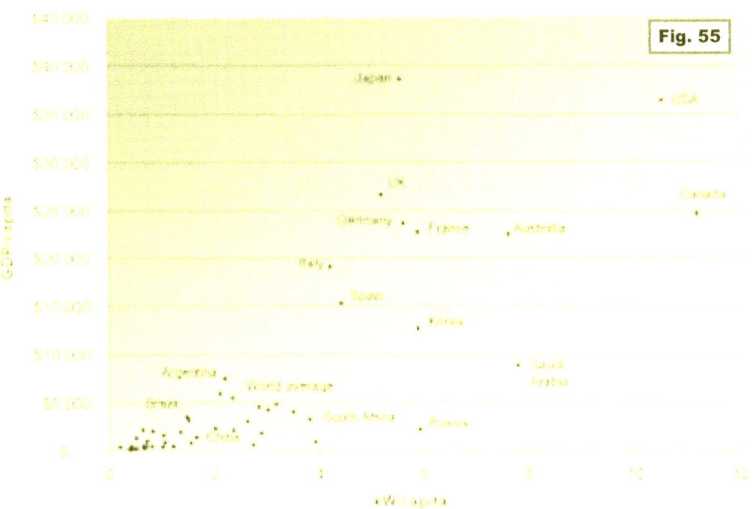

Infine, la tecnica edilizia degli uffici è stata strutturata su materiali di altissima resistenza (ferro, acciaio, leghe speciali) e ampie vetrate che richiedono consumi enormi di energia per il riscaldamento invernale e per il condizionamento estivo.

Questo comportamento strategico ha le sue origini nell'abbandono, a partire dal 1985 dei miglioramenti che costituivano lo scopo sociale del *Corporate Automobile Fuel Efficiency*, organismo costituito nel 1975 dal Congresso statunitense.

Il risultato di queste politiche ha creato una notevolissima inefficienza energetica che si è potuta sopportare solo in un regime di bassi prezzi del petrolio, il che costituisce oggi solo un mesto ricordo e che si pensa di risolvere con l'accaparramento forzoso dei giacimenti esistenti nel mondo facendo leva sul potere militare e politico.

Pertanto, gli USA (e anche il Canada) hanno un consumo annuo di energia procapite pari a 300 mld Joule equivalente a 8 tonnellate di petrolio/persona/anno; inoltre, a fronte della media mondiale di PIL pro capite e Kw/persona (5.000 $ e 2, 2 Kw), dispongono di 37.000–25.000 $ di PIL pro capite e 10,5–11,0 Kw/persona, mentre altri paesi avanzati (Giappone, UK, Germania, Francia, Australia e Italia) oscillano tra 39.000–19.000 $ di PIL procapite e 4, 2–7,4 Kw/persona.

Appare pertanto in tutta evidenza lo spreco energetico di USA e Canada. Ma c'è di più. Non esiste una correlazione sistematica tra la disponibilità di energia elettrica delle popolazioni e il loro sviluppo umano.

Non è necessario disporre di quantità enormi pro capite di elettricità per ottenere un alto livello umano. Nazioni come Spagna, Italia, Gran Bretagna, Olanda, Germania, Francia, Giappone e Australia situate tra 3.005 e 7.300 Kwh/persona/anno consumati hanno livelli di sviluppo economico-sociale elevatissimi pari a quelli degli USA e del Canada che hanno consumi energetici più che doppi (cfr. Fig. 56).

Oggi, le competizioni per l'accaparramento delle riserve si svolgono in più aree[99]. Le principali sono:

---

[99] Gli argomenti esposti nel sottoparagrafo sono tratti da più fonti, fra cui: Vaclav Smil, *Perché non esistono soluzioni facili per sostituire petrolio e carbone*, Le

- quella tradizionale del Medio Oriente oggi evoluta nel Grande Oriente che comprende le zone che circondano il Mar Caspio a causa della enorme quantità di petrolio, gas e carbone giacente nell'area e, in particolare, nell'attuale Federazione russa;
- il Mar Mediterraneo e l'Europa intera per il controllo militare del Grande Oriente;
- il Circolo Polare Artico.

CORRELAZIONE TRA L'USO DELL'ELETTRICITA' E LO SVILUPPO UMANO

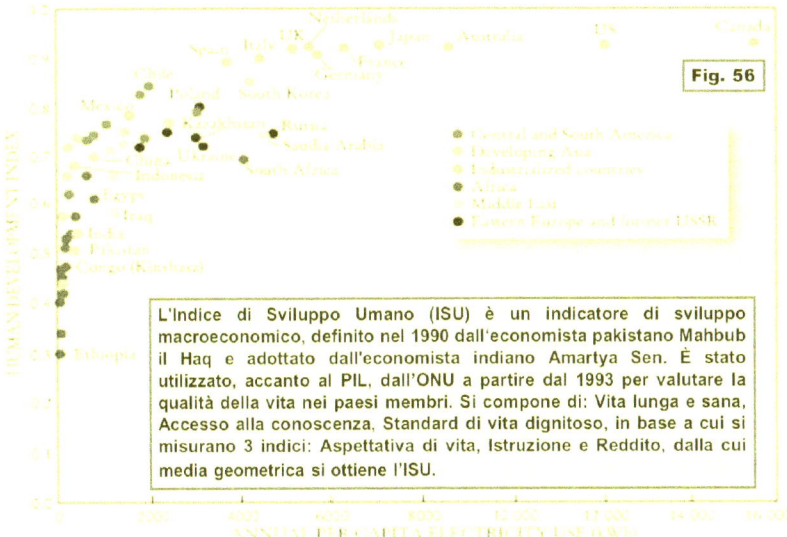

Fig. 56

L'Indice di Sviluppo Umano (ISU) è un indicatore di sviluppo macroeconomico, definito nel 1990 dall'economista pakistano Mahbub il Haq e adottato dall'economista indiano Amartya Sen. È stato utilizzato, accanto al PIL, dall'ONU a partire dal 1993 per valutare la qualità della vita nei paesi membri. Si compone di: Vita lunga e sana, Accesso alla conoscenza, Standard di vita dignitoso, in base a cui si misurano 3 indici: Aspettativa di vita, Istruzione e Reddito, dalla cui media geometrica si ottiene l'ISU.

Scienze Settembre 2012; Fabio Indeo, *India e Cina: tra rivalità strategica, competizione politica e cooperazione economica*, Progetto di ricerca CEMISS 2010, R27 CEMISS

A queste zone di tensione si aggiungono le prospezioni in acque internazionali e i corridoi energetici nel continente asiatico che sono oggetto di contestazione tra le grandi potenze (cfr. Fig. 57).

Peraltro, le molteplici strategie tecnologiche per il risparmio energetico sono allo stato sperimentale, molte tecniche per diminuire il riscaldamento globale appaiono fantasiose e quelle relative alle fonti rinnovabili non sono in grado di incidere sostanzialmente sui consumi energetici globali i quali sono in deciso aumento per le nuove e massive esigenze dei paesi orientali emersi ed emergenti.

CORRIDOI ENERGETICI IN ASIA

L'Asia è un teatro di forti tensioni geo-politiche e geo-strategiche. In essa si intersecano interessi relativi allo sfruttamento delle riserve energetiche russe, ai complessi rapporti tra India, Pakistan, Cina, Giappone e altri paesi emergenti, nonché alle vie di trasporto via mare e via terra

Fig. 57

Fonte: Limes rivista italiana di geopolitica – n. 4, 2005

Inoltre, tutte queste strategie, oltre a varie controindicazioni, non sono in grado di incidere significativamente sul consumo dei combustibili fossili.

Attualmente, con riferimento alla produzione totale di combustibili del 2008 pari a 240.000 tonnellate di petrolio equivalente, l'82,6% è attribuibile ai combustibili fossili con quote rispettivamente pari a: 28,9% (carbone), 30,9% (petrolio greggio) e 22,8% (gas naturale).

Infine, anche se fossero individuate soluzioni innovative che potessero sostituire i combustibili fossili, è necessario tenere a mente che le varie trasformazioni del paradigma industriale basato sui combustibili fossili hanno impiegato più generazioni per affermarsi.

Infatti, il gas naturale ha impiegato 60 anni per conquistare il 5% del mercato mondiale e altri 55 anni per raggiungere il 55%.

Ostano alle trasformazioni verso un ipotetico paradigma industriale non basato sui combustibili fossili anche le capacità degli impianti di conversione energetica: un turbogeneratore a carbone ha una potenza di circa 500-800 mln watt; le turbine a gas di 200-300 mln watt; le turbine eoliche da 25 a 2500 kilowatt.

L'impianto fotovoltaico più grande del mondo ha bisogno di 1 mln di pannelli per raggiungere la potenza di soli 80 mln watt; infine, la fissione nucleare genera solo il 13% dell'elettricità mondiale.

Le uniche strategie che dovrebbero pertanto essere perseguite a livello globale consistono nella necessità assoluta di migliorare l'efficienza energetica in generale (e in particolare negli Stati Uniti e nel Canada), di dismettere le logiche di accaparramento competitivo delle riserve energetiche mondiali, di sviluppare strategie cooperative, di smorzare le tensioni e di aiutare gli Stati più deboli.

In conclusione, la concomitanza e l'interazione delle situazioni di rischio elencate con le situazioni critiche già esistenti (incremento della popolazione, diminuzione dei terreni coltivabili e dell'acqua disponibile, aumento della temperatura) nell'assenza di una controreazione decisa da parte delle Organizzazioni multilaterali e delle nazioni dominanti nei confronti delle fonti rinnovabili non inquinanti che si riassumono nel solare, nell'eolico e nel geotermico, porterà fatalmente ad un progressivo fallimento degli Stati più deboli (cfr. Fig. 58).

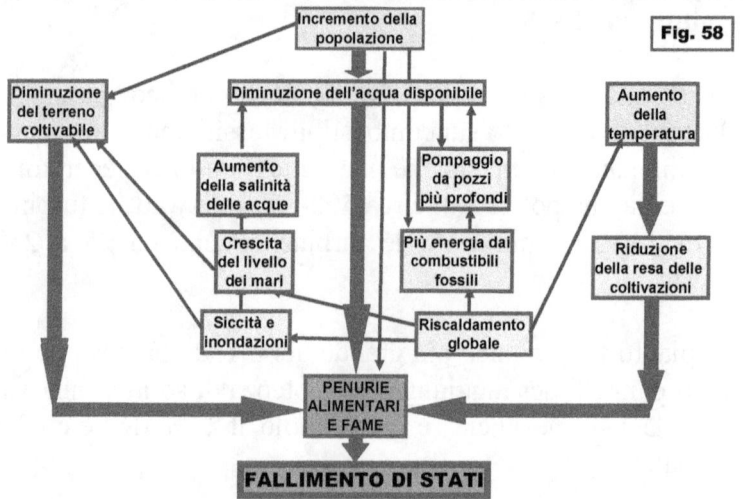

Fonte: Lester R. Brown, *I rischi di un mondo senza cibo*, Le Scienze, Luglio 2009

3.2.6 Effetti ed accelerazione del riscaldamento globale

È stata accennata la degradazione dell'ambiente conseguente al riscaldamento globale derivante dai combustibili fossili, le sue cause e i suoi nefasti effetti. Per taluni di essi, sono stati già sorpassati i limiti di sicurezza che sono qui riassunti:

- **Perdita di biodiversità**: il tasso di estinzione (numero di specie estinte per milione e per anno): è oggi superiore a 100 rispetto al limite di 10 (il tasso preindustriale era pari a 0,1-1,0);
- **Riduzione dello strato di ozono** (tasso di prelevamento umano dall'atmosfera, misurabile in milioni di tonnellate/anno): il valore attuale è 133, superiore al limite di 39 (il tasso preindustriale era pari a 0);
- **Concentrazione della CO_2 negli oceani** (parti per milione): il valore attuale è 387, superiore al limite 350 (il valore preindustriale era 280);
- **Acidificazione degli oceani**: (stato di saturazione dell'aragonite nelle acque di superficie): il valore attuale è 2,90, di poco superiore al limite 2,75 (il valore preindustriale era 3,44);
- **Uso del suolo**: (percentuale convertita all'agricoltura): il valore attuale è 11,7, inferiore al limite 15 (il valore preindustriale era trascurabile);
- **Aerosol atmosferico**: (concentrazione del particolato nell'atmosfera): valori regionali non ancora determinati;
- **Inquinamento chimico**: (quantità immessa nell'ambiente o concentrata in esso): valori non ancora determinati.

Peraltro, **mentre le multinazionali dell'energia, gli Stati e le Regioni economiche conferiscono una attenzione spasmodica alla ricerca e all'accaparramento dei combustibili fossili, considerando altresì con mera simpatia le possibilità delle energie rinnovabili, in generale ritengono che rimangano ancora molti anni se non secoli di relativa agiatezza energetica.**

Questa corrente di pensiero e di azione non tiene conto dell'accelerazione del fenomeno del riscaldamento climatico di origine antropica che non ha precedenti nel corso della vita del pianeta[100] **e che invece preoccupa molto le istituzioni multilaterali e il mondo scientifico.**

---

[100] Le considerazioni esposte sono tratte da: Lee R. Kump, *L'ultimo grande riscaldamento globale*, Le Scienze Settembre 2011.

Due casi fortuiti di analisi geologica posta in essere al fine di individuare giacimenti di combustibili fossili, la prima eseguita a seguito di carotaggi di sedimenti estratti dal fondo marino dell'Antartide nel 1990 e la seconda eseguita nel 2007 a seguito di carotaggi di sedimenti estratti dall'isola Spitsbergen dell'arcipelago delle Svalbard in Norvegia, hanno fornito informazioni fondamentali riguardanti i riscaldamenti globali avvenuti nel passato.

Le analisi hanno mostrato che **nel periodo Cretaceo (compreso tra circa 145 e 65 milioni di anni fa), si ebbe un tasso di riscaldamento di 0,000025 gradi ogni 100 anni, durato milioni di anni che portò ad un incremento della temperatura globale pari a 5 gradi.**

La causa principale del riscaldamento è stata individuata nelle eruzioni vulcaniche; peraltro, la lentezza del fenomeno fece sì che gli oceani assorbissero lentamente la CO_2 e non si acidificassero; pertanto, quasi tutte le creature viventi ebbero il tempo di migrare ovvero di adattarsi.

Viceversa, **durante i periodi Paleocene (compreso tra circa 65 e 55 milioni di anni fa) e l'Eocene (compreso tra circa 54 e 34 milioni di anni fa), si ebbe un tasso di riscaldamento di 0,025 gradi ogni 100 anni, durato poche migliaia di anni con un incremento della temperatura globale pari a 5 gradi.**

Le cause principali sono state individuate nelle eruzioni vulcaniche, nel rilascio di metano dal fondo degli oceani, negli incendi di torba e carbone, nello scioglimento del permafrost; in questi periodi, complessivamente denominati *Paleocene-Eocene Thermal-Maximum* (PETM), si verificò l'acidificazione dei mari, l'estinzione della vita nel fondo marino e l'adattamento o la migrazione della maggior parte della vita sulla terra.

Il riscaldamento attuale ha un tasso di riscaldamento di 1-4 gradi ogni 100 anni; la sua durata oscilla tra alcuni decenni o alcuni secoli, quello previsto nei prossimi 2 o 3 secoli è pari a 2-10 gradi. A parte il riscaldamento ascritto a cause astronomiche, quello di origine antropica è da ricercarsi nell'utilizzo massivo dei combustibili fossili. Il risultato già oggi presente consiste nell'acidificazione degli oceani, nello scioglimento dei ghiacciai, nell'accresciuta virulenza dei fenomeni atmosferici, nella crescita del livello dei mari, nella scomparsa delle coste, nelle trasmigrazioni delle popolazioni verso luoghi di maggiore altitudine, nello spostamento di animali e persone verso i poli, nella perdita di habitat e nelle estinzioni di massa di specie animali e vegetali.

Pertanto, se il tasso di riscaldamento odierno è di 1 grado ogni 100 anni, esso risulta 40.000 volte più veloce di quello che si è verificato nel Cretaceo e 40 volte più veloce di quello che si è verificato nel Paleocene; se pari a 4 gradi, le velocità si quadruplicano. Queste velocità non sono compatibili con le possibilità di adattamento di specie viventi.

In conclusione, **il fenomeno del riscaldamento odierno di origine antropica è caratterizzato da un tasso di sviluppo mai riscontrato in passato sul globo terrestre**; lasciare ai posteri questa triste eredità potrebbe risultare fatale per il genere umano perché non più controllabile.

3.2.7 Energia: sistema complesso in transizione

In questo testo, l'energia non è considerata come sistema deterministico la cui evoluzione può essere prevista con logiche newtoniane in cui il futuro è assolutamente prevedibile con formule matematiche basate sulla misura di grandezze significative che descrivono i fenomeni sotto osservazione, ma come un **"sistema complesso"** che sta subendo una transizione epocale fondamentalmente a causa delle attività umane, in parte soggette a comportamenti distorti, gregari, irrazionali e imprevedibili.

Brevi considerazioni su cosa si intenda con questo termine sono esposte nell'Approfondimento "Sistemi complessi" a cui si rimanda. Tuttavia, in breve, **per sistema complesso si intende un sistema composto di elementi o di sottosistemi che interagiscono tra loro, evolvono lungo una linea di confine tra ordine (il cui estremo limite coincide con la morte) e caos (il cui estremo limite può creare sistemi caratterizzati da maggiori complessità); la teoria dei sistemi complessi supera la teoria classica che prevede esattamente il futuro con metodi matematici deterministici.**

Il tentativo di analizzare l'evoluzione del sistema energetico globale secondo logiche deterministiche fu portato avanti già negli anni settanta dallo scienziato italiano Cesare Marchetti per quanto riguarda la sostituzione nel lungo termine delle varie fonti energetiche[101]. Anche se le previsioni effettuate si sono rivelate esatte per quanto attiene l'estrema lentezza (circa un secolo per passare dall'1% al 50% del mercato) delle sostituzioni dei prodotti energetici con altri caratterizzati da rendimenti maggiori, l'approccio deterministico usato a livello globale si è rivelato fallace.

Ciò a causa del fatto che **il sistema energetico è un sistema complesso composto da sottosistemi interagenti tra loro ed è fortemente influenzato da fattori umani (esistenza di**

---

[67]Fonte: Home Page IASA: Cesare Marchetti è un analista di sistemi dell'*International Institute for Applied Systems Analysis* che, fra l'altro, sin dal 1974 ha sviluppato i primi modelli matematici per descrivere nel lungo termine le evoluzioni delle fonti di energia dal legno, al carbone, al petrolio, al gas e all'elettricità primaria.

norme che impediscono una evoluzione naturale, comportamenti predatori dei partecipanti al mercato globale, fissazione artificiosa di prezzi e di quantità, eventi bellici per l'accaparramento delle riserve, ecc) che rendono l'evoluzione del sistema energetico globale prevedibile solo per quanto riguarda i singoli componenti** (adozione di tecnologie, produzione dei singoli Stati, ecc).

Infatti, l'analisi di un solo sottosistema del sistema energetico non può portare a predirne l'evoluzione complessiva. In conclusione, **non solo le teorie deterministiche appaiono fallaci per quanto riguarda l'evoluzione del sistema energetico nella sua interezza, ma la teoria della complessità, a causa dell'intenso e accelerato impatto delle attività antropiche sul clima dovrebbe condurre a fosche previsioni sul futuro della vita nel nostro pianeta ove non fossero adottate decise controreazioni**[102].

3.3 MIGLIORAMENTO DELLE RETI ELETTRICHE

Lo sviluppo delle fonti rinnovabili incide ben poco sulla sostituzione dei combustibili fossili e può avere controindicazioni per quanto riguarda il degrado ambientale complessivo. Pertanto, al fine di superare tali difficoltà sono sorte moltissime iniziative di Ricerca e Sviluppo tese al miglioramento dell'efficienza delle infrastrutture esistenti e ad indagare l'utilizzo di varie tecnologie che ambiscono cogliere più obiettivi in termini di praticità, sostenibilità, industrializzazione e accessibilità economica.

---

[102] Cfr.: Vaclav Smil, *Energy Transitions, History, Requirements, Prospects*, pagg. 66-68., Praeger 2010

Talune di esse sono brevemente descritte in appresso[103].

3.3.1 Miglioramento dell'efficienza della rete elettrica

Il settore della generazione, trasmissione e distribuzione dell'energia elettrica, essendo considerato un monopolio naturale, al pari delle industrie che necessitano di un intenso livello di regolazione a causa dell'essenzialità del servizio che erogano, ha scarsi incentivi ad essere caratterizzato da una efficienza elevata (intesa come utilizzo ottimale delle risorse, volto a diminuire costi e prezzi). Infatti, di norma, le strategie sono concepite e le realizzazioni sono attuate secondo una logica di sovradimensionamento i cui costi sono fatti ricadere sugli utilizzatori. Tuttavia, nonostante il sovradimensionamento, é comunque difficile garantire una affidabilità elevata a causa della architettura intrinseca delle *grid*, dei vincoli istituzionali e commerciali e del fatto che gli eventi avversi sono rari e molto diversificati pur avendo, quando si verificano, un impatto di enorme rilievo[104].

Peraltro, l'efficienza é limitata anche dal fatto che, da alcuni anni si é iniziato a privatizzare e a liberalizzare l'industria elettrica, nell'ambito di limitazioni per quanto attiene i livelli di controllo. Ma, la liberalizzazione e la privatizzazione risultano applicabili e giovevoli solo quando:

o **si ha una competizione di prodotti o servizi che sono sostituibili senza elevati costi di transazione;**

---

[103] I contenuti di questo paragrafo sono tratti da: Graham P. Collins, David Biello, Jr Minkel, Bijal P.Trivedi, Steven Ashley, Charles Q. Choi, Michael Lemonick, *Soluzioni radicali per l'energia*, Le Scienze Luglio 2011

[104] Cfr Ilic M., *The Future Power Grid*, Alexander's Gas and Oil Connections, June 17, 2002

- si ha un numero estremamente elevato di concorrenti e il fallimento di un concorrente incapace giova all'evoluzione di un mercato che è per sua natura competitivo;
- si effettuano investimenti non solo a breve termine in quanto si deve rispondere dei risultati alla proprietà o ai risparmiatori, ma anche a lungo termine a fini di stabilità;
- il rapporto è regolato secondo logiche di correttezza imprenditoriale.

Pertanto, **mentre la privatizzazione è facile, la liberalizzazione è molto più difficoltosa, specie nel caso dei servizi essenziali al vivere civile (energia, acqua e trasporti che sono caratterizzati da reti infrastrutturali complesse)**[105].

Infatti, la logica del mercato libero è più difficilmente applicabile nel caso di monopoli naturali che si sostanziano in sistemi costituiti da reti infrastrutturali dinamiche.

Ad esempio, nel caso del servizio elettrico, e in particolare nel caso del sottosistema di trasmissione che costituisce il nucleo essenziale dell'infrastruttura elettrica, si ha a che fare con un sistema complesso e in continuo movimento: infatti, i soggetti in gioco non sono concorrenti, svolgono ciascuno un ruolo essenziale al mantenimento dell'affidabilità globale, l'interruzione improvvisa dell'attività di uno di loro rende instabile tutto il sistema e lo mette a rischio di *blackout*, la staticità del mercato è una garanzia della continuità del

---

[105] Ad esempio, la privatizzazione dell'acqua in Malesia (promossa dalle Organizzazioni mondiali multilaterali si è tradotta in un clamoroso fallimento (cfr.: *Private Privatization in Infrastructure (PPI): The failure of water privatization in Malaysia*, Jeff Tan may 2011); *Privatization Myths debunked*, In the Public Interest; Daniele Calabrese, Strategic Communication for Privatization, Public- Private Partnership, and Private Participation in Infrastructure Projects, World Bank Working Paper 139; Analisi della Corte dei conti del 10/2/2010 che segnala che la maggiore efficienza delle privatizzazioni italiane non proviene da una maggiore efficienza, ma dall'incremento delle tariffe.

servizio, gli investimenti sono di grande ampiezza e richiedono iniziative a lungo termine, i prezzi devono essere mantenuti bassi per esigenze sociali.

Un altro aspetto problematico delle grid consiste nel fatto che la sicurezza non é un valore misurabile economicamente; infatti, raggiungere il più alto livello possibile di sicurezza dell'infrastruttura elettrica risulta impossibile perché la sicurezza non è considerata un prodotto con un valore economico[106].

Ad esempio, gli operatori possono essere tentati di trasferire enormi quantità di energia lungo la *grid* per motivi di profitto ponendola in condizioni di sovraccarico ed esponendola pertanto a rischi di *blackout*. Peraltro, non esiste alcuna responsabilità a carico degli operatori per danni in caso di *blackout* (basterebbe un solo *blackout* anche di media durata

---

[106] A questo proposito, è tipico il caso dell'Information Communication Technology (ICT). L'ICT tende a divenire più complessa e quindi meno sicura. L'industria è pilotata da una domanda che chiede maggiori funzioni/prestazioni e una sicurezza sufficiente. Poiché gli standard di sicurezza sono volontari e non c'è responsabilità per la produzione di software insicuro, non c'è incentivo economico per i produttori a sviluppare software sicuro: l'incentivo reale corrisponde alla produzione di software della qualità più bassa che il mercato può sopportare. Se il mercato non domanda sicurezza, questa situazione non cambierà e si dovrà convivere con una insicurezza crescente. L'unica risposta ragionevole consiste pertanto nella gestione del rischio indotto dall'insicurezza del software. La gestione è peraltro intravista come un problema tecnico da risolvere con la tecnologia sostanziata in prodotti. Questo approccio è errato: nonostante l'applicazione massiccia di prodotti, l'insicurezza tende aumentare. L'approccio migliore alla gestione del rischio consiste in un processo (prodotto fondamentalmente da persone) composto da protezione, sorveglianza continua, risposta rapida nel corso dell'attacco. Poiché tutte le infrastrutture sono intensamente informatizzate, le fragilità dell'ICT si riversano su di esse. La norma adottata in Europa è la Convenzione sul Cybercrime del Consiglio d'Europa. Fonti: Bruce Schneier, Network Monitoring & Security, CSI Conference 2002, Consiglio d'Europa, 2001

per far fallire l'operatore). In tali condizioni potrebbe risultare illusorio predisporre modelli matematici delle *grid* tesi alla realizzazione dell'assoluta sicurezza: essi sarebbero invalidati da condizioni al contorno o ignote o troppo stringenti.

Nonostante siano disponibili le tecnologie e siano possibili procedure che potrebbero ottimizzare la qualità, il risparmio e l'affidabilità, il loro utilizzo è ancora scarso. In primo luogo, le *grid* sono organizzate secondo processi seriali e grandi impianti centralizzati. Non prevedono pertanto la presenza di una moltitudine di piccoli generatori nella rete di distribuzione che porterebbe a diminuire il sovraccarico della rete di trasmissione, garantirebbe una maggiore stabilità e offrirebbe opportunità di mercato ben più ampie di quelle attualmente disponibili. L'attuale configurazione industriale, che presuppone centralizzazione, enormi infrastrutture, grandissimi investimenti e, conseguentemente, grandi aziende gestite in modo inflessibile e dotate di un enorme potere, si riflette in un rapporto tra domanda e offerta che è disciplinato da contratti di adesione dove i consumatori hanno ben poco scampo da prezzi elevati e da una qualità del servizio possibilmente insoddisfacente.

Oggi esiste un mercato da potenziare per lo sviluppo di software progettato per gestire *grid* distribuite e flessibili, che si adattino con procedimenti automatici di riaggregazione e riconfigurazione computerizzata ad esigenze di offerta e di domanda di energia, variabili momento per momento.

La creazione di software della specie porterebbe ad una innovativa concezione che farebbe passare da una logica di previsione sostanzialmente statica, che cerca di prevedere le richieste di energia con una precisione che al massimo é pari a 24 ore di anticipo e che sconta tutti gli imprevisti di una situazione effettiva e di procedimenti semiautomatici di riaggiustamento, ad una logica dove i dati in tempo reale provenienti da sistemi di monitoraggio dei flussi di trasmissione dell'energia lungo la *grid* attivano o disattivano istante per istante quegli impianti di generazione distribuiti a fini di affidabilità, risparmio energetico e nell'ambito degli accordi di mercato.

Infatti, attualmente:

- Il **sottosistema di generazione** è sostanzialmente accentrato, poco flessibile, si presta a favorire posizioni dominanti, è basato in massima parte sullo sfruttamento dei combustibili fossili di cui il nostro paese non è ricco e non sfrutta adeguatamente tutte le opportunità fornite dalle fonti rinnovabili.
- Il **sottosistema di trasmissione** costituisce il cuore dell'infrastruttura elettrica: da esso dipende la stabilità e quindi il regolare funzionamento della fornitura dell'energia alle istituzioni, alle imprese e all'utenza residenziale. Esso rappresenta, nel panorama elettrico, l'elemento essenziale di un servizio di pubblica utilità che, peraltro, è all'apice della scala di priorità delle infrastrutture necessarie al vivere civile. Infatti, tra i 60 macro-processi che compongono la vita di un paese industriale avanzato, l'elettricità è al primo posto e ne condiziona ben 56. La *grid* pertanto si presta ad una logica di mercato solo se sono rigidamente osservate regole di assoluta sicurezza e solo se esistono sanzioni severe ed efficaci per gli inadempienti. La sua essenzialità alla vita dello Stato ne fa una infrastruttura fondamentale per la sicurezza nazionale. Pertanto essa dovrebbe essere sotto un controllo che non appartiene solo alla logica industriale ed economica e a quello della regolazione dettata dall'interesse pubblico, ma anche a quello che fa capo alle strutture che si occupano di sicurezza dello Stato. Per dirla all'americana, la *grid* elettrica è un fondamentale *key asset* della nazione.
- Il **sottosistema della distribuzione** è una infrastruttura che mal si presterebbe alla creazione di un mercato concorrenziale per quanto attiene le reti fisiche: allo stato della tecnologia, sarebbe infatti fisicamente assurda l'idea di far arrivare presso gli utilizzatori più spine elettriche facenti capo a più reti in concorrenza; ma anche se è possibile aggirare l'ostacolo sotto il profilo contrattuale; risulta peraltro estremamente più difficoltoso procedere così come è avvenuto nel settore delle telecomunicazioni dove la telefonia cellulare e le reti in fibra ottica hanno completamente rivoluzionato il paradigma tecnico-industriale precedente. Pertanto, il servizio sulle reti di distribuzione energetica può essere oggetto solo di concorrenza finanziaria e di servizi aggiuntivi tra imprese. Tuttavia, un mercato collaterale potrebbe

essere sviluppato in riferimento all'offerta agli operatori di reti ausiliarie derivanti da fonti alternative e munite di generatori dispersi.
o Il **sottosistema costituito dal carico** è per sua natura rispondente ad una economia di mercato. L'offerta agli utilizzatori riguarda dispositivi tesi all'efficienza, al risparmio e alla qualità dell'energia ricevuta.

Qualsiasi incoerenza dell'assetto istituzionale, architetturale e di mercato rispetto alla natura intrinseca di questi quattro sottosistemi si riflette in una minore efficacia, efficienza ed economicità, unita al moltiplicarsi dei rischi di instabilità della *grid* e all'evenienza di possibili, ulteriori *blackout* rispetto a quelli già sperimentati.

Da quanto esposto, appare pertanto che **il paradigma industriale del settore elettrico andrebbe innovato profondamente, in quanto l'attuale non sembra in grado di soddisfare le sfide del nuovo secolo, consistenti in un eccezionale incremento della domanda, nella riduzione progressiva dei combustibili fossili, nel raggiungimento di una sicurezza elevata, nello sviluppo di un mercato concorrenziale teso alla crescita dell'economia e alla diminuzione di costi e prezzi, nonché nella diminuzione della soglia d'accesso al servizio elettrico da parte dei più svantaggiati.**

Per raggiungere l'obiettivo indicato, si può asserire in linea generale che **occorre ammodernare le infrastrutture elettriche, promuovere l'efficienza e il risparmio energetico, rafforzare l'utilizzo delle fonti energetiche alternative, incentivare la produzione in proprio dell'energia; il tutto nell'ambito di una politica sociale tesa a alla protezione delle classi meno abbienti.**

La modernizzazione di una infrastruttura elettrica, volta al raggiungimento sia della sicurezza sia dello sviluppo del mercato, non può prescindere da una profonda revisione e semplificazione legislativa, dalla promozione del libero accesso alla *grid*, dallo stimolo alla pianificazione statale, dalla protezione degli utilizzatori e dallo sfruttamento di tecnologie innovative.

3.3.2 Miglioramento della resilienza della rete elettrica

Oggi la situazione è molto mutata in riferimento a più eventi:

- il progressivo esaurimento delle riserve energetiche fossili;
- il conseguente maggior ricorso a forme diversificate di produzione energetica che trovano allocazione nella rete di distribuzione e che devono essere integrate in essa;
- lo sviluppo di sistemi ICT molto più sofisticati dei precedenti;
- un maggiore impulso alla creazione di un mercato energetico comune il quale può contemplare forme di cooperazione transfrontaliera che realizzano economie di scala.

La nuova concezione di infrastruttura elettrica distribuita tramite *Distributed Electric Resource* (DER)[107], parallela, adattativa e alimentata da una pluralità di fonti di energia induce condizioni di maggiore efficienza e stabilità, riducendo altresì i rischi di *blackout* in contrapposizione ad un paradigma industriale di una infrastruttura accentrata, coordinata dall'alto, passiva e sostanzialmente basata sui combustibili fossili (cfr. Fig. 59). Questo nuovo paradigma, teso a fronteggiare i rischi indotti da un crescente squilibrio tra domanda e capacità dell'offerta, modifica il ruolo tradizionale delle infrastrutture elettriche e crea nuove sfide di tipo tecnico, economico e regolatorio[108].

---

[107] In contrapposizione con le tradizionali fonti di energia, concentrate a monte o nell'ambito della rete di trasmissione, l'introduzione nella rete di distribuzione di dispositivi attivi *Distributed Energy Resources* (DER) che generano o riducono il carico può concorrere prepotentemente a diminuire l'instabilità e ad aumentare l'affidabilità della *grid*.

[108] Cfr. Budhraja V., Martinez C., Dyer J., Kundragunta M., *Grid of the Future White Paper*, Consortium for Electric Reliability Technology Solutions, U.S. Department of Energy 1999

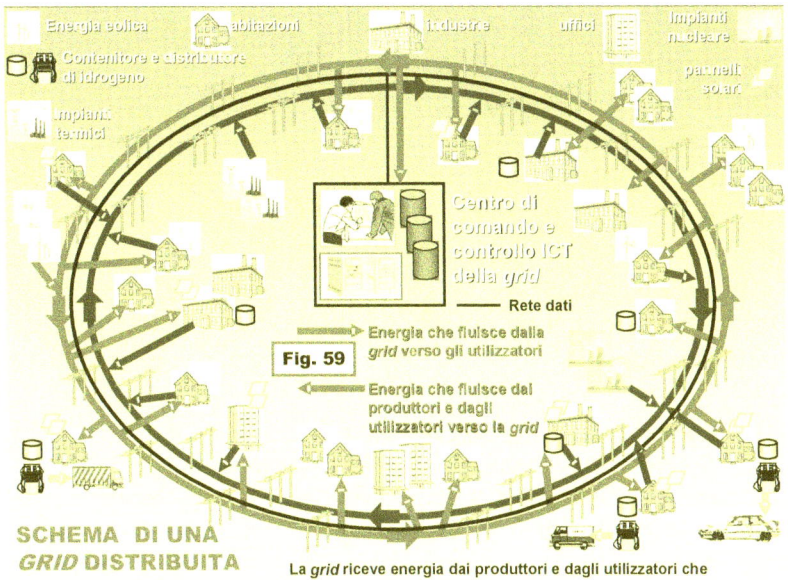

SCHEMA DI UNA GRID DISTRIBUITA La *grid* riceve energia dai produttori e dagli utilizzatori che utilizzano fonti diversificate, la trasmette e la distribuisce. Gli utilizzatori trasmettono alla *grid* l'energia che producono in eccesso rispetto ai loro bisogni.   Fonte: Hybrid Future, Newseek September 2004

Tuttavia, la connessione di una miriade di piccoli generatori nella rete di distribuzione ha conseguenze che non sono solo tecniche, ma anche legali ed economiche.

Le **problematiche tecniche** sono difficili e saranno necessari anni prima che siano risolte. Infatti:

- l'effetto cumulato di una moltitudine di piccoli generatori può scompensare l'azione di bilanciamento che la *grid* effettua tra produzione e carico,
- esso inoltre può intralciare l'azione di dispacciamento inducendo condizioni d'instabilità ove rimanessero le logiche semiautomatiche o manuali oggi esistenti.

Le **problematiche economiche** sono legate alla possibilità di introdurre sussidi tali per le fonti energetiche rinnovabili che ne possano consentire una adeguata diffusione; quelle legali sono ascrivibili all'assenza di regolazione per disciplinare l'interconnessione tramite convertitori elettronici di potenza connessi alla rete di distribuzione.

Rispetto alle tradizionali fonti di energia, concentrate a monte o nell'ambito della rete di trasmissione, l'introduzione nella rete di distribuzione di dispositivi attivi che generano o riducono il carico può, se ben controllata, concorrere prepotentemente a diminuire l'instabilità e ad aumentare l'affidabilità della *grid*.

Questi dispositivi sono definiti in base a queste caratteristiche e funzionalità:

- possono generare potenza elettrica o ridurre il carico
- la loro attività è autonoma e non pianificabile centralmente
- non sono facilmente attivabili o interrompibili centralmente
- sono oggi di norma connessi alla rete di distribuzione
- hanno potenze basse minori di 50 – 100 megawatt, che in genere si attestano su 10–20 megawatt
- agiscono nell'ambito di un voltaggio massimo pari a 24 kilovolt.

Sostanzialmente, i dispositivi DER sono assimilabili a risorse energetiche disperse; essi sono costituiti da tipologie diverse di generatori posizionate presso gli utilizzatori, che comprendono piccole turbine a gas, turbine a vapore, celle a combustibile o fotovoltaiche, motori diesel, ecc..

Sono considerati DER anche gli apparati che controllano il carico al fine di gestire al meglio da domanda di energia. Una infrastruttura elettrica moderna, caratterizzata da fonti di energia tradizionali e da fonti rinnovabili, intensamente integrata con i DER assumerebbe una configurazione distribuita, dove le maggiori stabilità e affidabilità intrinseche potrebbero portare ad una sicurezza della *grid* molto più ampia di quella attualmente disponibile o prevedibile nel futuro in assenza di drastici interventi[109].

Le tipologie di DER, che dalla Ricerca e Sviluppo si affacciano sul mercato, sono orientate a servire architetture diverse che comprendono:

- o   Generatori di riserva con funzioni potenziate
- o   *Grid* locali di piccola entità
- o   *Grid* locali e interconnesse di piccola entità
- o   *Grid* locali di piccola entità integrate con *grid* ampie
- o   *Grid* ampie con DER integrati, che svolgono funzioni per gestire al meglio le esigenze di trasmissione e distribuzione.

In tali contesti, il concetto di *grid* locale di piccola entità va inteso nel senso di un agglomerato di tecnologie DER che opera in modo unitario e che è indipendente ovvero è interconnesso con una *grid* ampia con DER integrati. Al momento, le DER di piccola entità possono solo funzionare alla stregua di isole energetiche separate da una *grid* ampia con DER integrati, in quanto le attuali procedure e tecnologie consentono con difficoltà l'interconnessione tra queste diverse categorie di sistemi. Essa potrà essere incoraggiata dalla diffusione delle *grid* di piccola entità e dalla constatazione dei benefici in termini di affidabilità e di risparmi che ne conseguono.

Il miglioramento della resilienza da conseguire con una architettura di reti distribuite può portare infine un deciso contributo al miglioramento della sicurezza dei software di controllo delle relative infrastrutture.

---

[109] Cfr. Invernizzi A., *European Requirements for R&D in Information Infrastructure*, U.S. Canada Power System Outage Task Force, *The August 14, 2003 blackout One Year Later: Actions Taken in the United States and Canada to Reduce blackout risk*, August 13, 2004.

3.4 PROGETTI DI MIGLIORAMENTO DELL'EFFICIENZA ENERGETICA E DELL'AMBIENTE

3.4.1 Integrazione della fusione con la fissione nucleare

L'energia nucleare si basa sulla cosiddetta fissione, cioè sulla reazione a catena della scissione di atomi inventata dal padre della bomba H sovietica Andrej Sakharov (1921-1989) a metà del secolo scorso. Per mantenere la reazione a catena è necessario il plutonio o l'uranio arricchito, usato anche per le bombe nucleari.

L'idea della *National Ignition Facility* di Livermore in California consiste nell'utilizzo della fusione nucleare che avviene nel sole. In tal modo si otterrebbe una produzione di energia 4 volte superiore e si potrebbero utilizzare ulteriori combustibili nucleari poveri o esausti. Le tecniche per generare la fusione sono di tipo laser o magnetiche.

In Europa, è stato da tempo (1973) sviluppato il progetto sperimentale *Jet European Torus* (JET) che nel 1997 ha ottenuto un picco di fusione con un rendimento pari al 70%[110].

L'energia nucleare derivante dalla fusione potrà avere un futuro solo se:

- I materiali a contatto con la reazione nucleare saranno in grado di sopportarla per anni senza esserne distrutti
- I materiali dell'intera struttura potranno resistere all'impatto dei neutroni provenienti dalla reazione

---

[110] Cioè, a fronte di energia impiegata pari a 100, l'energia ottenuta dalla fusione è stata pari a 70. Ovviamente, l'energia da fusione potrà funzionare solo se il rendimento sarà maggiore del 100% e se la produzione potrà essere stabile.

- La reazione a catena (attualmente molto complessa e instabile) potrà essere semplificata
- La gestione potrà essere continua e insensibile alle esplosioni intermittenti tipiche degli attuali reattori laser, specie per quanto attiene al confinamento magnetico del plasma che deve durare settimane (attualmente dura meno di un secondo)
- Il rendimento energetico sarà molto superiore al 100%.

Tutte queste difficoltà, al momento, non sono superate. Ove non lo fossero, l'energia da fusione apparterrà per sempre al mondo della Ricerca.

3.4.2 Produzione di syngas

Un ulteriore filone di ricerca consiste nella concentrazione della radiazione solare al fine di ottenere un gas di sintesi chiamato "*syngas*", basato sugli elementi idrogeno e monossido di carbonio ricchi di energia.

Così si avrebbe carburante pulito, maggiore affidabilità energetica, minori emissioni di CO_2 e il miglioramento climatico.

Il problema finora irrisolto è quello dell'efficienza energetica, per gli alti costi di produzione del syngas che superano di molto i ricavi.

3.4.3 Celle fotovoltaiche ad alto rendimento

Le celle fotovoltaiche commerciali hanno una efficienza energetica del 20% e risultano quindi troppo costose rispetto alla produzione di energia per cui devono essere sussidiate sistematicamente da contributi statali.

Posto che esiste una vigorosa corrente di pensiero scientifico che sostiene che sarebbe più opportuno destinare tali sussidi alla Ricerca e Sviluppo in altri campi più necessari e profittevoli, la ricerca portata avanti dal chimico Xiaoyang Zu si è orientata verso materiali basati su cristalli conduttori che potrebbero portare l'efficienza vicina al limite teorico del 60%.

Il problema finora irrisolto è quello dell'individuazione del materiale idoneo all'immagazzinamento durevole dell'energia.

3.4.4 Motori a cogenerazione che convertono calore in elettricità

La ricerca (sviluppata dalla General Motors) si basa sul fatto che il 60% dell'energia prodotta da un motore a combustione interna è dissipato in calore che potrebbe essere recuperato sotto forma di elettricità.

Se il materiale dei motori fosse a *"memoria di forma"*, cioè potesse avere 2 stati diversi di temperatura, si potrebbe sfruttare tale differenza per ottenere energia motrice.

Il problema finora irrisolto consiste nel fatto che i materiali a memoria di forma sono fragili e quindi proni alla rottura.

3.4.5 Creazione di motori ad onda d'urto

La ricerca cerca di sostituire il motore tradizionale a pistoni con motori a turbina in cui entra una miscela aria-combustibile che, all'accensione, genera una onda d'urto che fa ruotare l'albero motore.

Nelle auto ibride si dovrebbe ottenere una percorrenza 5 volte maggiore a parità di combustibile, ridurre le emissioni di CO_2 e tagliare i costi di produzione del 30%.

Il problema finora irrisolto consiste nel fatto che i flussi intermittenti della miscela aria-combustibile sono complessi da gestire e non esistono ancora soluzioni industriali per poter passare alla produzione.

3.4.6 Nuovi apparati di condizionamento di cibi e ambienti

I condizionatori, i frigoriferi e i congelatori esistenti nei paesi industrializzati sono responsabili per circa 1/3 del fabbisogno di energia nelle abitazioni e negli uffici.

Una nuova generazione di apparati potrebbe provenire dall'utilizzo di materiali magnetici o termoelettrici che utilizzano motori elettrici molto più efficienti rispetto ai tradizionali compressori. **Il problema ancora da risolvere è di natura economica, in quanto i materiali magnetici e termoelettrici sono molto costosi.**

Tuttavia, **è possibile che dalla Ricerca e Sviluppo emergano nuove soluzioni; pertanto, essa dovrà essere comunque sostenuta, specie per quel che riguarda le innovazioni tecnologiche riguardanti i materiali e i comportamenti dell'energia.**

Infatti, la storia ha dimostrato che soluzioni che un tempo sembravano impossibili hanno successivamente avuto un successo che nessuno avrebbe mai potuto immaginare.

3.5 TECNOLOGIE AVANZATE PER DIMINUIRE IL RISCALDAMENTO GLOBALE

Le problematiche del riscaldamento globale sono oggetto di attenzione da parte degli scienziati e delle istituzioni multilaterali da molto tempo[111].

Visto che appare impossibile contenere i comportamenti degli Stati e dei popoli orientati al benessere immediato (e quindi incuranti delle conseguenze sulle generazioni successive), taluni di essi hanno elaborato alcune ipotesi teoriche che dovrebbero contenerne gli effetti.

Queste peraltro, oltre ai costi di progettazione, realizzazione e posa in opera, non sono mai state sperimentate e potrebbero avere effetti negativi imprevedibili.

---

[111] Cfr.: OECD Environment Directorate – International Energy Agency, *International Energy Technology Collaboration and Climate Change Mitigation*, 2004

Esse sono brevemente esposte in appresso[112].

3.5.1 Abbattimento della CO_2 proveniente dal carbone

L'idea CCS (*Carbon Capture and Sequestration*) cerca di rendere innocua la CO_2 proveniente dalle discariche degli impianti a carbone miscelandoli a sali che adsorbono[113] il carbonio ovvero a silicati che rendono la CO2 inerte. Le relative tecniche non sono tuttavia ancora in grado di attuare uno sviluppo sostenibile adeguato anche se la comunità internazionale nutre molte speranze sulla CCS.

3.5.2 Immissione di zolfo nella stratosfera

La ricerca è portata avanti da Tom M. I. Wingley del *National Center for Atmosferic Research* (NCAR) e trae origine dalla considerazione che le eruzioni vulcaniche che immettono biossido di zolfo (SO_2) nelle zone alte dell'atmosfera, hanno un effetto di raffreddamento del clima.

Esso è il risultato di un fenomeno fisico complesso che si svolge nella stratosfera e che produce minuscole gocce di aerosol composte in massima parte da acido solforico (H_2SO_4) e acqua che devia la radiazione solare.

Le controindicazioni consistono nella necessità di accordi internazionali improbabili, nella necessità di manutenzione continua, in possibili variazioni dei venti e delle precipitazioni regionali, nella riduzione dell'evaporazione, nell'aumento delle piogge acide e nell'accelerazione della distruzione dello strato di ozono.

---

[112] Queste note sono state estratte da: Robert Kunzig, *Uno schermo per la terra*, Le Scienze, gennaio 2009.

[113] L'adsorbimento consiste nell'accumulo di una o più sostanze sulla superficie di un corpo condensato solido o liquido che può consentire la separazione dei componenti del condensato.

3.5.3 Immissione nella troposfera di foschìa del mare

La ricerca, iniziata da John Latham fisico delle nubi e Stephen Salter professore di ingegneria all'Università di Edimburgo, parte dalla considerazione che i fumi provenienti dal camino delle navi riflettono il calore nello spazio; essa prevede la costruzione di navi telecomandate e senza equipaggio che ricaverebbero energia dal vento e che solcherebbero gli oceani spruzzando acqua di mare verso il cielo.
Negli strati alti dell'atmosfera, le gocce d'acqua, a causa della salinità, si frantumerebbero, raddoppierebbero la superficie e rifletterebbero verso l'alto il calore solare raffreddando gli oceani. **Le controindicazioni sono molto simili a quelle esposte nel caso precedente, ma il costo di costruzione delle navi sarebbe di appena 3 mld $.**

3.5.4 Immissione nello spazio di oggetti che provocano ombra

La ricerca parte da una idea di J. Roger P. Angel Direttore dello *Steward Observatory Mirror Laboratory* dell'Università dell'Arizona ed è stata finanziata da *Discovery Channel*; essa prevede di lanciare nello spazio – nell'orbita stazionaria distante 1,5 mln km dalla Terra in cui la forza di gravità terrestre e quella solare si equivalgono e per un periodo stimato pari a 30 anni, – milioni di oggetti governabili da satelliti guida che ne dirigono l'orientamento fino a creare una nube lunga 100.000 km e di diametro pari a 7.000 km.
La nube agirebbe da schermo intelligente e diminuirebbe la radiazione solare.
Le controindicazioni sono le medesime dei casi precedenti; peraltro, il costo d'impianto è stato valutato e risulterebbe pari 5.000 mld $.

In conclusione, le tecnologie riguardanti il clima vanno considerate con grande cautela a motivo delle possibili controindicazioni in quanto l'ambiente é un sistema molto complesso e i modelli che attualmente lo descrivono non sono validi se non per periodi di tempo limitatissimi.

3.6 PROGETTO ENERGETICO E AMBIENTALE EU-MENA

3.6.1 Premessa

Nei capitoli 1 e 2 precedenti, si è cercato di definire i concetti fondamentali dell'energia e di raccontarne la storia passata e recente. L'analisi ha mostrato che i conflitti del secolo passato sono stati originati dai contrasti tra gli Stati per il possesso dei giacimenti e delle vie di trasporto dei combustibili fossili. I contrasti sono presenti ancora oggi, si sono diffusi ovunque e si sono inaspriti a causa del previsto esaurimento dei giacimenti e, in particolare, di quelli da cui è estraibile il petrolio (cfr. Fig. 60). Inoltre, l'uso smodato dei combustibili fossili ha dato luogo, con una velocità mai riscontrata sul nostro pianeta, ad un riscaldamento globale che sta distruggendo l'ambiente che consente la vita.

Nel capitolo 3, l'analisi è stata spostata sul futuro prossimo venturo e su quello a medio e lungo termine non solo dell'energia, ma anche delle risorse minerarie essenziali e fondamentalmente dell'impatto ambientale. Sono stati evidenziati gli scenari possibili, l'esaurimento delle riserve, i limiti della crescita, i progetti di miglioramento dell'efficienza energetica e i tentativi di diminuzione del riscaldamento globale tramite tecnologie avanzate.

Il presente paragrafo tratta con maggior dettaglio il progetto EU-MENA proposto dalla Fondazione Desertec, che prevede non solo di sfruttare l'energia rinnovabile solare del Sahara e dell'Arabia Saudita a beneficio dell'Europa, del Medio Oriente e del Nord Africa, ma anche di diminuire l'inquinamento prodotto dai combustibili fossili sull'ambiente e di creare ampie riserve di acqua dolce, sempre più necessaria a causa della progressiva destinazione ad altri usi dei suoli coltivabili o a causa del loro inquinamento (cfr. Fig. 61).

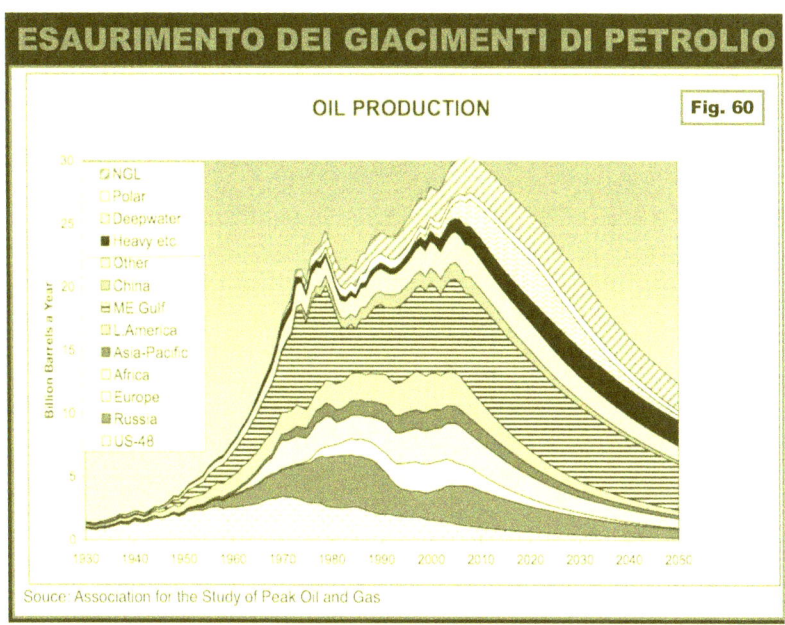

3.6.2 Motivazioni a sostegno del progetto

Il consumo dei combustibili fossili crea notevoli minacce al clima e alle catene alimentari[114]. Invece, l'energia proveniente dal calore solare è pulita e praticamente inesauribile.

---

[114] Queste considerazioni sono tratte da:His Royal Highness Prince Hassan bin Talai of Jordan, Professor Dr. Klaus Töpfer Member of German Council for Sustainable Development, Anders Wijkman President of GLOBE EU, CLEAN POWER FROM DESERTS, Desertec Foundation 2009

In questo contesto, **i deserti possono giocare un ruolo fondamentale in quanto ricevono una quantità di energia dal sole molto più ampia (circa 700 volte) rispetto a quella attualmente consumata dai combustibili fossili.** L'energia solare, tramite impianti di Concentrazione Solare Termica (CSP) può essere convertita in energia elettrica e trasmessa in corrente continua a grandissime distanze presso i luoghi di consumo dove viene riconvertita in corrente alternata idonea alla massima parte dei consumi. La crescita della domanda di energia è strettamente connessa con l'incremento della popolazione mondiale che, da circa 2,5 mld di persone, dovrebbe posizionarsi nel 2050 intorno a 8,5 mld di individui.

CARATTERISTICHE DELLE TECNOLOGIE ENERGETICHE

	Unit Capacity	Capacity Costs	Capacity Factor	Potential (TWh/y)	Type of Resource	Applications	Comments
Wind Power	1 kW – 5 MW	0 – 90%	15 – 50%	1950	kinetic energy of the wind	electricity	fluctuating, supply defined by resource
Photovoltaic	1W – 5 MW	0%	5 – 25%	325	direct and diffuse irradiance on a surface tilted with latitude	electricity	fluctuating, supply defined by resource
Biomass	7 kW – 25 MW	50 – 90%	40 – 90%	1350	municipal and agricultural organic waste and wood	electricity and heat	seasonal fluctuations but good storability, power on demand
Geothermal (Hot Dry Rock)	25 MW – 50 MW	90%	40 – 90%	1100	heat from hot dry rocks at several 1000 meters depth	electricity and heat	no fluctuations, power on demand
Hydropower	1 kW – 1000 MW	50 – 90%	10 – 90%	1350	kinetic and potential energy from water flows	electricity	seasonal fluctuations, good storability in dams, also used as pump storage for other sources
Solar Updraft Tower	100 MW – 200 MW	10 – 70% depending on storage	20 – 70%	part of CSP potential	direct and diffuse irradiance on a horizontal surface	electricity	seasonal fluctuations, good storability, base-load power
Concentrating Solar Thermal Power (CSP)	10 kW – 200 MW	0 – 90% depending on storage and hybridisation	20 – 90%	630,000	direct irradiance on a surface tracking the sun	electricity and heat	fluctuations are compensated by thermal storage and (bio)fuel, power on demand
Gas Turbine	0.5 MW – 100 MW	90%	10 – 90%	n.a.	natural gas, fuel oil	electricity and heat	power on demand
Steam Cycle	5 MW – 500 MW	90%	40 – 90%	n.a.	coal, lignite, fuel oil, natural gas	electricity and heat	power on demand
Nuclear	>500 MW	90%	90%	n.a.	uranium	electricity and heat	base-load power

Oggi, il consumo annuale di energia da combustibili fossili corrisponde a 5,7 ore di irradiazione del sole sui deserti. Con le tecnologie attuali, è possibile convertire il 15% di energia solare in energia elettrica. Appena l'1% dell' area dei deserti può soddisfare la domanda attuale di energia primaria. L'energia solare dei deserti potrà quindi soddisfare la domanda anche in futuro.

Fonti: Desertec Foundation – Clean Power from Deserts, 4° Edition 2009, BGR 2005

Inoltre, il benessere è distribuito in maniera iniqua: nonostante gli obiettivi ONU del Millennio accettati da tutti gli Stati all'inizio del 2000 che fissava l'obiettivo di dimezzare il numero degli indigenti nel 2015, oggi a fronte del 25% di persone che gode di standard di vita elevati e mai raggiunti nel corso della storia, si contrappone il 75% di persone che vivono in povertà estrema, non hanno accesso diretto all'acqua potabile e vivono in agglomerati urbani in uno stato di massimo degrado.

L'idea di captare l'energia solare dai deserti dell'Africa e della Arabia a beneficio dei paesi produttori e dell'Europa intera è pertanto rivoluzionaria e affascinante. La sua realizzazione porterebbe alla progressiva scomparsa dell'effetto serra con conseguente salvaguardia degli ecosistemi (foreste, mari, fiumi, suoli coltivabili, ecc) da cui dipende la vita (cfr. Fig. 62).

EFFETTI DEL RISCALDAMENTO GLOBALE

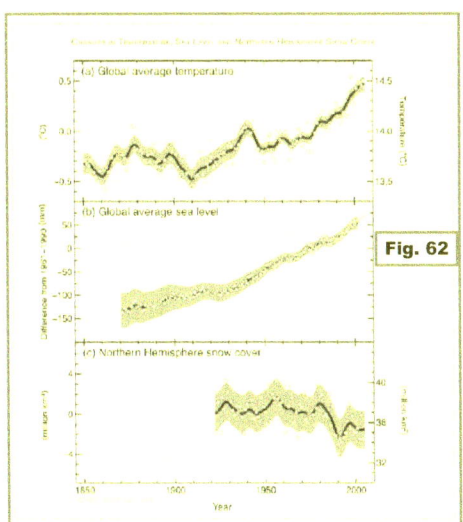

Effetti del riscaldamento globale
Le attività antropiche misurate sin dal 1759 hanno condotto ad un incremento energetico a 1,6 watt/m2 (da 0,6 a 2,5) che ha causato un incremento della temperatura dal 1906 al 2005 pari a 0,74 ° Celsius, con variabilità notevoli pari a 0,18 ° Celsius; il fenomeno, integrato con l'emissione massiva di gas serra causata dall'uso di combustibili fossili raffredda l'aria e porta ad una eccessiva turbolenza dell'atmosfera, ad un minor contributo energetico da parte dell'energia solare, allo scioglimento dei ghiacciai e all'incremento del livello del livello dei mari pari a 3 mm/anno, ben superiore a 1,7 mm/anno, misurato durante il 20° secolo.

(Fonte: IPPC 2007)

Fig. 62

Fonte: Desertec Foundation – Clean Power from Deserts, 4° Edition 2009

All'utilizzo dell'energia solare massiva, il cui calore potrebbe essere catturato e riscaldare enormi masse di acqua provenienti dai mari, produrre elettricità e acqua desalinizzata, non è stato dato adeguato rilievo: il dibattito è concentrato sui prezzi dei combustibili fossili, sul mantenimento ad ogni costo degli stili di vita delle popolazioni degli Stati ricchi e dominanti e su altre tipologie di fonti rinnovabili (idroelettrico, idrogeno, solare fotovoltaico e biodiesel, eolico) le quali peraltro presentano numerose controindicazioni.

Eppure, l'idea non è nuova: il progetto TREC (*Trans-Mediterranean Renewable Energy Cooperation*) l'aveva propugnata sin dal 2003, ma aveva ricevuto scarsa attenzione da parte delle compagnie petrolifere che avevano posto problemi di sicurezza (l'area di che trattasi è instabile) e di costi eccessivi.

Ambedue le critiche sono pretestuose e sono da attribuire alla volontà di sfruttare fino all'estremo limite i combustibili fossili (che peraltro sono in esaurimento) mentre il calore solare è inesauribile; ancora, all'inizio, tutte le tecnologie sono costose, ma oggi, a differenza dei combustibili fossili il cui prezzo unitario aumenta, 1 kwh di solare termico costa in California 10-12 centesimi $, e la Banca Mondiale prevede un calo a 4-6 centesimi $ già nel 2015.

Inoltre, è bene ricordare ancora che **il clima è la base fondamentale della vita sul nostro pianeta in quanto l'energia proveniente dal sole causa le piogge e produce il cibo prodotto dalle piante; pertanto, la variabilità climatica di origine antropica che minaccia il clima dovrebbe rappresentare la massima preoccupazione dei massimi decisori, ma essi sono in genere distratti da problematiche politico-economiche che ritengono più importanti.**

Tuttavia, la consapevolezza della essenzialità del clima per la vita biologica di ogni essere vivente sta crescendo: le risultanze 2007 dell'IPPC (*Integrated Pollution Prevention and Control*) europea avevano molto impressionato le popolazioni e sono state ampiamente diffuse dai mezzi di comunicazione di massa attenti al benessere globale. L'IPPC ha dimostrato che **le attività antropiche misurate sin dal 1759 hanno condotto ad un incremento energetico di 1,6** watt/m^2 (da 0,6 a 2,5) che ha causato una maggiorazione della temperatura dal 1906 al 2005 pari a 0,74 ° Celsius, con variabilità notevoli pari a 0,18° Celsius; il fenomeno, integrato con l'emissione massiva di gas serra causata dall'uso di combustibili fossili raffredda l'aria e porta ad una eccessiva turbolenza dell'atmosfera, ad un minor contributo energetico da parte dell'energia solare, allo scioglimento dei ghiacciai e all'incremento del livello dei mari pari a 3 mm/anno, ben superiore a 1,7 mm/anno, misurato durante il 20° secolo.

3.6.3 Architettura e Analisi del progetto

Se si comparano in termini di GWh di energia elettrica per Km^2 e per anno le risorse delle energie rinnovabili europee con quelle che possono provenire dai deserti dell'Africa del Nord e dal Medio Oriente, si hanno i seguenti risultati:

- **Risorse europee: Biomasse: 1; Geotermico: 1; Eolico: 50; Idroelettrico: 50.**
- **Risorse di Deserti del Nord Africa e del Medio Oriente: Solare: 250.**

Pertanto, il rendimento dell'energia solare è più che doppio di quello europeo; a ciò si deve aggiungere il fatto che in Europa i suoli su cui applicare impianti energetici sono piuttosto limitati a causa dell'urbanizzazione, della destinazione delle aree a fini agricoli e industriali, della salvaguardia di zone paesaggistiche, storiche, artistiche, ecc..
In definitiva, la scelta di utilizzare luoghi desertici per la captazione dell'energia solare appare la più razionale.

A parte le considerazioni già espresse sulla necessità di reti di cattura CSP dell'energia solare, di conversione in energia elettrica e trasporto in corrente continua dai deserti ai luoghi europei di consumo, nonché di riconversione in corrente

alternata, bisogna tener conto di ulteriori esigenze, anche in funzione dell'incremento della domanda.
In primo luogo, la rete di distribuzione dovrebbe avere una riserva del 25% rispetto alle situazioni di picco (Peak Voltage PV). Poiché ci si attende che il progetto EU-MENA inizi nel 2020, è necessario provvedervi in anticipo anche sfruttando impianti eolici, geotermici e impianti ad alto voltaggio e in corrente continua (High Voltage-Direct Current HVDC) già esistenti.
Secondariamente, sempre nell'ambito della strategia di sostituire i combustibili fossili con energie rinnovabili, bisognerà creare idonee interconnessioni tra le reti HVDC e le grid esistenti in corrente alternata (Alternate Current AC).
A livelli di voltaggio minori, sarà necessario e utile combinare impianti PV con impianti eolici e micro-turbine; ciò, anche a fine di incrementare la stabilità della rete complessiva AC-DC (cfr. Fig. 63).

PROGETTO DESERTEC-EUMENA
RETI DI PRODUZIONE, TRASPORTO E CONSUMO

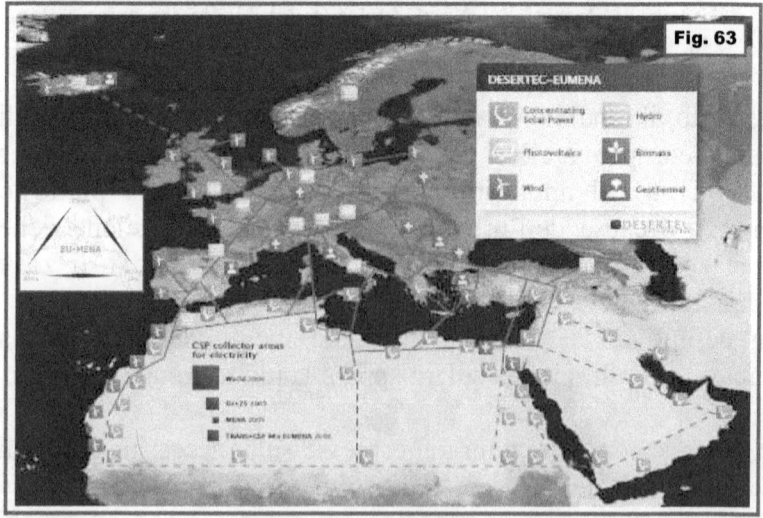

Fonte: Desertec Foundation – Clean Power from Deserts, 4° Edition 2009

In considerazione che attualmente nel mondo esistono linee di trasmissione HVDC che trasmettono 80 GigaW di elettricità, il progetto EU-MENA prevede nel 2050 linee di trasmissione ciascuna delle quali abbia capacità di 2,5 – 2,0 GigaW, in grado di trasportare 700 TeraWh/anno da 20 – 40 località del Medio Oriente e del Nord Africa verso i maggiori centri europei di domanda energetica. L'energia proveniente dai deserti MENA si integrerà naturalmente con le fonti rinnovabili europee di natura solare, eolica, idroelettrica, geotermica e da biomasse.

Il fenomeno dovrebbe portare naturalmente ad una diminuzione generalizzata dei prezzi. Infatti, già oggi **il costo di produzione dell'energia solare dei deserti è pari 5 centesimi di Euro per Kwh**. Nella ipotesi che l'Europa si approvvigioni per il 15% di energia proveniente dai deserti, anche se la trasmissione HVDC lungo il percorso di 3.000 km dal complesso MENA all'Europa sconta oggi una perdita del 10% (riducibile nel 2050 al 5% per l'innovazione tecnologica), i prezzi dovrebbero diminuire ancora, in controtendenza rispetto ai prezzi dei combustibili fossili che divengono sempre più alti a causa dell'esaurimento delle riserve e dei maggiori costi di estrazione.

La diminuzione dei prezzi sarà inoltre assicurata dalle economie di scala del progetto EU-MENA. Ciò in base alle analisi economiche effettuate su impianti di energia eolica e solare[115] da cui risulta **che i costi di investimento possono ridursi del 10-20% ogni volta che si raddoppia la capacità installata di captazione dell'energia**.

---

[115] Cfr.: Lena Nei jet al., *Experience curves: a Tool for Energy Policy Assessment*, 2003; Robert Pitz Paal, *Concentrating Solar Power, A Road Map from Research to Market*, 2005

3.6.4 Conclusioni

L'Europa è soggetta ad un incremento della domanda di energia elettrica in un contesto dove da un lato i prezzi unitari saranno destinati ad aumentare in relazione al progressivo esaurirsi dei combustibili fossili e ai maggiori costi di estrazione e, dall'altro, il perdurare della crisi economica creerà difficoltà per sostenerne gli oneri e per effettuare investimenti tesi all'ammodernamento e all'incremento dell'efficienza degli impianti esistenti.

Inoltre, a livello internazionale ed europeo sono stati stabiliti obbiettivi ambiziosi per la riduzione dei gas serra per cui l'unica via da seguire è quella di incrementare al massimo le fonti rinnovabili scartando o limitando quelle che sono inquinanti (fotovoltaico su terreni destinati all'agricoltura) o che distruggono i suoli coltivabili (biodiesel).

Da questi assunti deriva la strategia di ridurre decisamente l'importazione dei combustibili fossili e di puntare decisamente sulle fonti rinnovabili di energia eolica, solare, geotermica, idroelettrica e da biomasse.

Il progetto EU-MENA apre in merito una finestra di opportunità.

Il potenziale energetico solare estraibile dai deserti e convertibile in energia elettrica eccede di gran lunga la domanda di elettricità presente e futura ed è utilizzabile anche per la conversione dell'acqua salata di mare in acqua dolce.

Infatti, esso in termini di produzione di energia elettrica misurabile in TeraWh/anno (TWha) supera un valore stimato pari a 630.000, là dove la domanda dell'anno 2000 è stata pari a 2000 TWha e quella prevedibile nel 2050 è stimata pari a 7.800 TWha.

La realizzazione del progetto EU-MENA porterebbe inoltre alla scomparsa dell'energia nucleare entro il 2030.

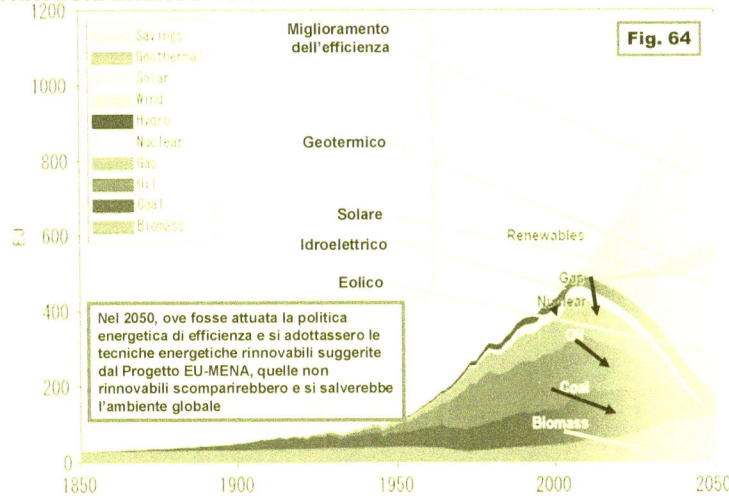

Fig. 64 — PROGETTO EU-MENA
STRATEGIE ENERGETICHE OTTIMALI E RICADUTE AMBIENTALI AL 2050

Fonti: BP Energy Outlook 2030 London 2012, Naboja Nakicenavic, Global Energy Perspectives, ALPS International Symposium 2012

Infine, il progetto creerebbe sinergie industriali e interessi congiunti tra i paesi delle tre regioni economiche interessate contribuendo pesantemente all'attenuazione delle tensioni nell'area Mediterranea, nell'Africa del Nord e nel Medio e Grande Oriente che appaiono oggi rappresentare la zona di massimo rischio geopolitico.

Riassumendo, il Progetto EU-MENA può rappresentare lo strumento per sostituire la logica di accaparramento con l'inganno e con la violenza delle risorse energetiche che ha insanguinato il secolo passato e seguita a seminare morte e distruzione anche nel nostro secolo con una logica di cooperazione e di superamento degli interessi settoriali a favore del bene comune (cfr. Fig. 64).

Un sogno, forse. Ma nella Storia è accaduto che taluni sogni, anche se a prezzo di enormi sacrifici, si siano tramutati in realtà.

3.7 INTERSEZIONE DEI RISCHI ENERGETICI CON ULTERIORI TIPOLOGIE DI RISCHIO

Nella Premessa e Sommario é stato dimostrato il risultato della globalizzazione consistente nell'interconnessione delle infrastrutture essenziali al vivere civile; essa comporta indubitabili economie di scala e di scopo oltre a fenomeni di diffusione della conoscenza. Peraltro, essa può trasmettere anche rischi locali che si propagano con velocità istantanea a causa delle reti di comunicazione globale.

3.7.1 Rischi sistemici

Il fenomeno delle interrelazioni dei rischi è stato analizzato dal *World Economic Forum* (WEF) che ha individuato gli aspetti di maggior pericolo nelle disparità economiche e nelle difficoltà che hanno le Organizzazioni internazionali, regionali e di governo degli Stati e delle amministrazioni locali nel gestirli con successo.

In particolare, nel Rapporto 2012, il WEF distingue 50 rischi globali a loro volta raggruppabili in 5 categorie:

1. **Rischi economici** (derivanti da sbilanciamenti fiscali cronici),
2. **Rischi ambientali** (derivanti da emissioni dannose di gas),
3. **Rischi geopolitici** (derivanti da incapacità delle organizzazioni internazionali e dei governi di dominare i fenomeni e di gestirne i rischi in modo efficace e appropriato),
4. **Rischi sociali** (derivanti da ritmi insostenibili della crescita dell'inurbamento delle popolazioni),
5. **Rischi tecnologici** (derivanti da crisi delle infrastrutture critiche).

Il WEF 2012 introduce un ulteriore aspetto delle interconnessioni tra i rischi (reso noto sin dall'inizio del nuovo millennio in riferimento al *millennium bug*), rilevando che la trasformazione di taluni rischi in minacce concrete svolge un ruolo di creazione di "centri di gravità" nei confronti di rischi ulteriori.

I centri di gravità sono quelli che hanno natura sistemica e le interconnessioni più critiche sono quelle che si collegano con più centri di gravità (cfr. Fig. 65).

L'infrastruttura critica dell'energia (che rappresenta il culmine delle infrastrutture critiche) costituisce pertanto il massimo centro di gravità dei rischi e quindi la maggiore minaccia che incombe sul pianeta.

Peraltro, il WEF 2013 specifica, sulla base di interviste a circa un migliaio di esperti, quali potranno essere i grandi rischi globali nel prossimo decennio e il loro prevedibile impatto secondo quanto segue:

FUTURI RISCHI GLOBALI E RISCHI GRAVITAZIONALI
(ATTRATTIVI DI ULTERIORI RISCHI)

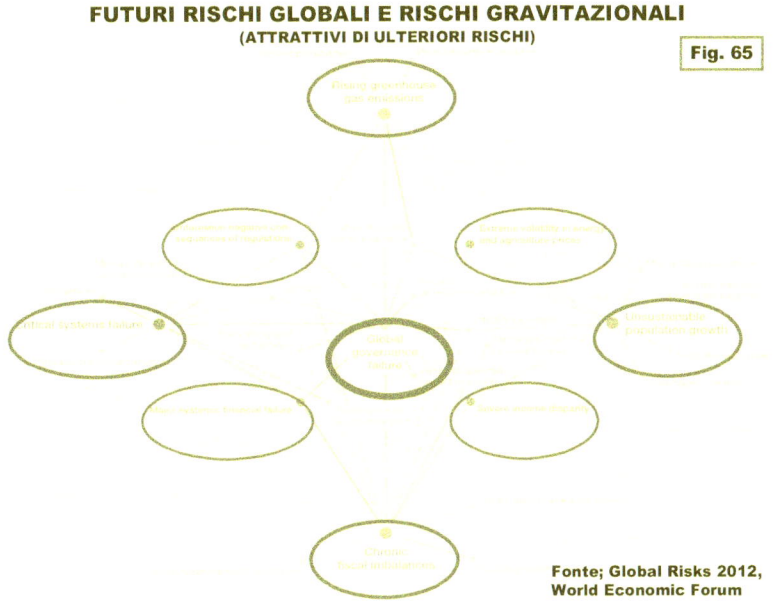

Fig. 65

Fonte; Global Risks 2012,
World Economic Forum

Rischio	Probabilità di accadimento
• Notevolissima disparità di reddito	82,8%
• Bilanci fiscali cronici	79,8%
• Incremento delle emissioni di gas serra	78,2%
• Crisi nella fornitura di acqua	77,0%
• Cattiva gestione dell'invecchiamento delle popolazioni	76,6%

Gli impatti dei grandi rischi (che appaiono tutti quasi certi) risulterebbero essere i seguenti:

Impatto	Valutazione dell'impatto
• Fallimento del sistema finanziario globale	81,0%
• Crisi della fornitura di acqua	79,8%
• Bilanci fiscali cronici	79,4%
• Crisi dalla penuria di cibo	79,0%
• Diffusione delle armi di distruzione di massa	78,4%

In conclusione, **la rilevazione effettuata dal WEF 13 individua 3 rischi gravissimi ed estremamente probabili: conseguenze della crisi economica-finanziaria, distruzione dell'ambiente e dell'agricoltura, proliferazione delle armi di distruzione di massa.** A questi rischi il WEF 2013 aggiunge **rischi ulteriori** imprevisti, derivanti dalla evoluzione tecnologica e dalle conseguenze negative della regolazione.

Per quanto attiene **la tecnologia**, le probabilità di accadimento sarebbero le seguenti:

Impatto	Valutazione dell'impatto
• Impatto della tecnologia sulla vita delle popolazioni	62,2%
• Conseguenze delle azioni di mitigazione del clima	64,6%
• Crescita insostenibile delle popolazioni	29,0%
• Fermata brusca delle economie emergenti	69,2%

- Cattiva gestione dell'invecchiamento
  delle popolazioni   76,6%

Per quanto riguarda le **conseguenze negative della regolazione**, l'impatto sarebbe il seguente:

Impatto	Valutazione dell'impatto
Conseguenze impreviste della regolazione	63,6%
Nazionalizzazione unilaterale di risorse	68,0%
Sbilanciamenti cronici del mercato del lavoro	74,6%
Fermata brusca delle economie emergenti	69,8%
Cattiva gestione dell'invecchiamento delle popolazioni	73,2%

In definitiva, i 1.000 di esperti consultati dal WEF 2013 hanno manifestato la gravità della situazione complessiva globale e giudicano negativamente le organizzazioni internazionali e nazionali ad ogni livello per l'incapacità di governo e/o di *governance* dimostrata nella gestione delle fondamentali crisi del nostro tempo riguardanti la finanza, l'economia, la fame, la sete, la sicurezza, l'agricoltura, l'ambiente, il lavoro e la regolazione.

3.7.2 Rischi derivanti da teorie economiche errate

Ma perché siamo arrivati a questo punto?

Cerchiamo di comprendere meglio le cause dei rischi citati esaminando il giudizio severo espresso dai 1000 esperti consultati dal WEF 2013.

Il WEF 2013 ha sostanzialmente confermato le risultanze del WEF 2012, ma ha posto l'accento sull'aggravarsi nel prossimo decennio dei seguenti **rischi: l'incremento delle disparità di reddito, il fallimento sistemico dei massimi sistemi**

finanziari, gli sbilanciamenti fiscali cronici e la progressiva carenza di acqua in talune regioni geografiche molto ampie.
Ha indicato anche **ulteriori rischi globali** che si possono presentare in futuro.
Essi si riassumono nelle **possibilità di non ritorno di possibili "tempeste perfette globali" di natura climatica, monetaria e fiscale.** Ancora, sempre su scala globale, espone i rischi derivanti da **possibili disinformazioni fortuite o volute che si possono propagare ovunque data l'interconnessione del Web, l'utilizzo della tecnologia a fini di distruzione, la diffusione di possibili pandemie da ascrivere all'uso smodato di antibiotici e dall'incremento insostenibile dei costi sanitari dovuti al prolungamento della vita umana oltre i limiti imposti dalla natura.**

Oggi peraltro, l'attenzione alle problematiche energetiche e ambientali è oscurata dalle preoccupazioni relative **alla crisi economico-finanziaria.**
Tuttavia, le problematiche sono strettamente interconnesse: infatti, se in generale le capacità di investimento nei confronti delle infrastrutture sono drasticamente diminuite, ben poco ad esempio si potrà fare sia per migliorare l'efficienza energetica e sia per renderla più compatibile con l'ambiente perché quel poco che rimane dovrà essere speso per il risanamento delle imprese, il mantenimento dei servizi sociali anche se in forma ridotta, la gestione dell'ordine pubblico e il sostentamento degli indigenti.

Tuttavia, oltre alle difficoltà già note per l'attenuazione dei deficit e dei debiti sovrani degli Stati che sono stati prodotti dalla crisi, esistono ulteriori **vincoli concettuali di base nella**

concezione economica dominante che sembrano insormontabili[116].

Il pensiero economico classico dei "mercati efficienti" centrato sull'equilibrio spontaneo del mercato, universalmente accettato e considerato il "Verbo" dalla massima parte degli economisti e dalle Banche centrali, afferma che il comportamento razionale di tutti gli attori (acquirenti e venditori) tende a realizzare il "maggior benessere possibile".

Tuttavia, **nella realtà ciò non avviene** in quanto le persone non si comportano sempre in modo razionale, ma bensì emotivo. È questo non solo il pensiero del buon senso della gente comune, ma anche il profondo convincimento dei cosiddetti "economisti comportamentali" che affermano quanto esposto in appresso.

Secondo costoro, **gli investitori soffrono del cosiddetto "pregiudizio di conferma"**, consistente nel fatto che danno una rilevanza eccessiva alle notizie che confermano il loro punto di vista o i propri desideri; inoltre, **hanno comportamenti gregari**, cioè seguono l'esempio di altri senza valutare oggettivamente la situazione; ancora, **danno un eccessivo valore alle informazioni più recenti e non a quelle più solide emesse nel passato**.
Inoltre, talune **analisi sperimentali effettuate sui centri cerebrali degli investitori durante le loro attività hanno mostrato che questi ultimi sono dominati da due**

---

[116] Le considerazioni esposte nel paragrafo sono state tratte da Gary Stix, *La scienza delle bolle e dei crolli*, Le Scienze, Agosto 2009, Bill McKibben, *Sconfiggere il mito della crescita*, Le Scienze, Aprile 2010, David H. Freedman, *Una formula per rovinare l'economia*, Le Scienze, gennaio 2012.

motivazioni primordiali assimilabili alla paura e all'avidità, motivazioni che si ritrovano anche nei giocatori incalliti.

In aggiunta, **la finanza si basa su modelli di rischio creati in base ad ipotesi scientifiche inconsistenti e con ambiti di applicazione ristretti (ciascun modello valuta i rischi del proprio istituto finanziario e non i rischi globali).**
Da ciò consegue che le ipotesi, nell'ambito dei modelli previsionali di rischio, non possono tener conto delle incertezze intrinseche e dei comportamenti imprevedibili degli investitori che operano nel sistema globale.
Ancora, **i modelli soffrono della mancanza di variabili chiave tra cui la liquidità (cioè la capacità di far corrispondere il volume degli acquisti a quello delle vendite); ora, se in un modello manca o è malamente specificata una variabile chiave, il modello è invalido di per sé e produce previsioni errat**e.
Infine, **non vengono prese in considerazione le interdipendenze tra i fenomeni e la loro conseguente propagazione.**
Un **altro errore economico di base è quello di credere che la crescita economica possa essere illimitata.** Ora, un sistema può crescere solo in uno spazio infinito ovvero a spese di altri sistemi; ma se la globalizzazione ha creato un sistema economico che appare sempre più vincolato e interconnesso, la crescita non può esistere se non a spese di sottosistemi più deboli, il che non solo è riprovevole, ma viene energicamente negato da tutti gli esponenti di organizzazioni, globali, di regione economica e di enti locali; eppure, nonostante l'evidenza scientifica, il pensiero economico dominante ritiene che la crescita della popolazione, del benessere, delle industrie, del consumo delle risorse naturali e della produzione di alimenti possa aumentare indefinitamente.

Ma il mondo in cui viviamo ha risorse limitate: già cinquant'anni fa, il Club di Roma, pur nell'ambito di numerose inesattezze aveva segnalato il possibile declino della civiltà industriale entro un secolo; oggi, a seguito di strumentazioni eccezionali rispetto al passato, possiamo comprendere meglio taluni meccanismi involutivi preoccupanti di cui peraltro - nonostante il profluvio di promesse e di discorsi incomprensibili alla gente comune da parte delle istituzioni - le imprese industriali, bancarie e finanziarie internazionali unitamente agli Stati dominanti appaiono in sostanza tenere in ben poco conto.

La sfida globale è invece quella di creare una serie di condizioni che possano garantire stabilità economica ed ecologica.

Ma per fare questo, è bene ripetere ancora che dobbiamo abbandonare taluni paradigmi concettuali che pure hanno caratterizzato il nostro sviluppo da quando si sono consolidate sia la teoria economica dei mercati efficienti e sia la logica dei paradigmi organizzativi delle grandissime organizzazioni accentrate che possano essere in grado di reggere la concorrenza mondiale.

Infatti, le organizzazioni accentrate sono sensibili agli *shock* e possono essere distrutte facilmente ove se ne colpiscano i punti nevralgici; invece, le organizzazioni distribuite sono insensibili agli *shock* perché non hanno punti nevralgici (la resistenza del Vietnam all'esercito americano, articolata in forma distribuita e il complesso Internet/Web/ICT ne sono gli esempi più noti).

La necessità di abbandonare il paradigma industriale accentrato per quello distribuito è particolarmente pressante per il sistema energetico: nonostante il petrolio di origine abiogenica potrà continuare ad alimentare taluni pozzi, quello di origine biogenica dovrebbe ridursi drasticamente; poiché le produzioni accentrate necessitano del trasporto dei prodotti dai luoghi di produzione ai luoghi di consumo, i costi dei trasporti saranno proibitivi a causa del progressivo esaurimento dei combustibili fossili; pertanto, la produzione agricola e industriale dovrebbe essere quanto più vicina possibile ai consumi e le poche centrali elettriche di grandissima potenza andrebbero convertite in una moltitudine di centrali di piccola potenza con possibilità di soccorso a catena da centrali viciniori dello stesso tipo.

La produzione deve provenire fondamentalmente dal sole, dal vento e dalle fonti geotermiche.

Questa conversione potrebbe durare generazioni, ma è necessario iniziarla fin d'ora in quanto queste trasformazioni, anche se esistesse una volontà positiva a riguardo, possono richiedere moltissimi anni per essere portate a compimento.

La soluzione pertanto consiste nella sensibilizzazione delle popolazioni e nell'opera di convincimento dei portatori di grandi interessi corporativi a scegliere la via del bene comune in contrapposizione al bene personale o del gruppo di appartenenza.

L'opera potrà svilupparsi solo in presenza di incentivi e, in contemporanea, creando penalizzazioni disincentivanti al mantenimento dello *status quo*.

Fondamentale in tal senso appare lo sforzo delle organizzazioni multilaterali (il cui potere andrebbe aumentato) e l'incremento della volontà di promuovere il bene comune da parte delle nazioni dominanti.

3.7.3 Rischi derivanti dalle distorsioni della globalizzazione

A seconda dei profili di attenzione che vengono attribuiti ai vari componenti della globalizzazione, si può giungere a conclusioni complementari e/o diverse[117].

---

[117] Cfr.: Boris Biancheri, Globalizzazione e regionalizzazione, Atlante geopolitico Treccani 2011

Certamente, più che un fenomeno, la globalizzazione è un processo evolutivo multidimensionale complesso che riguarda la dimensione economica, sociale, culturale, politica, filosofica e religiosa.

Infatti, la globalizzazione comporta un mercato globale dei beni e dei capitali, la diffusione istantanea e individuale delle notizie e delle informazioni e una maggiore consapevolezza delle popolazioni sui riflessi che le decisioni del potere hanno sulle loro vite e su quelle dei propri discendenti.

Un ausilio alla comprensione dell'essenza della globalizzazione può provenire dalla misura nel tempo di alcune sue componenti.

Infatti:

- Il valore delle merci esportate rispetto al Pil mondiale è passato dal 12% del 1960 al 29% del 2008
- Il processo di globalizzazione è instabile: a causa della crisi economico-finanziaria, il Pil mondiale 2008 è tornato al livello 2003
- Il rapporto tra investimenti diretti all'estero e Pil mondiale è passato dal 2% del 1970 al 33% del 2010
- Buona parte di questa crescita è fittizia: su 4 trilioni $/giorno di transazioni finanziarie, circa il 50% è composto da prodotti finanziari derivati a cui non corrisponde alcuna economia reale, ma solo speculazione finanziaria
- Il ritmo di crescita dell'informazione tramite Internet/Web è aumentato da 16 mln di utenti del dicembre 1995 (0,4% della popolazione mondiale) a 2,4 mld di utenti del giugno 2012 (34,3%)
- E' cresciuto anche il numero dei migranti (dal 2,5% della popolazione mondiale nel 1965 al 3,2 % del 2010)
- Ancora, nel 2011, 877 milioni di persone sono in estrema povertà disponendo di meno di 1,25 $/giorno.

La globalizzazione ha inoltre un profondo impatto sulla politica. La maggior parte degli osservatori sostiene che essa tenda a svuotare lo Stato dei suoi poteri in tema di politica interna e internazionale.

Oggi gli Stati sono riottosi a cedere sovranità, ma una parte di essa è assorbita dalle Organizzazioni multilaterali o regionali (tipicamente, per gli Stati europei che vi hanno aderito, dall'Unione Europea Monetaria).

Quindi, mentre la globalizzazione procede di fatto e intensamente sul proprio cammino evolutivo per alcuni e involutivo per molti altri, l'esistenza di questa impasse tende a creare una serie di soluzioni surrogatorie.

Peraltro, le critiche nei confronti della globalizzazione insistono sulle sue distorsioni che possono essere così riassunte[118]:

- ✓ L'aumento dei redditi riguarda fondamentalmente l'1% della popolazione
- ✓ In conseguenza, il livello di disuguaglianza è in crescita
- ✓ Chi sta in fondo alla scala sociale, sta peggio di come era all'inizio del secolo
- ✓ Le disuguaglianze patrimoniali sono anche superiori a quelle di reddito
- ✓ Le disuguaglianze riguardano anche il tenore di vita, la sicurezza e la salute
- ✓ C'è stato uno svuotamento della classe media la quale rappresenta il pilastro fondamentale della democrazia
- ✓ La disuguaglianza non dipende solo da forze economiche, ma anche politiche
- ✓ Il Sistema fiscale non è progressivo e privilegia i ricchi
- ✓ I Top manager e i banchieri hanno compensi sproporzionati rispetto ai risultati che spesso sono negativi in quanto rappresentano fallimenti di mercato

---

[118] Considerazioni direttamente tratte da: Joseph E. Stiglitz, Il Prezzo della Disuguaglianza, Einaudi 2013

- ✓ I compensi privati dovrebbero avere ritorni sociali, ma ciò non avviene perché la concorrenza e l'informazione sono imperfette, gli effetti negativi di talune azioni non hanno compensazioni e i mercati del rischio sono assenti
- ✓ I mercati finanziari non sono trasparenti a causa della presenza di derivati
- ✓ Le imprese sono alla ricerca di rendite derivanti da situazioni monopolistiche e i governi sono impotenti o compiacenti con emanazione di regole e leggi apposite
- ✓ Più che combattere in una arena concorrenziale, le imprese preferiscono piegare i governi ai loro interessi: in tal modo, le rendite diventano legali
- ✓ La liberalizzazione dei mercati finanziari si è imposta ai governi occidentali per eliminare ogni barriera al commercio, a scapito delle esigenze sociali
- ✓ In tal modo, il potere delle imprese è cresciuto rispetto a quello dei lavoratori che possono essere raccolti sul mercato internazionale del lavoro a costi infimi
- ✓ Alcuni paesi orientali hanno destinato i proventi della globalizzazione all'istruzione, alla sanità, alla costruzione di nuove infrastrutture e al decremento della povertà, ottenendo ritorni economico-sociali nel medio-lungo termine. Invece, USA ed Europa li hanno destinati ai funzionari pubblici, ai manager e ai ricchi
- ✓ In USA e in Europa si assiste pertanto alla rottura della coesione sociale
- ✓ La disuguaglianza nel mondo occidentale è cresciuta a causa della distribuzione della ricchezza che ha favorito i ricchi a danno della classe media e dei poveri in termini fiscali, di rendite da capitale, di plusvalenze, di reddito prima delle imposte, ecc. La crescita della finanza ha arricchito ancora di più i ricchi, impoverito e ridotto la classe media, portato alla miseria estrema i poveri aumentando le disuguaglianze che fanno diminuire le opportunità di sopravvivenza e di sviluppo.
- ✓ Le società disuguali hanno economie instabili e insostenibili nel tempo e creano le cosiddette bolle che hanno costi sociali altissimi: quella tecnologica almeno è stata utile per aver potenziato l'ICT, quella immobiliare frutto della

cartolarizzazione dei mutui ha gettato milioni di persone sul lastrico e ha tolto loro la casa frutto di sacrifici di tutta la vita.
- ✓ Gli abusi della globalizzazione conducono alla riduzione degli investimenti pubblici, delle opportunità di sviluppo, della crescita economica e alla tentazione di creare una economia di guerra militare.
- ✓ La teoria economica standard basata sul conto profitti e perdite individuale non contempla aspetti tipicamente umani (senso di appartenenza, spirito di squadra, orgoglio, utilità del proprio lavoro, ecc).
- ✓ Pertanto, questa teoria economica é INSENSATA.

La soluzione di queste contraddizioni si può ritrovare nella delega consapevole di problematiche che trascendono i poteri dello Stato a istituzioni multilaterali e nella creazione di organismi che coprono aree regionali che raggruppano Stati che si identificano in credenze, culture e interessi comuni.

Inoltre, la dissoluzione dello Stato sovietico ha portato alla creazione di molti Stati che tendono ad identificarsi e a trovare una collocazione nell'ambito di dette aree regionali.

Peraltro, il mondo odierno risulta sempre più strutturato in Stati accomunati da interessi politici, economici e/o da interessi di sicurezza; tali raggruppamenti sono inoltre articolati secondo livelli di potere teoricamente crescenti.

Al massimo livello si situano quelle organizzazioni multilaterali come l'ONU, il Fondo Monetario Internazionale, la Banca Mondiale, l'Organizzazione Mondiale del Commercio e molte altre, che per statuto dovrebbero avere a cuore le sorti del mondo intero per quanto riguarda, ad esempio, i diritti umani, la sicurezza, l'ambiente, la giustizia, l'economia, ecc.

Ad un livello inferiore si trovano le organizzazioni che hanno a cuore interessi regionali di Stati o di Unioni di Stati (il G20, la

UE, l'Organizzazione per la Cooperazione di Shangai OCS, gli USA, ecc).

Al di sotto, si trovano gli Stati; nell'ambito degli Stati si ritrovano organizzazioni politico-amministrative minori (province, dipartimenti, ecc); ciascuno Stato o Unione di Stati e addirittura organizzazioni politico-amministrative di rango minore che hanno (ma non sempre) il potere di decidere la richiesta di partecipazione alle organizzazioni di livello più elevato.

Poiché la globalizzazione viene dipinta come un fenomeno universale, in base al principio teorico di sussidiarietà verso l'alto o verso il basso, si dovrebbe verificare una migrazione delle competenze là dove è umano e ragionevole (in termini di massimi benefici a fronte di minimi costi), che le problematiche fossero trattate secondo il principio dei massimi benefici per tutti; ma ciò significherebbe una perdita di potere da parte delle organizzazioni di più alto livello che lo detengono in base a fatti storici o a mere ragioni di predominio.

Peraltro, appare che le organizzazioni regionali siano quelle più consone a gestire le complessità del mondo moderno attuale e prospettico; infatti, in primo luogo, le problematiche regionali sono quelle più critiche e conflittuali e pertanto esigono soluzioni pronte ed efficaci; inoltre, gli Stati preferiscono interessare le organizzazioni regionali piuttosto che le organizzazioni multilaterali che appaiono meno consone alle loro identità culturali e troppo lontane dalle loro esigenze politiche ed economiche.

In questo quadro, l'Unione Europea, pur con tutte le sue problematiche di mancata unione politica, lentezza decisionale, polarizzazione sulle tematiche monetarie e bancarie a discapito di altre, instabilità, incremento delle sperequazioni, strapotere della BCE, rappresenta al momento in termini relativi una organizzazione regionale che, nonostante fortissimi vincoli interni ed esterni ha conseguito buoni risultati in alcuni settori. Di fatto, l'UE è un organizzazione regionale che dispone di meccanismi sovranazionali riguardanti la moneta, la giustizia, la lotta alla corruzione, ecc, e che sta sperimentando una possibile coesistenza tra il concetto di Stato e di Regione economico-politica.

La sua stessa esistenza le consente di sviluppare partenariati con organizzazioni similari in Africa, in Asia, nel Mediterraneo, nel Golfo Persico, in America Latina e con organizzazioni multilaterali a livello mondiale.

È quindi un attore di politica internazionale che cerca di definire una soluzione che, anche se incerta e perfettibile per il fatto che la BCE non è al servizio dell'Unione degli Stati ma opera in modo autonomo, è ben più elevata sotto il profilo etico, politico ed economico rispetto alla *Full Spectrum Dominance* statunitense puntellata da 720 basi militari disperse per il mondo[119].

Peraltro, non si può dimenticare che, al di sopra di tutte queste istituzioni, le distorsioni della globalizzazione hanno contribuito a formare un potere transnazionale privato opaco.

Esso è composto da soggetti i quali, agendo all'unisono in base ad interessi comuni, riescono a dominare perfino gli Stati che dispongono di maggior potere.

Il risultato di tutto ciò si traduce in una sorta di totalitarismo da parte del settore privato, inverso al totalitarismo pubblico storicamente gestito dagli Stati autoritari del passato.

---

[119] Cfr. Sonia Lucarelli, *L'Unione Europea: laboratorio e attore nella politica internazionale*, Atlante geopolitico Treccani 2011

3.7.4 Rischi derivanti dalla distorsione della comunicazione

Tralasciando i libri che costituiscono una parte sempre più trascurabile dei *media*, e concentrando l'interesse sulla televisione, che ne rappresenta oggi la parte preponderante, dobbiamo in primo luogo tener conto del fatto che essa invia un messaggio globale perché deve raggiungere grandi quantità di persone[120]. Esso colpisce più categorie di spettatori e quindi deve essere specializzato, fruibile, mirato sul baricentro culturale e di sensibilità dell'*audience* a cui è rivolto. Data la sostanziale monodirezionalità della televisione e la sua capacità di agire a livello subliminale, il messaggio, accattivante e concepito secondo tecniche artistiche, estetiche e psicologiche, è tendenzialmente autoritario e spersonalizzante in quanto tende, secondo intendimenti preordinati, a uniformare le percezioni e, di conseguenza, i convincimenti, i comportamenti e le scelte di consumo commerciale, culturale e politico.

Inoltre, il funzionamento della televisione, è condizionato alla radice dalla circostanza **di non essere economicamente sostenibile**; infatti, i ricavi sono largamente inferiori ai costi che, solo attraverso la vendita di pubblicità, vengono ripianati e anche superati consentendo il profitto.

E' pertanto attraverso la pubblicità che si svolge la guerra commerciale tra imprese: queste, tramite i *media*, "comprano" il consenso dei consumatori necessario alla vendita dei loro prodotti e servizi e sono disposte a pagarlo profumatamente perché da esso dipende la loro sopravvivenza e la loro possibilità di sviluppo[121] (cfr. Fig. 66).

---

[120] Questo sotto-paragrafo é tratto da: Augusto Leggio, Megatrend, Rischi e Sicurezza, Franco Angeli 2004

[121] Cfr. Edward Herman e Noam Chomsky, *Manufacturing Consent*, Pantheon Books, 1988

Di seguito é illustrato il processo economico-industriale sotteso al funzionamento della televisione; lo stesso tipo di logica economica riguarda anche la radio, i giornali, i periodici, ecc.; esso funziona nel modo seguente:

1) **le imprese sostengono finanziariamente i mezzi di comunicazione di massa costituiti fondamentalmente da televisione, radio e giornali;**
2) **le imprese attivano, dietro compenso, aziende o professionisti che creano i contenuti pubblicitari dei loro prodotti e servizi;**
3) **i media vendono spazi e audience alle imprese distribuendo ai consumatori i contenuti pubblicitari riguardanti i prodotti e i servizi; i contenuti hanno una notevole capacità di influenza sulle decisioni di acquisto, in dipendenza di più fattori (orari, specializzazione del canale di comunicazione per target di mercato, contesto in cui il messaggio è inserito, ecc);**
4) **le imprese, con gli introiti ricavati dalla vendita di prodotti e servizi, retribuiscono i mezzi di comunicazione di massa per le prestazioni rese, sostenendole finanziariamente.**

La televisione quindi tende a distruggere la legge dell'economia classica della conquista del mercato da parte dei prodotti caratterizzati dal miglior rapporto qualità/prezzo: il mercato infatti, nel migliore dei casi, é conquistato dal prodotto più pubblicizzato che abbia una qualità sufficiente e un prezzo accettabile dalla clientela. Mentre l'economia classica suppone erroneamente un comportamento razionale dei consumatori, la televisione di fatto distorce tale comportamento secondo tecniche emotive e subliminali.

Nel caso della competizione politica, i mezzi di comunicazione di massa non concorrono alla vendita di prodotti e servizi commerciali, ma a quella di vere e proprie opinioni politiche. In tal caso, pur seguendo il medesimo schema, il meccanismo è più articolato ed è strutturato nel modo che segue.

1) le imprese sostengono finanziariamente i media costituiti fondamentalmente da televisione, radio e giornali;
2) le agenzie giornalistiche osservano direttamente gli eventi;
3) le agenzie distribuiscono le informazioni che scaturiscono dall'osservazione degli eventi;
4) le informazioni sono acquistate dai media;
5) i media filtrano le informazioni e distribuiscono al pubblico le sole informazioni filtrate;
6) il pubblico ne rimane influenzato e forma il proprio convincimento politico in base a informazioni filtrate;
7) le elezioni trasformano il convincimento del pubblico elettore in scelte politiche che creano una composizione dei parlamenti e dei governi strutturalmente influenzata dalle imprese;
8) detti organi sostengono i media e le imprese tramite atti legislativi che li favoriscono non solo sotto il profilo del rapporto ricavi/costi ma, fondamentalmente, garantendo loro posizioni dominanti che riducono al minimo la concorrenza.

Per quanto si è detto finora, si può comprendere che, di norma, la televisione, la radio e i giornali sono imprese al servizio di altre imprese che, di norma, sono dominanti e in grado di influenzare il potere politico. In tal caso sussiste il rischio concreto della distorsione dell'informazione e delle decisioni conseguenti a favore delle compagini politiche connesse con le imprese dominanti. Tutto questo sempre al fine di acquisire il consenso dei consumatori i quali, essendo consumatori di prodotti e servizi politici, nel momento in cui assumono la veste di elettori, possono avere una autonomia e una consapevolezza offuscate o deviate (cfr. Fig. 67).

Questo fenomeno, se non adeguatamente controllato, costituisce una seria minaccia per i paesi ad ordinamento democratico, in quanto **giunge a minare il fondamento stesso della democrazia costituito dalla volontà popolare espressa in maniera consapevole**.

Il meccanismo descritto è strutturale e può non essere distorcente solo se ad una effettiva concorrenza tra imprese si affianca un pluralismo nella osservazione diretta degli eventi, nel filtraggio e nella distribuzione delle informazioni: solo così agli elettori può arrivare una informazione non totalitaria, che può supportarli nell'assunzione di decisioni consapevoli.
Le distorsioni della comunicazione (compresa altresì l'arte cinematografica) si riflettono anche sugli intendimenti e i comportamenti di natura etica.

Ad esempio, è in genere reclamizzato il modello americano per cui il protagonista maschile che è dalla parte "giusta" rappresentata dalla legge, dalla cultura e dallo Stato di appartenenza, ha il diritto poiché è "buono" di utilizzare ogni tipo di violenza contro il "nemico" che è naturalmente "cattivo" perché diverso. A tal fine, il "buono" è presentato come un giovane vigoroso, possente, bellissimo, intelligentissimo e simpatico. Invece, il "cattivo" ha l'aria torva, sovente è sgraziato, ripugnante e talora affetto da problemi psico-fisici.

La protagonista femminile rappresenta in modo analogo le virtù o i vizi della propria natura a seconda se si trovi dalla parte giusta o da dalla parte avversa.

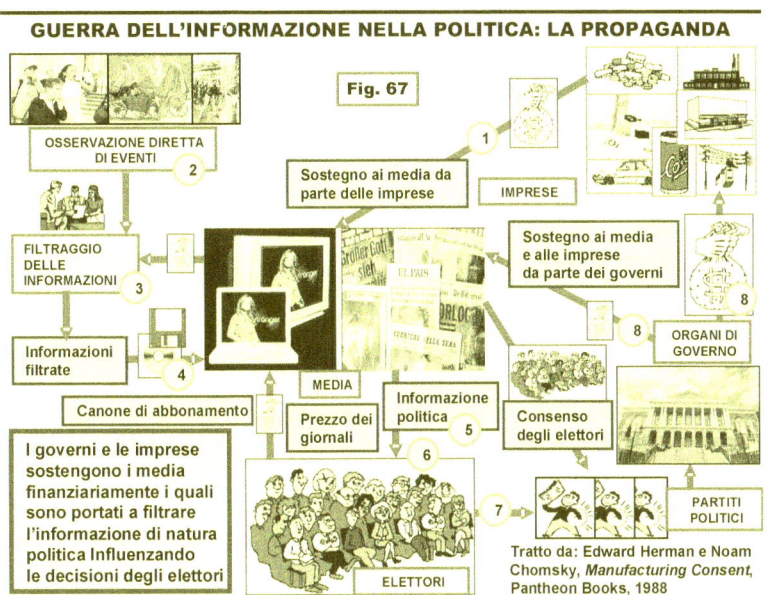

Il modello latino è invece più sfumato e problematico e spesso dubbioso sulla validità di una separazione così netta tra i due modelli di bontà e di malvagità.
I modelli suggeriti dall'arte cinematografica medio orientale e orientale sono ancora più complessi per quanto attiene il modo di concepire il male e il bene, la realtà e l'aldilà.
Appare pertanto evidente l'influsso delle religioni e delle filosofie sui modelli della comunicazione e la necessità che esse, pur nelle diversità, si attivino per diffondere messaggi di amore e di compassione verso gli altri e di scelte concrete di vita tese al bene comune universale e non al benessere particolare proprio o del gruppo di appartenenza.

3.7.5 Rischi indotti dalla crisi economico-finanziaria

Attualmente, il rischio maggiormente sentito dalle popolazioni e da qualsiasi organizzazione economica pubblica o privata è quello della cosiddetta crisi finanziaria.

Essa è connotata negativamente dalle seguenti caratteristiche:

o **durata eccessiva e incertezza sul futuro da parte delle nuove generazioni;**
o **interessi contrastanti tra Stati e Portatori di interessi (*Stakeholders*);**
o **USA e UK tesi a voler comunque mantenere la leadership finanziaria mondiale la quale** – oltre a subire la consueta e debolmente contrastata minaccia da parte dei paradisi fiscali/finanziari/penali – soffre a causa della concorrenza massiccia dei Paesi emersi orientali e dell'America latina; la concorrenza dell'Oriente, anche se tratta volumi finanziari molto minori, ha tuttavia tassi di accrescimento enormemente più grandi rispetto a quelli dell'Occidente;
o **contrasti tra le terapie tese a combattere la crisi:** norme severe in contrapposizione alle sovvenzioni alla crescita economica;
o **contrasti tra soggetti:** l'inasprimento della regolazione é ostacolata da interessi di banche, paradisi fiscali/finanziari/penali, *top investor, top manager*;
o **incremento della povertà dei ceti medio-bassi nei PA,** con attenuazione delle esigenze sociali, della cultura, della R&S e con rischi per la democrazia;
o **ripiegamento della globalizzazione in certe aree,** con diminuzione della crescita;
o **caduta al di sotto del livello di sussistenza nei PVS** con trasmigrazioni epocali di indigenti;
o **razzismo e xenofobia nei PA,** scontri di civiltà; declino dell'economia reale e della connessa R&S nei PA;
o **consolidamento di una società globale basata sul denaro e sul potere accentrato di una classe dominante transnazionale;**
o **difficoltà di smantellamento del nuovo assetto di potere economico-finanziario;**
o **trionfo del capitalismo finanziario;**
o **assunzione di rischi sistemici per la pressione divoratrice della finanza nei confronti dell'economia reale;**

o progressiva attenuazione dello Stato di diritto democratico che viene soppiantato dal mercato e da assetti politici di totalitarismo inverso[122].

In particolare, in Europa[123], a fronte dei benefici a suo tempo promessi dalla moneta unica ed esposti qui di seguito:

- riduzione di 30 mld $/anno per l'eliminazione degli scambi in valuta,
- certezza dei rapporti di cambio con migliore efficienza del commercio e dei movimenti di capitale,
- stabilità monetaria, difesa contro l'inflazione,
- maggiore partnership economica con gli USA,
- federalismo fiscale,
- eliminazione dei rischi di svalutazioni a fini di concorrenza commerciale,
- aumento della concorrenza e diminuzione dei prezzi,
- integrazione e progresso economico,

---

[122] Il totalitarismo inverso consiste nella progressiva cessione del potere dello Stato alle imprese private ed è basato sul conflitto d'interessi diffuso in tutti i settori della società, nonché sull'asservimento della politica alle imprese dominanti. Associato alla trasformazione delle imprese in strutture che gestiscono un mero sistema di contratti teso unicamente alla lievitazione dei valori dei titoli quotati in Borsa, il totalitarismo inverso crea una forma di governo oligarchico transnazionale privato, basato sul denaro, che trasferisce il potere politico dei Parlamenti e dei popoli alle Borse (e, quindi, ai *top investor*), esaspera le disuguaglianze e crea i germi di futuri conflitti sociali di eccezionale ampiezza.

[123] Queste considerazioni fanno riferimento alla teoria economica delle Aree valutarie ottimali. La teoria, prevista dall'economista post-keynesiano Nicholas Kaldor (1908-1986) fu sviluppata da Robert Mundell (*A Theory of Optimum Currency Areas*, American Economic Review 51 (4), 1961), e gli valse il premio Nobel nel 1999; la teoria fu poi perfezionata da Ronald I. McKinnon (*Optimum Currency Areas*, 1963) e da Paul De Grawe, *Managing a fragile Eurozone*, VoxEU, May 2011). La mancata o debole applicazione della teoria (che é stata causa fondamentale della crisi attuale) é stata di recente rammentata da Paul Krugman (*A Revenge of the Optimum Currency Area*, New York Times, June 2012).

- ristrutturazione e integrazione delle imprese al fine di realizzare le economie di scala necessarie per competere con le grandi aziende statunitensi e giapponesi, accelerazione del processo di integrazione politica europea,

fu evidenziato quanto segue:

- i benefici della moneta unica erano stati amplificati e i costi sottostimati,
- si sarebbero verificati impatti negativi per la molteplicità delle valute e per i rischi di cambio,
- gli sforzi di taluni Paesi europei per raggiungere la convergenza avrebbero bloccato lo sviluppo, generato disoccupazione e stimolato squilibri politici con effetti negativi tanto maggiori quanto più i Paesi erano deboli,
- la moneta unica non era essenziale per la creazione del mercato unico e neanche per l'unione politica.

In definitiva, si denunciò che i Paesi europei avrebbero corso il rischio di non costituire una "**Area Valutaria Ottimale**", zona multi-Stato ove i tassi di cambio nominali non impongono costi reali alle loro economie, poiché in essi i prezzi e i salari sono flessibili e il lavoro e il capitale possono muoversi liberamente tra i paesi, a seguito di variazioni delle condizioni economiche.

Infatti, nel caso di una Area Valutaria Ottimale, i tassi di cambio reali si adeguano naturalmente alle nuove condizioni che l'evoluzione comporta. Poiché, invece, i Paesi europei sono caratterizzati da situazioni rigide del capitale e del lavoro, con l'adozione della moneta unica, essi sarebbero stati più vulnerabili a problematiche economiche locali indotte dall'esterno anche a causa della minore libertà di incentivazione all'industria dovuta alla mancanza di poter giocare sui cambi. Pertanto, un eventuale problema economico in un singolo Paese (ad esempio, una drastica variazione della domanda o dell'offerta che può indurre condizioni recessive), a causa dell'adozione della moneta unica, avrebbe potuto estendersi a tutta l'Unione con effetti devastanti di tipo economico e politico. Poiché la politica monetaria nell'Unione sarebbe stata centralizzata, ai Paesi colpiti da uno *shock* economico sarebbero rimaste solo l'arma fiscale e la creazione della domanda tramite lo sviluppo di opere pubbliche. Ciò avrebbe creato difficoltà ai Paesi più deboli (Italia, Spagna, Grecia) a causa della possibile mancata accettazione di queste misure da parte delle relative popolazioni.

Il recente sviluppo in Occidente del pensiero economico liberale frutto di economisti illustri (i quali assicuravano che il libero mercato fosse l'unica soluzione per produrre il massimo benessere possibile per tutti) trovò negli Stati Uniti (con i governi di Reagan e dei Bush senior e junior) e nella Gran Bretagna (con il governo Thatcher) i fondamentali mentori politici che, da un lato hanno intravisto nella concorrenza a oltranza l'unico motore della ricchezza e della massima equità possibile e, dall'altro, nella protezione energetica l'asse fondamentale della politica interna ed estera. Peraltro, il risultato di questo orientamento è stato ambivalente.

Dapprima si è tradotto positivamente in un potenziamento della globalizzazione economica (già iniziata peraltro immediatamente dopo la conclusione della seconda guerra mondiale) con conseguente crescita del commercio, del sistema monetario e del sistema finanziario internazionale, dello sviluppo delle multinazionali e degli investimenti diretti all'estero; tutto ciò, a causa dell'attenuazione dei dazi, delle barriere commerciali e dei controlli (*deregulation*), della evoluzione dei trasporti e dell'ICT, nonché della diminuzione dei costi e dei prezzi.

All'inizio e in genere (ma non sempre), il complesso di questi fenomeni ha portato libertà, democrazia e ricchezza; la sua evoluzione ordinata e costante avrebbe dovuto essere assicurata dai Governi e dalle Autorità di controllo e di vigilanza nazionali e internazionali.

Invece, si sono verificate molte distorsioni riguardanti l'elusione delle regole di convivenza nazionale e internazionale, la permeabilità delle giurisdizioni nazionali, l'instabilità economica e sociale, la vulnerabilità a *shock* anche di scarso rilievo, l'insicurezza generalizzata, l'incremento delle disuguaglianze, la proliferazione dei paradisi fiscali/finanziari/penali, lo sfruttamento sistematico dei Paesi più deboli da parte dei Paesi più forti con nuove forme di colonialismo e schiavismo, l'esplodere del riciclaggio del denaro sporco, l'incremento della corruzione, del terrorismo, del protezionismo, della diffusione della criminalità organizzata, nonché dei conflitti bellici, economici e sociali.

Il verificarsi di tali fenomeni costituisce una dimostrazione plastica ed evidente della leggerezza, dell'impreparazione e dell'incapacità che i governi e le autorità di vigilanza hanno dimostrato nel gestire e nel controllare una innovazione frenetica e mutevole, nel consentire l'evoluzione serena della globalizzazione e nel prevenirne e gestirne le distorsioni.

Prova ne è stata l'emergere di una crisi economico-finanziaria imponente che non appare risentire dei provvedimenti presi dai governi e dalle organizzazioni internazionali e che si riverbera in una crisi generalizzata di natura imprenditoriale e sociale unita ad una sfiducia profonda delle popolazioni nei confronti della politica, delle istituzioni, della giustizia e del prossimo.

Ma c'è di più. Poiché il *millennium bug* ha costituito una minaccia identica per ciascun settore, esso ha rappresentato una occasione storica unica e irripetibile per confrontarne con un metro uniforme il livello di efficacia (raggiungimento di obiettivi) e il livello di efficienza (costi sopportati per raggiungere gli obiettivi) nell'esercizio delle proprie attività istituzionali.

Una analisi effettuata a livello mondiale dalla società di consulenza Gartner Group sul livello di adeguamento dei singoli settori nei confronti della minaccia rappresentata dal *millennium bug* ha misurato l'efficacia e l'efficienza di ciascun settore nel trattare un inconveniente ICT identico per tutti. Poiché il binomio efficacia-efficienza del settore ICT è un indice significativo della qualità organizzativa dell'istituzione o dell'impresa, la sua misura si traduce nella valutazione della qualità dell'organizzazione stessa, pubblica o privata che sia.

Dall'analisi effettuata con detto metro unitario è risultato che la finanza e le banche hanno rispettivamente costi elevatissimi ed elevati che ovviamente devono riversare sui consumatori per far quadrare i propri bilanci e per fruire di profitti ingenti (cfr. Fig. 68).
Quindi, questi settori sono sostanzialmente sottratti alla logica di mercato che vale per converso per tutti gli altri e costituiscono pertanto una sorta di cartelli istituzionalizzati a livello mondiale.

Per quanto attiene la regolazione dell'energia, essa si presenta particolarmente complessa e aggravata in Europa da un progetto strategico monco, dove la creazione della moneta unica, nella speranza che fungesse da polo di attrazione per una Europa unita, è stata preferita dai governi dell'epoca alla costituzione dell'unione politica degli Stati europei più virtuosi; questa avrebbe potuto rappresenare l'obiettivo fondamentale e il punto di aggregazione successiva per gli altri Stati man mano che questi avessero proceduto sulla strada del risanamento interno.

Ma proprio per la posizione dominante e le interdipendenze con gli altri settori prima esposte, lo studio e l'approfondimento dell'energia è più che mai fondamentale. Infatti, la conoscenza storico-scientifica dei fenomeni trascorsi è di ausilio e stimolo a non ripetere errori passati e, inoltre, la scienza fornisce risultanze sperimentali derivanti dall'esperienza e propone soluzioni razionali, innovative ed essenziali per sopravvivere ed evolvere in un mondo complesso e instabile.

Peraltro, come esposto e documentato in Fig. 69, l'inefficienza derivante da ignoranza, intesa come non conoscenza dei molteplici aspetti della realtà, può in taluni casi produrre guasti consistenti nello spreco di denaro pubblico perfino peggiori della corruzione.

Un caso esemplare a proposito è fornito dalla difficoltà che istituzioni multilaterali, governi e autorità di vigilanza hanno mostrato nella trattazione della crisi economico-finanziaria, nonostante esistessero numerosi esempi di buone pratiche adottate in passato in occasione di crisi precedenti.

Nel seguito è esposto un approfondimento in materia[124]. La cosiddetta crisi esplosa nel 2007 (ma latente da molti anni) ha suscitato una febbrile attività normativa, basata sulla applicazione di regole stringenti tese ad evitare in futuro accadimenti similari.

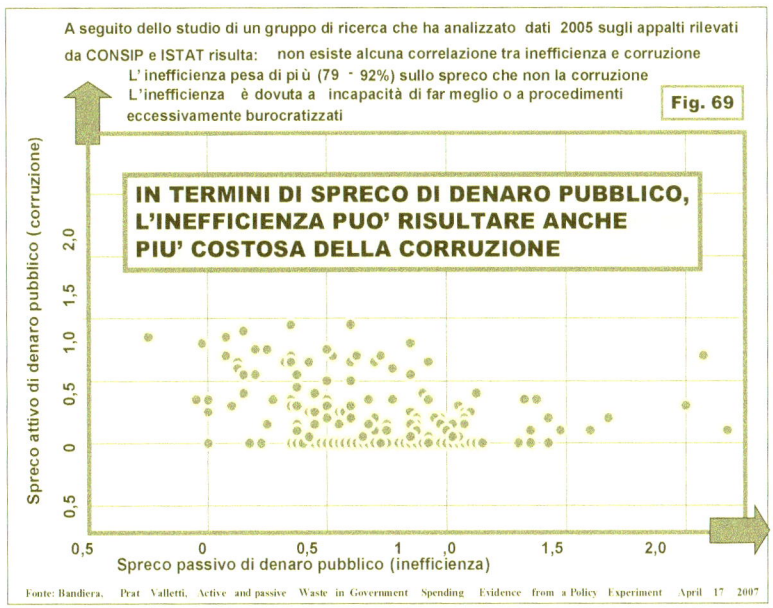

È utile cercare di analizzarne l'efficacia con particolare riguardo al contesto internazionale, all'Unione Europea e a taluni Stati occidentali.

A livello internazionale, l'orientamento prevalente è consistito nella previsione dell'assoggettamento alla vigilanza delle cosiddette banche ombra le quali sono sostanzialmente intermediari finanziari caratterizzati da maggiore opacità operativa ascrivibile a norme più leggere. In particolare, la

---

[124] Cfr.: Ruozi, *L'attività bancaria alla luce delle nuove regole nazionali e internazionali*, Notiziario della Banca popolare di Sondrio, 2013

Banca dei Regolamenti internazionali ha predisposto la struttura normativa ("Basilea 3") che cerca di rendere le banche più stabili e meno rischiose, di depurare il tasso interbancario di riferimento per i mercati finanziari LIBOR da distorsioni di rilievo penale e di diminuire gli spropositati compensi dei *top manager* bancari, compensi che non hanno alcuna relazione con i risultati e risultano iniqui rispetto alle graduatorie di compensi aziendali in uso nel passato (il rapporto tra il compenso del massimo livello aziendale rispetto al minimo è aumentato centinaia di volte).

In generale, questi orientamenti sono stati contrastati, giudicati controproducenti e le azioni di risanamento sono state sistematicamente rimandate in un futuro indefinito, anche a causa dell'intensa attività di *lobbying* svolta dai soggetti che ne traggono vantaggi.

A livello della UE si vorrebbe potenziare la capacità di vigilanza della BCE concentrando in essa, in riferimento alle più grandi banche europee, maggiori poteri tradizionalmente gestiti dalle banche centrali nazionali.

Il progetto è naturalmente osteggiato non solo dai governi, ma anche dalle singole banche centrali in quanto comporta un trasferimento di sovranità politica e tecnica verso l'alto.

Mentre si discute, alcuni governi europei (Spagna, Olanda, Gran Bretagna e Francia) hanno operato e stanno operando per proprio conto sempre nell'ambito del paradigma organizzativo di separare le attività di deposito e di credito a privati da quelle strettamente finanziarie. Negli USA, il citato paradigma ha subìto vicende alterne: nel 1939, il Glass-Steagall Act separò nettamente le due attività; nel 1999 fu invece reintrodotta la possibilità della gestione mista ("banca universale"); la crisi del 2007 ha portato al Dodd-Frank Act che ha ripristinato la separazione; ma, anche negli USA, questa norma è stata osteggiata e annacquata sia perché considerata oggettivamente troppo complessa (e quindi impraticabile) e sia a causa

dell'attività di *lobbying* dei massimi vertici delle banche che ne hanno stimolato e ottenuto l'attenuazione.
Tuttavia, tutto questo fervore normativo e le contrapposizioni di coloro che lo osteggiano perché ne sarebbero danneggiati si basano su assunti errati o su scarsa conoscenza dei fenomeni che governano i sistemi complessi secondo cui è oggi strutturato il mondo post-moderno.
Innanzi tutto, è sbagliato ritenere che inasprendo le norme e/o rendendole più minuziose i fenomeni al limite o al di fuori della correttezza e i connessi rischi scompaiano: in primo luogo le distorsioni vengono ammodernate per fronteggiare le nuove situazioni; inoltre, la complessità normativa favorisce le distorsioni.
Inoltre, anche il potenziamento della vigilanza è errato: è storicamente provato che gli organi di vigilanza e di giustizia arrivano sempre in ritardo e le pene sono miti rispetto al lucro indebito ottenuto o ai danni arrecati.
Il problema non è nelle regole, ma nei comportamenti dei soggetti i quali dovrebbero essere incentivati a comportarsi secondo l'etica del bene comune e non di quella del profitto proprio ad ogni costo.
Ancora, la separazione di cui sopra è una mera illusione: la globalizzazione ha prodotto interrelazioni ferree tra settori e all'interno di ciascun settore; i fenomeni si propagano lungo le reti tecnologiche ICT in maniera pressoché istantanea; in particolare, la finanza è informatizzata da decine di anni e i cosiddetti prodotti finanziari derivati possono contenere fino a 2000 ulteriori prodotti con valori e scadenze diverse per cui gli scambi nelle Borse e, in particolare quelli Otc (*Over the counter*) fuori Borsa risultano di fatto inconsapevoli a meno che non si disponga di sistemi informatici eccezionali sotto il profilo della capacità di elaborazione e di memorizzazione di dati storici.
In conclusione, le istituzioni internazionali, i governi e le autorità di vigilanza dovrebbero abbandonare la ricerca delle

innovazioni normative per concentrarsi sul controllo stretto dei comportamenti degli addetti e su logiche etico-scientifiche multidisciplinari che tengano in maggior conto sia la necessità assoluta di comportamenti corretti e sia la complessità dei sistemi su cui operano talora in maniera maldestra o inconsapevole.

3.7.6 Rischi indotti da criminalità organizzata e corruzione

Strettamente connesse con i rischi bancari finanziari sono talune attività di rilievo penale quali l'evasione fiscale, il riciclaggio del denaro sporco, le frodi finanziarie, ecc.
Nel seguito si espongono talune considerazioni in materia.
La criminalità organizzata e la corruzione (intese in senso lato come un approccio teso all'arricchimento personale o del gruppo di appartenenza al di là e al di sopra degli scopi istituzionali pubblici e privati) costituiscono una minaccia di enorme impatto sull'economia e sul sociale ed hanno effetti disgreganti sulla società nella sua interezza[125].
Esse si frammischiano all'economia legale sotto più profili e producono più impatti disgreganti (cfr. Fig. 70).
Il primo impatto si ha sul settore produttivo. In tal caso, le attività legali/criminali si esplicano fondamentalmente sulle piccole e medie imprese (commercio, costruzioni, servizi a imprese e famiglie), con minore intensità sulle attività manifatturiere.
Lo spostamento di risorse da attività legali ad attività legali/criminali abbassa la produttività del lavoro e incrementa i prezzi dei beni di consumo.
Ancora, la violenza esercitata dalla criminalità organizzata annulla la concorrenza e, a scopi di copertura, fa sopravvivere

---

[125] Questa parte è tratta da: Guido Mario Rey, *Economia e criminalità*, Camera dei Deputati — Forum Commissione parlamentare antimafia – 14-15/5/1993.

aziende decotte. Infine, la visione di breve periodo contrasta la crescita di un Paese e ne arresta lo sviluppo.
Il secondo impatto si ha sul mercato del lavoro.
In tal caso, le imprese legali vengono minacciate e di fatto espulse dal mercato; le imprese criminali stabiliscono i prezzi lucrando profitti indebiti.

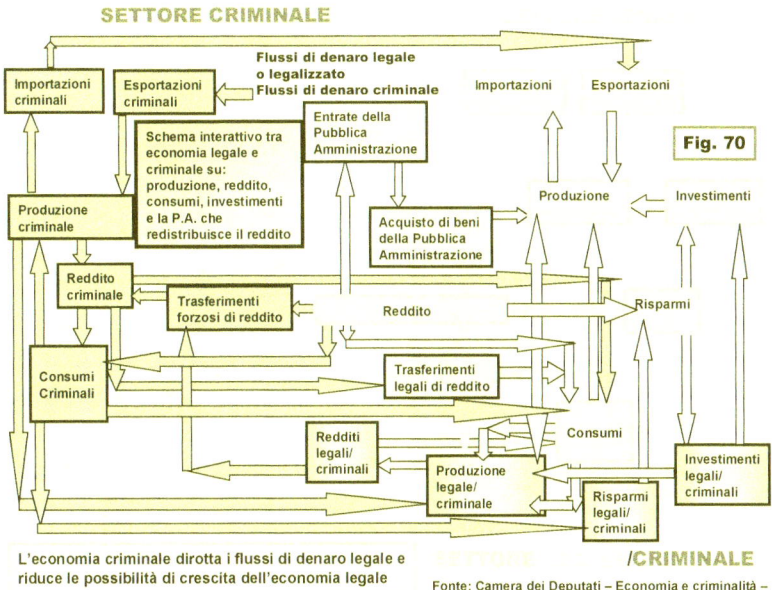

Fig. 70

L'economia criminale dirotta i flussi di denaro legale e riduce le possibilità di crescita dell'economia legale

Fonte: Camera dei Deputati – Economia e criminalità – Forum Commissione parlamentare antimafia – Guido Mario Rey 14-15/5/1993

L'esercizio della violenza sui lavoratori ne riduce i diritti, ne annulla la professionalità e ne impedisce lo sviluppo; il mancato versamento dei contributi sociali ne annulla la speranza nel futuro.
Inoltre, il settore pubblico viene defraudato dei contributi sociali dovuti.

Infine, l'ultimo impatto si ha sul mercato dei capitali. È su questo mercato che si deve concentrare l'azione più intensa, sistematica e costante per la prevenzione e la repressione dei comportamenti disonesti; in particolar modo, è necessario controllare accuratamente il ruolo degli intermediari bancari/finanziari, e rendere le Autorità di vigilanza assolutamente indipendenti.

Le azioni di prevenzione e contrasto vanno esercitate sui flussi finanziari derivanti dalle attività illecite e su quelle specificamente criminali; le due fattispecie sono strettamente interconnesse (cfr. Fig. 71).

Peraltro, le distorsioni indotte da un pensiero economico errato, dalla mancata vigilanza sulla globalizzazione, dall'incapacità o mancata volontà dei governi, delle autorità di vigilanza e di talune istituzioni multilaterali nel gestirla, dalla prorompente diffusione dei paradisi fiscali/finanziari/penali e dal potenziamento della corruzione e della criminalità organizzata, sono fenomeni tutti interconnessi e interdipendenti.

Il sistema che ne è derivato ha fatto migrare verso l'alto la ricchezza nascondendola nei paradisi fiscali/finanziari/penali alimentando i comportamenti corruttivi e criminali e creando un mondo sempre più iniquo.

Tale ricchezza (denunciata da tempo dalle maggiori istituzioni multilaterali quali ONU, OCSE, Banca mondiale, ecc e da una moltitudine di organizzazioni private quali *Transparency International* e altre) **é detenuta da circa 10 milioni di persone denominate *High Net Worth Individuals* (HNWI) che dispongono complessivamente di un potere finanziario reale liquido pari al prodotto interno lordo mondiale (54 trilioni $ nel 2007).**

Circa la metà di tale somma è accuratamente nascosta, con la complicità di banche, istituzioni finanziarie, cambiavalute, ecc, presso i paradisi fiscali/finanziari/penali, sfugge alla tassazione e alimenta stabilmente sia la criminalità organizzata (il cui potere finanziario è paragonabile a quello degli Stati più floridi) e sia la corruzione[126].

Infine, se si considerano i 139 Paesi a reddito medio-basso, le analisi tradizionali mostrano una situazione debitoria estera pari a 4,1 trilioni $ nel 2010.

Se però si calcolano le riserve all'estero e si stimano i depositi presso i paradisi fiscali/finanziari/penali di questi Paesi, risulta un attivo pari a 10,1-13,1 trilioni $.

Questo calcolo, anche se approssimato e perfettibile, fa comprendere che **questi Paesi non sono paesi debitori, ma sostanzialmente paesi creditori; il problema consiste nel fatto che il credito è detenuto dagli HNWI, mentre il debito è a carico delle popolazioni.**

---

[126] Cfr.: Tax Justice Network, *The price of Offshore* Revisited: Press Release 19th July 2012.

Questa situazione di palese iniquità rappresenta un eccezionale serbatoio esplosivo di conflitti che si stanno manifestando ovunque e che alcuni governi dei Paesi interessati tentano di comprimere con la forza generando focolai rivoluzionari che rischiano di estendersi a macchia d'olio.

3.7.7 Rischio di creazione di molteplici conflitti locali

Anche non considerando il rischio di una guerra nucleare, sembra prendere sempre più corpo il rischio della proliferazione di conflitti bellici locali motivati da più cause politico-economiche e militari[127].

In particolare, le conflittualità per l'accaparramento e lo sfruttamento delle riserve energetiche a causa del loro progressivo esaurimento si sono espanse su tutto l'orbe terracqueo: inoltre, le conflittualità si hanno oggi anche tra paesi consumatori e non più come in passato tra paesi produttori e paesi consumatori.

Ancora, i paesi consumatori hanno conflittualità intense tra loro a causa delle diverse strategie adottate per combattere la crisi economico-finanziaria; al loro interno, cresce la conflittualità delle piccole e medie imprese e delle popolazioni nei confronti dei governi accusati di non averla né prevista né saputa evitare.

È significativo considerare il fatto che taluni paesi occidentali (fra cui il nostro) abbiano voluto gestire le problematiche create dalla crisi economica–finanziaria facendone ricadere l'onere del pagamento dei debiti accumulati dal sistema bancario e finanziario mondiale

---

[127] Le considerazioni che seguono sono tratte da: www.sbilanciamoci.org, *Economia a mano armata: Libro bianco sulle spese militari 2012*, Web, Wikipedia.

sulle categorie deboli costituite dalle popolazioni (lavoratori, pensionati, giovani, piccole imprese, ecc) senza farlo ricadere né su coloro che la hanno provocata (banche e imprese multinazionali di grandissime dimensioni che operano a livello globale) né sulle autorità pubbliche che non hanno saputo né prevederla né evitarne i danni[128].

<u>**I provvedimenti presi non tendono a sradicare le cause che hanno prodotto la crisi affinché non si ripeta in futuro, ma semplicemente a gestirne gli effetti.**</u>

In questo quadro, il fattore bellico rappresenta uno strumento fondamentale di conquista di territori e di acque internazionali ove sia possibile estrarre riserve energetiche e minerali rari atti a garantire lo sviluppo delle tecnologie e il benessere delle popolazioni degli Stati dominanti.

Oggi, la spesa annuale mondiale in armamenti è stimata pari a 1.600 mld $. In particolare, **lo spreco di risorse finanziarie negli armamenti in Europa è imponente a causa di una mancata integrazione militare tra i paesi membri.** Infatti, l'attuale difesa della UE è affidata a ciascuno Stato che ne fa parte.
Alcuni Stati della UE aderiscono alla Nato, altri all'Unione Europea Occidentale (UEO) che ha cessato di esistere nel 2011, altri ancora sono neutrali. L'art. 42 del trattato di Lisbona impone agli Stati membri di intervenire militarmente ove uno Stato UE venisse attaccato dall'esterno.

---

[128] Finora, le prime voci istituzionali che hanno aspramente condannato le responsabilità della crisi finanziaria sono: il Pontefice Benedetto XVI (che ha dato le dimissioni con la sua Enciclica *Caritas in Veritate* del Luglio 2009 e la Commissione d'inchiesta del Governo USA del gennaio 2011. E' da notare che gli organi di stampa e di comunicazione italiani non dettero rilievo a tali eventi.

Così come la mancata integrazione dei sistemi bancario e finanziario, fiscale e del lavoro é alla radice del fallimento dell'Unione Europea come entità politico-economica, anche la mancata integrazione militare vi contribuisce, in quanto é fonte di sprechi giganteschi.

Se si fa un confronto tra Stati Uniti ed Europa, si rileva quanto segue.

- La UE spende 311,9 mld $/anno mentre gli USA, secondo una stima del Government Accountabiliy Office (GAO) statunitense, sembra che nel 2011 ne abbiano spesi 683[129].
- La Ue dispone di 27 eserciti nazionali composti da 7 mln di soldati (a fronte di 1,5 mln negli USA) e da 3.500 aerei da combattimento (2.000 negli USA). In Europa esistono diverse versioni di carri armati (Leclerc, Leopard 2, Panhard ERC, AMX-30, Challenger 2, Ariete, Autoblindo Centauro, PT-91, T-72CZ) e diverse versioni di veicoli da combattimento per la fanteria (FV530, AMX-10P, Puma (IFV), Puma (AFV), Dardo, CV9030 Jaguar-2) mentre gli USA utilizzano una sola versione di carro armato e di veicolo da combattimento realizzando evidenti e macroscopiche economie di scala.
- I militari di tutti gli Stati membri europei assommano a 15.977.888 unità. Varie sono inoltre le Organizzazioni e Forze militari europee (EUFOR Althea, EUFOR, Eurocorps, Eurofor, Eurogenderfor, Helsinky

---

[129] La spesa militare degli USA è ardua da calcolare. Infatti, molte spese militari compaiono in altri capitoli di spese generali dello Stato e il budget militare per il 2012 è stato stimato pari a 1.030-1.415 mld $ su una spesa federale totale pari a 3.456 mld $. Peraltro, il GAO non ha assunto responsabilità di certificazione su una serie di spese del Department of Defence, in quanto ha considerato taluni dati finanziari "incontrollabili". Ciò a causa di un immenso apparato militare composto da persone in servizio attivo, industrie, basi militari, servizi militari espletati anche da privati che non ha alcun riscontro con il passato. In ogni caso, le spese militari USA sono previste ancora in crescita (sono state pari al 9% annuo dal 2000 al 2009) e la spesa complessiva depurata dall'inflazione è passata da 500 mld $ del 1962 ai 1300 previsti nel 2014 (Wikipedia).

Headline Goal, European Union Battle Groups, Stato Maggiore dell'Unione Europea, Europarfor) che operano in nome della UE.

Ove si effettuasse una integrazione dei soli apparati militari europei, si potrebbe ricavare un risparmio di 100–150 mld $ utili per attenuare la crisi economica finanziaria dei Paesi europei deboli e per sviluppare la Ricerca e Sviluppo nei settori avanzati.

L'integrazione è stata richiesta informalmente nel 2007 dalla Merkel e da Sarkosy, ma il Trattato di Lisbona ha rimandato alla decisione unanime del Consiglio europeo la creazione della difesa comune in base all'art. 27 del Trattato di Maastricht.

Inoltre, la recente iniziativa militare francese nel Mali con l'appoggio logistico USA è stata provvidenziale sotto il profilo della stabilizzazione di tutta la regione circostante, ma è da imputare alla lentezza e all'indecisione dell'Unione Europea nella politica estera internazionale ascrivibili all'assenza dell'unione politica.

Peraltro, il perdurare della crisi non ha scalfito gli investimenti militari da parte di alcuno dei paesi occidentali e, in particolare, europei e italiani. Poiché razionalmente non appaiono esistere rischi di grandi conflitti tra Stati – anche se si eccettuano eventuali azioni belliche locali da parte dell'Arabia Saudita formidabilmente armata e un improbabile conflitto nucleare tra India e Pakistan, mentre irrealistiche appaiono sia la medesima possibilità tra Iran e Israele[130] e sia la velleità nucleare della Corea del Nord condannata perfino dalla Cina – **gli investimenti militari dovrebbero essere ridotti e riconvertiti in una logica di protezione civile.**

Altrimenti, si dovrebbe concludere che negli ultimi 20 anni, i vari conflitti etnici sono stati in buona parte favoriti dagli

---

[130] Cfr.: Link Campus, *Il Triangolo della tensione: Iran-Israele-Stati Uniti: Percezioni strategiche e scenari futuri*, 24 Gennaio 2013

interessi consolidati di una buona parte della politica dei poteri finanziari dominanti, dalla volontà di mantenere in piedi l'industria e il mercato militare internazionale e, infine, di conferire legittimità al potere delle armi dei singoli Stati e, in particolare, della Nato, il cui scopo era venuto a mancare con la dissoluzione dell'Unione delle Repubbliche Socialiste Sovietiche. In questo quadro, con la completa rielaborazione del quadro geopolitico rispetto a quello tradizionale della guerra fredda, poiché il ruolo e i comportamenti della Nato divengono sempre meno comprensibili e accettabili da parte della comunità civile europea e mondiale, sarebbe necessario rielaborarne la missione in una logica di assistenza, protezione civile e sviluppo alle popolazioni dei paesi in via di sviluppo per tramutarne la sventura di possedere risorse energetiche in reali e stabili opportunità di crescita.

Un compito immane, ma coerente con i principi dettati dai fondamenti religiosi, filosofici ed etici in cui l'Occidente dichiara di credere fermamente e che vengono ad ogni istante declamati dalle massime istituzioni e dalle organizzazioni interessate al bene comune mondiale.

4. STRATEGIE ENERGETICHE, REGOLAZIONE E AUTORITA'

4.1 Premessa

4.1.1 Governi e Autorità amministrative indipendenti

La regolazione dell'energia è stata in passato sempre gestita dai governi; attualmente, dato il sorgere delle Autorità amministrative indipendenti (Aai), si hanno situazioni miste e profondamente differenziate in riferimento alle storie, alle culture e alle conseguenti norme esistenti nei vari paesi[131].

Le Aai nascono nel 1887 negli Stati Uniti con l'*Interstate Commerce Commission* (ICC) che si occupava di tutela degli utenti delle ferrovie, si sviluppano con la *Federal Trade Commission* (FTC) per la tutela della concorrenza e con la *Securities Exchange Commission* (SEC) per la tutela degli investitori e dei risparmiatori. In Europa, iniziano a nascere dopo circa un secolo.

Le Aai sono indipendenti dal potere politico e si giustificano per la complessità tecnica delle infrastrutture "che richiede una *governance* tecnico-scientifica (anche a livello di vertice) in contrapposizione al modello burocratico che tende ad assumere discrezionalità politico amministrativa e incidenza invasiva sui diritti dei privati".

---

[131] Fonte: Fonte; Augusto Leggio, *Il campo dei miracoli*, Ed. Rubbettino 2011

Secondo l'attuale letteratura in materia, le Aai "riescono a raggiungere risultati soddisfacenti con una regolazione ridotta rispetto a quella di natura politico-amministrativa".
In molti Paesi occidentali, si è ancora in una situazione differenziata in funzione sia della cultura statalista dominante, sia della mancata completa definizione dei confini tra le competenze delle Aai e quelle dei Governi; questi, talora, tendono ad appropriarsi delle competenze tipiche delle Aai tramite normative ad hoc limitandone le decisioni, riducendone i finanziamenti e reprimendone l'azione concreta, nominando altresì a livello di vertice persone dipendenti dalla politica; viceversa, le Aai vanno spesso oltre i compiti che sono stati loro assegnati.

Queste tensioni appaiono eliminabili solo se le due tipologie di istituzioni (Governi e Aai) sono veramente indipendenti ed equidistanti tra loro e dagli attori del mercato.

4.2 Regolazione europea dell'energia

4.2.1 Autorità amministrative indipendenti e regolazione

In Europa, si è inteso definire "servizi di interesse economico generale" quei servizi pubblici che tutelano un mercato concorrenziale pur promuovendo la coesione sociale e territoriale. In altri termini, i governi europei, nel trattare interessi pubblici devono salvaguardare gli orientamenti strategici e le norme della Comunità europea riguardanti il mercato comune e la concorrenza. Le Aai dovrebbero servire al doppio scopo indicato, realizzando un continuo equilibrio tra le due opposte esigenze, considerate di pari dignità.

Per quanto attiene l'energia, l'Unione Europea si esprime tramite direttive che obbligano gli Stati membri a creare organismi amministrativi indipendenti da preporre al "governo tecnico" del mercato dell'energia elettrica e del gas; gli organismi devono essere titolari di funzioni attinenti alla cosiddetta "regolazione".

Detta regolazione si deve esplicare, ai fini di un corretto funzionamento tecnico-organizzativo e di un ambiente concorrenziale, per quanto riguarda l'accesso degli operatori privati alle reti di trasporto e la definizione delle condizioni e dei prezzi; peraltro, sono accettate anche condizioni particolari derivanti dai precedenti assetti economici e normativi; infine, le Aai sono chiamate anche a svolgere funzioni decisorie in riferimento a specifici reclami.

L'UE, poiché il settore elettrico e del gas è quello più caratterizzato da monopoli naturali verticalmente integrati e per il fatto che il mercato comune energetico è uno dei principali obiettivi europei, ha emanato direttive fin dal 2003 tese ad armonizzare le legislazioni nazionali e ha utilizzato a tal fine il meccanismo delle Aai[132].

Peraltro, l'indipendenza delle Aai dal potere politico non è scevra di tensioni in quanto talune soluzioni tecniche possono non corrispondere all'orientamento politico della maggioranza di un governo legittimato dalle consultazioni elettorali.

---

[132] Fonti: Giuseppe Franco Ferrari e Arianna Vedaschi, *Servizi pubblici locali e autorità di regolazione in Europa*, Il Mulino 2011

Inoltre, a causa dei differenti ordinamenti, le legislazioni europee affrontano tale problematica con approcci diversi che possono anche interessare revisioni costituzionali.

La difficoltà dell'equilibrio tra regolazione tecnica e governo politico, stante la diversificazione degli ordinamenti e delle organizzazioni dei Paesi membri, può intralciare il cammino dell'armonizzazione del mercato comune europeo.

Ancora, in riferimento alla crisi attuale, é sotto gli occhi di tutti il clamoroso fallimento delle Aai di vigilanza dell'economia che, pur essendo dotate di notevoli risorse umane e finanziarie, non hanno saputo gestire le distorsioni ascrivibili alla veloce dinamica sociale ed economica, alla globalizzazione, all'innovazione tecnologica e al sistema bancario e finanziario.

Gli effetti della crisi economica sulle popolazioni hanno provocato una crisi di fiducia nei confronti dei governi e delle Autorità di vigilanza, foriera di rischi sociali di eccezionale ampiezza. Peraltro, il *Public Company Accounting Oversight Board* (PCAOB), organismo statunitense creato dalla *Security Exchange Commission* (SEC) a seguito del *Sarbanes-Oxley Act* per proteggere gli investitori e il pubblico interesse, facendo espresso riferimento alle Aai, ha sentenziato che "**la competenza tecnica non si traduce in un governo gestito da esperti**" stabilendo così il primato del governo da parte dello Stato rispetto a quello della governance da parte delle Aai.

4.2.2 Fasi europee di regolazione

L'approccio dell'Unione Europea alla regolazione del mercato energetico è stato volutamente morbido, progressivo e teso a realizzare un mercato unico e concorrenziale attraverso le seguenti fasi:

- Una **PRIMA FASE**, perseguita tramite interventi di inquadramento generale, in una con le Raccomandazioni 81/924/CEE, 83/230/CEE e la Direttiva sulla trasparenza dei prezzi del mercato energetico (Direttiva 90/377CEE) e con le Direttive sul transito di energia elettrica e gas sulle reti rispettivamente ad alta tensione e ad alta pressione per favorire il commercio transfrontaliero con liberalizzazione parziale, separando i clienti idonei da quelli vincolati (Direttive 90/547/CEE, 91/296/CEE, 96/92/CE, 98/30/CE).
- Una **SECONDA FASE**, perseguita tramite la riorganizzazione del mercato con interventi di *unbundling*[133] che tendono a separare le singole funzioni svolte e a porle sotto la vigilanza di un soggetto neutro di regolazione e controllo, in una con le Direttive 2003/54/CE, 2003/55/CE, 2009/73/CE.
- Una **TERZA FASE**, comunicata dalla Commissione Europea con "*A Roadmap for moving to a competitive low carbon economy in 2050*".

Le Direttive tuttavia precisano soltanto che le Aai debbano essere autonome rispetto ai soggetti del mercato, ma nulla dicono a riguardo della loro autonomia rispetto agli organi di governo.

Per favorire la creazione del mercato comune dell'energia, sono stati istituiti:

- il Gruppo dei regolatori europei per il gas e l'elettricità (Decisione 11/11/2003);
- l'Agenzia per la cooperazione fra i regolatori nazionali dell'energia (3/3/2011) che ha sostituito l'organizzazione precedente.

Inoltre, sono state stabilite:

---

[133] L'*unbundling* (in questo caso di tipo gestionale) è la separazione delle attività di un'impresa in unità operative distinte gestite in maniera indipendente da soggetti diversi.

- le condizioni per l'accesso alla rete per gli scambi transfrontalieri di energia elettrica, con il Regolamento 714/2009 CE che abroga il precedente 1228/2003 CE;
- le condizioni di accesso alle reti di trasporto del gas naturale, con il Regolamento 715/2009 che abroga il precedente 1775/2005 CE;

inoltre, sono state diffuse:

- la Comunicazione CE "Priorità per le infrastrutture energetiche per il 2020 e oltre – Piano per una rete energetica europea integrata", approvata in via definitiva il 17 novembre 2010;
- la Comunicazione CE "Strategia Energetica 2011-2020".

4.2.3 Progetto europeo

Il progetto europeo si muove nel solco del *German Advisory Council on Global Change* che prospetta una "Trasformazione globale dell'Energia" e "una Rivoluzione riguardante l'efficienza e la decarbonizzazione energetica"[134] (cfr. Fig. 72).

Il progetto parte dalle considerazioni che:

- a livello mondiale, esiste una crescente emissione di gas serra,
- la stabilizzazione di almeno 2 ° Celsius richiede la decrescita delle emissioni globali entro il 2020,
- circa l'80% dell'energia globale si basa sui combustibili fossili,
- circa 3 miliardi di persone non hanno accesso alle forme moderne di energia.

In conseguenza, si pone come obiettivi generali:

- l'accesso universale da parte di tutti alle moderne forme di energia
- la decarbonizzazione dei sistemi energetici entro il 2050.

---

[134] Le considerazioni che seguono sono estratte da: Nebojša Nakićenovic, *Global Energy Perspectives*, ALPS International Symposium, Tokio 7 febbraio 2012

A tal fine, precisa che il raggiungimento di tali ambiziosi obiettivi, è condizionato dai seguenti vincoli:

- la domanda dell'energia primaria globale non deve subire incrementi significativi che vadano oltre i livelli attuali
- è assolutamente necessario incrementare l'efficienza energetica dei sistemi attuali e dimezzare la produzione di CO2 proveniente dai sistemi di produzione energetica
- è assolutamente necessario rielaborare i comportamenti e gli stili di vita delle popolazioni là ove sussistano sprechi energetici.

INCREMENTO DELLA CO$_2$ ATMOSFERICA NEGLI ULTIMI 50 ANNI

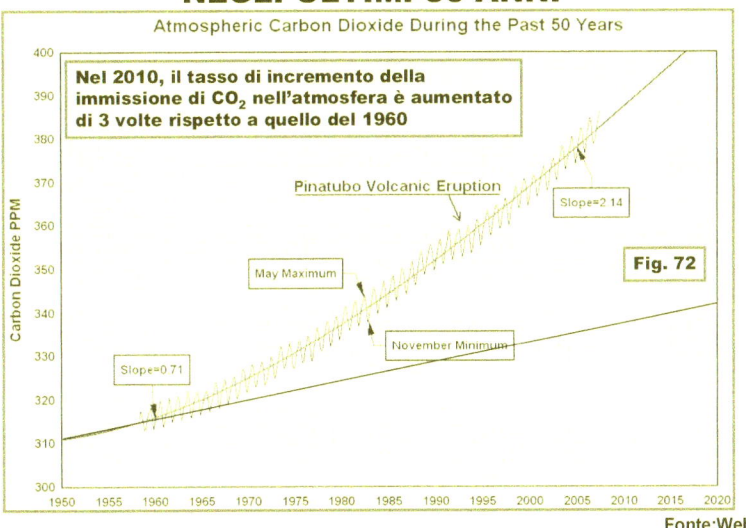

Fonte:Web

Riassumendo, l'orientamento europeo volto a creare un mercato energetico comune tra gli Stati membri ha cercato di definire un modello comune che è stato seguito nei limiti del possibile in dipendenza delle differenti tradizioni, culture, normative e assetti funzionali esistenti. Peraltro, da parte degli Stati membri si è proceduto, seppur con notevoli differenze, alla privatizzazione del settore e alla creazione di uno o più organismi indipendenti di regolazione; si registrano peraltro due categorie di organismi regolatori: nella prima, le autorità rappresentano solo i soggetti pubblici, nella seconda sono rappresentati anche i consumatori.

La caratteristica dell'indipendenza dal potere governativo è invece molto varia, specie per quanto attiene la funzione di giustizia per cui, in determinati Stati, all'Autorità è demandata anche la soluzione di controversie e in altri essa invece è demandata ad altre istituzioni o al giudice ordinario. Ancora, in generale, le Autorità si sostentano tramite i contributi delle imprese regolate, il che viene da taluni considerato improprio; infine, le materie regolate possono differire e anche i poteri di nomina dei componenti di vertice dell'Autorità possono essere diversi[135].

Nel seguito é trattata in modo sintetico la storia e l'organizzazione delle Autorità per l'energia degli Stati Uniti e della Gran Bretagna; in particolare, in riferimento all'Europa, l'esperienza britannica, pur nelle profonde differenze culturali, normative e industriali, è da considerare come quella più significativa e di successo e da cui è possibile trarre utili indicazioni[136].

---

[135] A livello europeo, una possibile soluzione tesa all'indipendenza delle Aai dal potere politico dello Stato in cui operano, potrebbe consistere nell'assegnazione all'Unione Europea del potere di nomina di soggetti di chiara fama cittadini di Stati diversi, a somiglianza di quanto avviene nel caso della lotta alla corruzione, nel cui ambito le ispezioni e le proposte del Consiglio d'Europa su ciascuno Stato sono effettuate da osservatori di Stati europei diversi; tuttavia, nell'Unione europea non sembrano esistere attualmente le condizioni perché questa ipotesi organizzativa possa avverarsi.

[136] Il sottoparagrafo rappresenta una sintesi della sezione *"L'Autorità di regolazione e controllo dei mercati energetici nell'ordinamento britannico"* di Paolo Cavaliere del volume *"Servizi pubblici locali e autorità di regolazione in Europa"* a cura di Franco Ferrari, Il Mulino 2010

Inoltre, sono descritte le strategie energetiche europee che sono state rese di pubblico dominio per mezzo della Comunicazione (2010) 677.

4.3 Regolazione dell'energia in USA e UK

4.3.1 Stati Uniti d'America

Negli Stati Uniti, la gestione pubblica dell'energia elettrica fu intravista da Roosevelt come un ingrediente essenziale della ripresa economica dal buio della recessione degli anni Trenta[137].

Dopo l'istituzione nel 1935 della *Federal Power Commission* (FPC), dopo varie vicissitudini organizzative tese ad ampliare le proprie competenze regolatorie sulle varie tipologie energetiche, nel 1977 nacque la *Federal Energy Regulatory Commission* (FERC) che in precedenza si era occupata solo della gestione federale dell'energia idroelettrica; poi, essa estese le proprie competenze nei confronti del gas naturale e della trasmissione dell'energia elettrica.

Peraltro, sin dall'inizio, la FERC, tramite il *Federal Power Act*, orientò il mercato dell'energia verso una logica di servizio pubblico con una regolazione ferrea, emanazione di standard, controllo dei conti economici delle società elettriche in cui le tariffe dovevano sopravanzare i costi solo quel poco che bastava per consentire un giusto profitto e per il pagamento allo Stato federale dei diritti di concessione.

---

[137] Fonte: Augusto Leggio, Sicurezza e futuro delle Infrastrutture elettriche, Quaderni CLUSIT 2005

Le società avevano un tasso di redditività modesto ma garantito ed effettuavano investimenti in base ai capitali disponibili e ai profitti. Prima della seconda guerra mondiale, 20 Stati avevano adottato gli standard della FERC e altri 20 avevano adottato standard molto simili ad opera della *National Association of Regulatory Utility Commissioners*. Nel 1978 la FERC, con il *National Energy Act* (NEA), uniformò le regole che disciplinavano i mercati all'interno di ciascuno Stato e tra Stati.

Dal 1985 inizia la deregolamentazione dettata dalla concezione neo-liberista tesa a creare un mercato destinato a realizzare obiettivi di alta qualità e di prezzi prossimi ai costi a causa del gioco della concorrenza.

L'*Order* 436 consente l'accesso alle reti di trasporto del gas; nel 1991, l'*Order* 636 separa i servizi di vendita da quelli di trasporto; l'*Order* 637 corregge le imperfezioni del mercato del gas.

Il 24 aprile 1996, con l'*Order* 888 la FERC ristruttura il settore industriale elettrico statunitense. Prima di questa data, le società produttrici di energia erano organizzazioni integrate verticalmente e rigidamente regolate, che producevano energia nelle proprie centrali, la trasmettevano e la vendevano a livello locale.
L'organizzazione era distribuita e i rischi sistemici – naturalmente derivanti dalla trasmissione – erano ridotti, in quanto isolabili nella limitata area di pertinenza della società.
Il concetto alla base dell'*Order* 888 è la creazione di un libero mercato dell'elettricità, dove i produttori abbiano accesso al mercato globale in assenza di vincoli e utilizzando le reti di trasmissione secondo criteri non discriminatori.

La logica del libero mercato viene poi enfatizzata dall'*Order* 888-A del 1997 che fornisce linee guida per l'implementazione di un accesso privo di vincoli e dall'*Order* 889 che stabilisce un "borsino elettronico" della capacità energetica disponibile denominato *Open Access Same-time Information System* (OASIS).
La deregolamentazione produce una modifica del paradigma industriale adottato in precedenza.

Alla struttura decentrata di piccole società che gestivano l'intero processo (generazione, trasmissione e distribuzione) in un mercato al dettaglio limitato geograficamente, subentra un mercato continentale all'ingrosso molto più ampio di imprese specializzate nella generazione e nel commercio dell'energia, che produce una intensificazione degli scambi tra localizzazioni diverse, dettata dalla ricerca delle migliori condizioni di prezzo fra fornitori di energia in concorrenza tra loro.
I prezzi delle società locali di servizi rimangono tuttavia regolati.
La maggiore intensità ed estensione a livello continentale di traffico energetico si scarica sulla rete di trasmissione che tuttavia è costituita da una serie di interconnessioni di reti dimensionate per il traffico locale. Il potenziamento di queste reti costituisce una tematica di natura federale che viene affrontata costituendo la struttura di coordinamento *North American Electric Reliability Council* (NERC).

Esso nasce con il compito fondamentale di assicurare la sicurezza della *grid* che provvede alla trasmissione dell'energia e raccoglie gli operatori elettrici attorno ad un tavolo unico; tuttavia, agendo il NERC su base volontaristica, esso non dispone a sufficienza dei poteri necessari per raggiungere gli scopi per cui fu a suo tempo creato.

4.3.2 Gran Bretagna

In Gran Bretagna, l'inefficienza dell'amministrazione pubblica e l'eccessiva burocratizzazione degli suoi apparati portò sin dal dopoguerra all'idea di predisporre un ampio rinnovamento funzionale e amministrativo.

Esso cominciò ad assumere una prima forma già nel 1964 con il governo laburista di Harold Wilson che affidò a John Fulton l'analisi della situazione e le proposte di miglioramento.

Queste si basarono sulla creazione di agenzie tese a sottrarre l'amministrazione pubblica dalle influenze della politica e a sgravarla da una serie di incombenze innovative di complessità crescente che, man mano che si creavano nuove esigenze, aveva portato ad una disordinata proliferazione degli uffici.

Le agenzie avrebbero dovuto collaborare con gli organi governativi secondo criteri di partecipazione e condivisione.

Con i governi Thatcher e Major, si perseguì con ancora maggiore energia la politica del risparmio di risorse umane a parità di risultati che portò non solo ad una diminuzione degli effettivi pari a circa 1/3, ma anche ad un orientamento più deciso nella privatizzazione di servizi pubblici prima gestiti in regime di monopolio, e nella conseguente delega ad autorità indipendenti.

Tutto ciò peraltro fu reso possibile da condizioni al contorno del tutto particolari che caratterizzano tuttora la Gran Bretagna e che si riassumono **nell'assenza di una Costituzione scritta, nelle norme primarie che fanno sì che la proprietà (pubblica o privata) degli assetti industriali sia una questione meramente tecnica e che la categoria del servizio pubblico non goda di alcuna specificità che si possa tradurre in privilegi.**

Questo complesso di tradizioni, culture, prassi e norme hanno fatto sì che la Gran Bretagna, a fronte della complessità della regolazione di mercati monopolistici, abbia avuto una libertà di azione e una possibilità di sperimentare soluzioni diversificate impossibili altrove.
Da dette sperimentazioni, il legislatore britannico ha tratto peraltro molte risultanze da cui sono scaturiti i seguenti **orientamenti strategici fondamentali.**

- Il primo consiste nel fatto che la privatizzazione é da considerare una operazione inutile ove non sia accompagnata dalla liberalizzazione del mercato; pur tuttavia, **nell'alternativa tra il frazionamento dell'impresa monopolistica (*incumbent*) in più imprese al fine di garantire la massima concorrenza e il mantenimento dello stesso *incumbent* nella sua interezza, sottoponendolo ad una vigilanza e ad una rendicontazione stretta al fine che non impedisca l'ingresso nel mercato di altri soggetti, il legislatore britannico ha optato per la seconda soluzione.**
- Il secondo consiste nell'**affidamento alle Autorità del potere di rilascio delle licenze ai soggetti che vogliono operare nel mercato.**
- Il terzo si attua nella **consapevolezza che il libero mercato non può e non deve estrinsecarsi in assenza di presidi di garanzie sociali e che sia conveniente, per realizzare economie di scopo, attribuire alle autorità anche questa competenza**.
- Il quarto consiste nella **ripartizione delle imprese privatizzate in due grandi categorie: quelle che operano liberamente nel mercato ma che non hanno doveri di osservare garanzie sociali e quelle che invece, poiché i servizi che offrono (acqua, energia, trasporti, ecc) sono essenziali alla vita dei cittadini, devono osservarle; a queste ultime si suole attribuire la denominazione di imprese di pubblica utilità (utilities) o "infrastrutture critiche" in quanto il loro funzionamento, poiché condiziona pesantemente il vivere civile, è critico.**
- Il quinto consiste nel **dotare le autorità che presidiano i settori pubblici-economici delle utilities di competenze atte a servire al meglio la loro missione: collegialità della struttura interna, imposizione di obblighi di servizio universale agli operatori, controllo sui prezzi dei servizi offerti dagli operatori, protezione dei**

consumatori, risoluzione di controversie mediante sistemi di natura para-giustiziale.

Peraltro, il cammino britannico verso la privatizzazione e la liberalizzazione dei servizi pubblici energetici si è sviluppato lungo una ampia serie di esitazioni e di errori che tuttavia sono stati man mano corretti e che, in una logica etico-scientifica, ha portato a risultati soddisfacenti.

Per favorire la concorrenza, si è proceduto quindi inizialmente, con il Gas Act 1986, alla privatizzazione del gas con una prima riforma che tuttavia scalfì modestamente il monopolista *incumbent* British Gas per i vari privilegi di cui esso godeva: accesso ad approvvigionamento di gas a prezzo basso, diritto esclusivo all'acquisto del gas prodotto, mantenimento della propria struttura, interessi politici al mantenimento dello *status quo*.

Solo dopo circa un decennio, con il *Gas Act 1995* e *l'Utilities Act 2000*, il legislatore britannico suddivise il monopolista in due imprese: *TransCo International* con compiti di trasporto e produzione e *British Gas Energy* con compiti di fornitura, vendita e servizio.

Per favorire la concorrenza nel settore dell'elettricità venne attuato invece un percorso caratterizzato da una maggiore razionalità, anche in riferimento al fatto che era stata prevista una gradualità nell'apertura alla concorrenza: dapprima per i grandi clienti della grande industria (circa 5.000 soggetti) con capacità superiore ad 1 megawatt, poi per i clienti della media e piccola industria con capacità uguale o superiore a 100 kilowatt e, infine per tutta la clientela delle famiglie.

La vera riforma ebbe finalmente luogo con l'accorpamento in un unico ente (Ofgem) di tutte le funzioni relative al gas e all'elettricità riguardanti gli scopi strettamente economici orientati alla tutela della concorrenza e gli scopi sociali tesi alla tutela dei consumatori. In questa opera (che realizza ovviamente economie di scala e di scopo) l'Ofgem è assistito per legge dal Ministero degli Interni e da un ente (*Gas and Electricity Consumer Council*) espressamente dedicato alla tutela dei consumatori.

All'Ofgem vengono conferiti poteri ampi ma precisi che vanno dalla interpretazione discrezionale di casi di violazione di norme da parte degli operatori in modo da evitare il ricorso al giudice ordinario, alla definizione puntuale delle sue competenze.
Nel dettaglio, al vertice dell'Ofgem siede un organo che fissa gli obiettivi, le strategie e i prezzi, che fa rispettare le decisioni assunte e i cui componenti possono essere rimossi dal ministro competente per incapacità o per comportamenti scorretti; esso é autonomo dal punto di vista organizzativo, è finanziato dai soggetti regolati e deve garantire indipendenza e trasparenza assolute.
Purtuttavia, **le decisioni dell'Ofgem non sono norme di diritto pubblico in senso stretto, ma creazione di obbligazioni rispettive per quanto attiene il rilascio delle licenze e per le regole contrattuali tra operatori e clienti. D'altro canto, le norme primarie sono stabilite dal legislatore e l'Autorità le implementa e vigila sul loro rispetto.**

L'Ofgem deve peraltro operare in collaborazione con l'Autorità per la tutela della concorrenza (*Office for Fair Trading* OFT) per quanto attiene alla generazione, trasmissione e fornitura di energia elettrica; ha poteri investigativi, può dare disposizioni per porre fine a violazioni, ricevere impegni vincolanti e imporre sanzioni. È il mandatario dell'applicazione del diritto comunitario nei settori di propria competenza.

L'Ofgem deve tuttavia rendere conto del proprio operato; le sue azioni possono essere impugnate dinanzi l'OFT o il giudice ordinario; tuttavia, esse devono riguardare il rispetto dell'ordinamento a cui l'Ofgen è obbligato; in riferimento a ciò, l'orientamento giurisprudenziale britannico ritiene che le impugnazioni non possano riguardare il merito delle decisioni, ma solo il merito della correttezza procedurale.

Infine, una questione molto dibattuta in Gran Bretagna riguarda la non obbligatorietà, per i fornitori privati di servizi essenziali al vivere civile, del rispetto dello *Human Rights Act 1998* (HRA) che invece vale per i fornitori pubblici.
Mentre la giurisprudenza britannica si è orientata nel confermare la validità dello status quo, la dottrina è assolutamente contraria a questo orientamento in quanto lo ritiene lesivo dei diritti della persona.

Riassumendo, **l'esperienza britannica é da considerare la più significativa** in quanto frutto di tentativi, errori, esperienze, attenzione al bene comune e successi raggiunti faticosamente in un periodo più che ventennale; in particolare, la sua pianificazione degli obiettivi da raggiungere è da considerare esemplare (cfr. Fig. 73).

I fattori che sono stati tenuti in considerazione in detta pianificazione si riassumono:

    a) **nell'indipendenza dalla politica e dai soggetti regolati, nonché nella efficacia dell'organismo di regolazione, derivante dalla possibilità di applicare sanzioni severe, di espletare funzioni paragiudiziali e di rendicontare il proprio operato**

b) nella precisione dei rapporti tra l'organismo di regolazione e il potere esecutivo che elimini sovrapposizioni e "terre di nessuno"
c) nel rispetto di principi di equità e correttezza nella fissazione dei prezzi, nella concessione di licenze e nella risoluzione di controversie
d) nella partecipazione quanto più ampia possibile ai processi di regolazione da parte dei consumatori, poiché quella è la sede dove essi possono far sentire la propria voce e avere garanzie di tutela dei diritti fondamentali.

PLANNING UK DELLA LEGISLAZIONE ENERGETICA E AMBIENTALE FINO AL 2050

Il Piano legislativo definisce per il periodo 2005-2050: Obiettivi, Emissioni, Riforme del mercato elettrico, Tipi di Energie rinnovabili ed Efficienza, indicando le norme approvate (in colore) e quelle ancora da approvare (su fondo bianco)

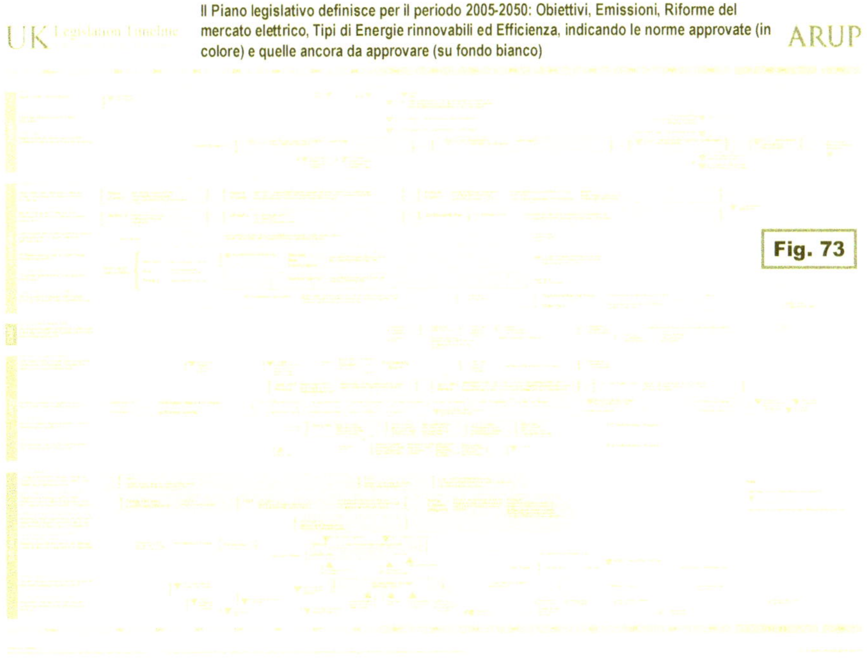

UK Legislation Timeline   ARUP

Fig. 73

4.4 STRATEGIE ENERGETICHE EUROPEE

4.4.1 Premessa

Le strategie energetiche europee sono state esplicitate in data 17 novembre 2010 con la Comunicazione (2010) 677 di cui buona parte dei contenuti è riassunta o trascritta nei due paragrafi che seguono.

La politica energetica per l'Europa, adottata dal Consiglio europeo nel marzo 2007[138], stabilisce gli obiettivi fondamentali dell'Unione secondo criteri di approvvigionamento competitivi, sostenibili e sicuri.

Entro il 2020, le fonti rinnovabili dovranno contribuire per il 20% al consumo finale di energia, le emissioni di gas a effetto serra dovranno diminuire del 20-30% e i guadagni di efficienza energetica dovranno consentire una riduzione del 20% del consumo di energia. Il contesto sarà caratterizzato da una crescente concorrenza internazionale per l'accaparramento delle risorse del pianeta.

L'importanza relativa delle fonti di energia cambierà.
Per quanto riguarda i combustibili fossili, l'UE diventerà ancora più dipendente dalle importazioni.
Per quanto riguarda l'elettricità, la domanda è destinata ad aumentare in misura considerevole.

La Comunicazione sull'Energia 2020, del 10 novembre 2010, ha proposto un cambiamento radicale delle modalità di progettazione, costruzione e gestione delle infrastrutture e delle

---

[138] Conclusioni della presidenza, Consiglio europeo, marzo 2007.

reti energetiche europee a fini non solo di politica energetica, ma anche di strategia economica.
I problemi individuati consistono in infrastrutture energetiche obsolete e mal collegate, specie per quanto attiene all'interconnessione e allo stoccaggio.

Il rapido sviluppo della produzione di elettricità eolica *offshore* nel Mare del Nord e nel Mar Baltico è ostacolato dall'insufficienza delle connessioni alla rete *offshore* e terrestre.
Lo sviluppo delle enormi potenzialità delle energie rinnovabili in Europa meridionale e in Nord Africa sarà impossibile senza ulteriori interconnessioni all'interno dell'UE e con i paesi limitrofi.
Bisognerà investire a breve termine su reti energetiche intelligenti, efficaci, efficienti e competitive.

A più lungo termine si dovranno ridurre le emissioni di gas a effetto serra dell'80-95% entro il 2050, e si dovranno creare le infrastrutture di stoccaggio su vasta scala dell'elettricità, per la ricarica dei veicoli elettrici, per il trasporto e per lo stoccaggio di CO_2 e di idrogeno.

Le infrastrutture che verranno costruite nel prossimo decennio saranno per la maggior parte ancora in servizio verso il 2050. È pertanto fondamentale non dimenticare mai l'obiettivo a più lungo termine.
È necessaria una nuova politica europea in materia di infrastrutture energetiche per coordinare e ottimizzare lo sviluppo delle reti su scala continentale.
Una strategia europea per infrastrutture energetiche pienamente integrate, basate su tecnologie intelligenti a bassa emissione di carbonio, diminuirà i costi del passaggio ad un'economia "pulita" e sostenibile grazie alle economie di scala in singoli Stati membri.

Un mercato europeo completamente interconnesso migliorerà inoltre la sicurezza dell'approvvigionamento e contribuirà a stabilizzare i prezzi pagati dai consumatori, assicurando che l'elettricità e il gas siano trasportati dove sono necessari. E, quel che è più importante, l'integrazione delle infrastrutture europee assicurerà che i cittadini e le imprese europee abbiano accesso a fonti energetiche a basso prezzo.

I due punti più determinanti da affrontare e risolvere sono l'autorizzazione dei progetti e il finanziamento per un fabbisogno di investimento stimato pari a 1000 miliardi di euro.

Tuttavia, con il vigente quadro regolamentare, non potranno essere realizzati tutti gli investimenti necessari o non potranno esserlo nei tempi rapidi richiesti, a causa soprattutto di esternalità di natura non economica o dello scarso valore aggiunto regionale o europeo di alcuni progetti, che presentano benefici diretti solo a livello nazionale o locale.

Il rallentamento degli investimenti infrastrutturali si è inoltre accentuato a causa della recessione provocata dalla crisi finanziaria ed economico-imprenditoriale.

4.4.2 Sfide infrastrutturali energetiche europee

Le sfide dell'UE in materia di energia e ambiente riguardano più settori.
In primo luogo, **le reti elettriche devono essere ammodernate e rese più efficienti** per soddisfare la domanda crescente e per l'ennuplicazione delle applicazioni e delle tecnologie che dipendono dall'elettricità come fonte di energia (pompe di calore, veicoli elettrici, celle a combustibile basate su idrogeno, sistemi ICT, ecc.) (cfr. Fig. 74).

È anche urgente, in un ambito irrinunciabile di sicurezza, estendere e ammodernare le reti per favorire l'integrazione dei mercati, ma soprattutto per trasportare e bilanciare l'elettricità prodotta da fonti rinnovabili che, in riferimento ai piani d'azione dei paesi membri, dovrebbe più che raddoppiare nel periodo 2007-2020.

RETE DI OLEODOTTI E GASDOTTI NELL'EUROPA OCCIDENTALE

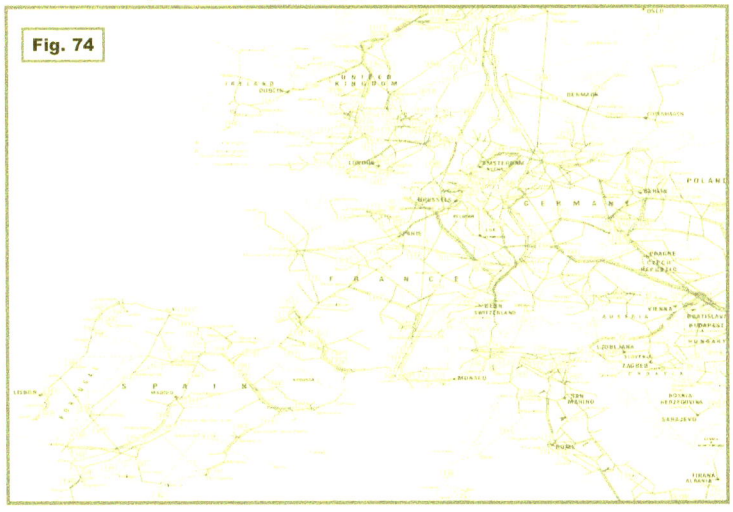

Fig. 74

Fonte: Countries of the World, WEB

Nel 2020, la produzione di energia da fonti rinnovabili dovrebbe provenire (fino ad un contributo pari al 12%) da impianti *offshore*, in particolare nei mari del nord.

Quote significative dovranno venire anche da parchi solari ed eolici terrestri in Europa meridionale o da installazioni di biomassa in Europa centrale e orientale. Grazie a reti intelligenti di trasmissione e distribuzione basate su DER e comprendenti ampi sistemi di stoccaggio, è possibile ridurre i costi di diffusione delle energie rinnovabili, a causa di economie di scala paneuropea.

Oltre a queste esigenze a breve termine, le reti elettriche in corrispondenza dell'orizzonte 2050, dovranno subire una fondamentale trasformazione per permettere il passaggio ad un sistema elettrico decarbonizzato (cioè con emissioni molto ridotte di CO_2), sostenuto da nuove tecnologie ad alta tensione per le lunghe distanze e per lo stoccaggio dell'elettricità.
Queste tecnologie contribuiranno anche a stimolare la competitività e la *leadership* tecnologica delle imprese UE a livello internazionale, tra cui anche delle PMI.

Secondariamente, nei prossimi decenni **il gas naturale continuerà ad avere una funzione energetica essenziale** e acquisterà importanza come combustibile ausiliario della produzione variabile di elettricità, a condizione che ne venga garantito l'approvvigionamento.

A lungo termine, le risorse non convenzionali e di biogas potranno contribuire a ridurre la dipendenza dell'UE dalle importazioni; tuttavia a medio termine l'esaurimento delle risorse convenzionali endogene di gas naturale impone la diversificazione delle importazioni. Le reti del gas devono far fronte ad esigenze supplementari di flessibilità del sistema, alla necessità di gasdotti bidirezionali, di capacità di stoccaggio supplementari e di forniture flessibili, che includano il gas naturale liquefatto (GNL) e il gas naturale compresso (GNC).
Allo stesso tempo, **i mercati rimangono frammentati e monopolistici, con vari ostacoli ad una concorrenza aperta e in condizioni di parità**.

In Europa orientale, prevale la dipendenza da una sola fonte di approvvigionamento, aggravata dalla mancanza di infrastrutture.

Un portafoglio differenziato di fonti fisiche e di rotte di approvvigionamento di gas e, se opportuno, una rete del

gas completamente interconnessa e bidirezionale nell'ambito dell'UE saranno necessari già entro il 2020.

Questi sviluppi dovrebbero essere strettamente connessi alla strategia dell'UE nei confronti dei paesi terzi, in particolare per quanto riguarda i fornitori e i paesi di transito.

Inoltre, occorre promuovere in via prioritaria lo sviluppo e l'ammodernamento delle reti di teleriscaldamento e di teleraffreddamento in tutte le più importanti agglomerazioni urbane in cui ciò sia giustificato dalle condizioni locali o regionali in termini sopratutto di esigenze, di infrastrutture esistenti o programmate e di mix di produzione.

Ancora **bisognerà insistere sulla Ricerca di tecnologie (CCS) idonee alla cattura, trasporto e stoccaggio di CO_2** che consentano di ridurne le emissioni su vasta scala, pur continuando a permettere l'uso dei combustibili fossili.
La diffusione commerciale delle tecnologie CCS nella produzione di elettricità e nelle applicazioni industriali dovrebbe iniziare dopo il 2020, per generalizzarsi poi verso il 2030.

In Europa, potrebbe diventare necessaria la costruzione di gasdotti europei transfrontalieri e nell'ambiente marino, dato che i potenziali siti di stoccaggio di anidride carbonica non sono distribuiti in modo uniforme e che alcuni Stati membri dispongono di possibilità di stoccaggio limitate all'interno delle frontiere nazionali rispetto ai livelli significativi delle loro emissioni di anidride carbonica.

Infine, se le politiche in materia di clima, di trasporti e di efficienza energetica rimarranno immutate, nel 2030 **il petrolio dovrebbe rappresentare il 30% dell'energia primaria** e continuare probabilmente a costituire una parte significativa

del carburante per il trasporto; pertanto, la sicurezza dell'approvvigionamento dipende dall'integrità e dalla flessibilità della relativa filiera, dal petrolio greggio fornito alle raffinerie e fino al prodotto finito distribuito ai consumatori.
Allo stesso tempo, la futura struttura delle infrastrutture di trasporto del petrolio greggio e dei prodotti petroliferi sarà determinata anche dagli sviluppi nel settore europeo della raffinazione, che al momento deve far fronte ad una serie di sfide.

Da ultimo, bisogna **affrontare e rimuovere gli ostacoli che ancora si frappongono nei confronti del finanziamento** degli investimenti in materia energetica.
Le misure politiche e normative adottate dall'UE dal 2009 hanno consentito di creare una base forte e solida per la pianificazione delle infrastrutture europee; in particolare, il terzo pacchetto sul mercato interno dell'energia ha gettato le basi della pianificazione e degli investimenti nelle reti europee, introducendo l'obbligo a carico dei gestori dei sistemi di trasmissione (GST) di cooperare e di elaborare piani decennali regionali ed europei di sviluppo delle reti dell'elettricità e del gas nel quadro della rete europea dei gestori dei sistemi di trasmissione (*European Network of Transmission System Operators* – ENTSO) e fissando norme sulla cooperazione tra le autorità nazionali di regolamentazione in materia di investimenti transfrontalieri nel quadro definito dall'Agenzia per la cooperazione fra i regolatori nazionali dell'energia (ACER).

Tuttavia, **la tariffazione rimane nazionale e le decisioni fondamentali sui progetti di interconnessione delle infrastrutture vengono prese a livello nazionale** (cfr. Fig. 75).

FABBISOGNO EUROPEO DI CAPACITA' DI INTERCONNESSIONE NEL 2020 IN MW
SCENARIO DI RIFERIMENTO PRIME S

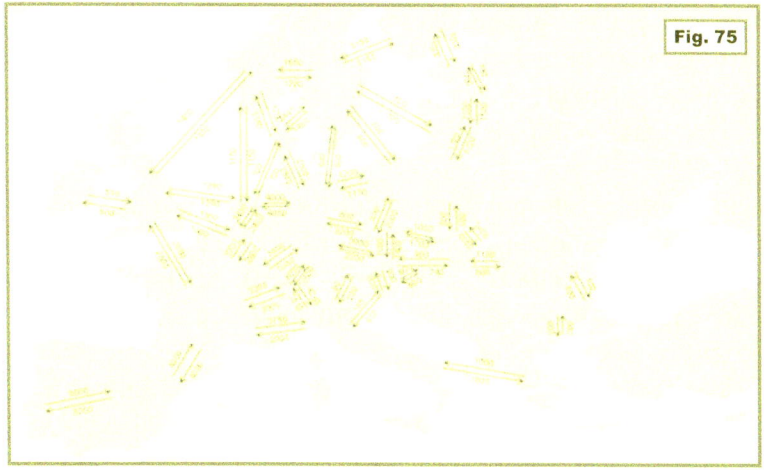

Fig. 75

Fonte: KEMA, Imperial College

Tradizionalmente, le autorità di regolamentazione nazionali hanno principalmente mirato a ridurre le tariffe, e pertanto tendono a non approvare il necessario tasso di rendimento per progetti che presentano benefici regionali maggiori o difficoltà di allocazione dei costi a livello transfrontaliero, per progetti che applicano tecnologie innovative o per progetti che hanno il solo scopo di garantire la sicurezza di approvvigionamento.

Peraltro, con il rafforzamento e l'estensione del sistema di scambio di quote di emissione (ETS), si dovrà tendere verso un mercato europeo unificato del carbonio.

I prezzi di mercato del carbonio ETS influenzano già il mix ottimale di approvvigionamento di elettricità; inoltre, la localizzazione dell'approvvigionamento che, nell'ambito di un paradigma distribuito, dovrebbe essere la più vicina possibile ai consumi contribuirà a orientarlo sempre più verso fonti a bassa emissione di carbonio.

Il regolamento sulla sicurezza dell'approvvigionamento di gas permetterà di migliorare la capacità dell'UE di reagire alle situazioni di crisi, grazie alla maggiore resilienza della rete e a norme comuni in materia di sicurezza di approvvigionamento e di equipaggiamenti supplementari; esso fissa anche obblighi chiari in materia di investimenti nelle reti.

Le imprese del settore, i gestori dei sistemi di trasmissione e le autorità di regolamentazione hanno indicato nella **lunghezza e nell'incertezza delle procedure di rilascio dei permessi una delle principali cause dei ritardi** nella realizzazione dei progetti infrastrutturali, in particolare nel settore dell'elettricità. Il periodo che intercorre tra l'inizio della pianificazione e la messa in servizio definitiva di una linea elettrica supera spesso i 10 anni. I progetti transfrontalieri devono il più delle volte far fronte a ulteriori opposizioni, dato che sono spesso percepiti come semplici "linee di transito", senza benefici locali.

Nel settore dell'elettricità si stima che **i ritardi derivanti da queste cause impediranno la realizzazione entro il 2020 di circa il 50% degli investimenti realizzabili in termini commerciali**.

Nelle zone *offshore*, la mancanza di coordinamento, di pianificazione strategica e di allineamento dei quadri regolamentari nazionali rallenta frequentemente la procedura e aumenta il rischio di conflitti successivi per ulteriori utilizzi del mare.

Come già affermato in precedenza, **per conseguire gli obiettivi in materia di politica energetica e climatica entro il 2020 è stato stimato un investimento di circa 1000 miliardi di euro nel sistema energetico**. Circa la metà della somma sarà necessaria per le reti (anche per quelle rese intelligenti dai DER) e il resto per quanto attiene la distribuzione, la trasmissione e lo stoccaggio dell'elettricità e del gas.

Di questi investimenti, circa 200 miliardi di euro sono necessari per le sole reti di trasmissione dell'energia; tuttavia, **solo il 50% circa degli investimenti necessari per le reti di trasmissione saranno finanziati dal mercato entro il 2020; resterebbero pertanto circa 100 miliardi di euro da finanziare.**

Questa carenza è in parte dovuta a ritardi nell'ottenimento delle necessarie autorizzazioni ambientali ed edilizie, ma è anche imputabile alle difficoltà di accesso ai finanziamenti e alla mancanza di idonei strumenti di riduzione del rischio, specialmente per i progetti con esternalità positive che generano benefici per tutta l'Europa, ma che non presentano una giustificazione commerciale sufficiente.

Occorre inoltre concentrare gli sforzi anche sull'ulteriore sviluppo del mercato interno dell'energia, che è essenziale per la promozione degli investimenti privati nelle infrastrutture energetiche, i quali a loro volta contribuiranno a ridurre la carenza di finanziamenti nei prossimi anni.

Il costo della mancata realizzazione di questi investimenti o della loro realizzazione senza un coordinamento su scala europea sarebbe molto elevato, come dimostrato dallo sviluppo dell'eolico *offshore*, settore in cui le soluzioni nazionali potrebbero essere più costose del 20%.

La realizzazione di tutti gli investimenti necessari nelle infrastrutture di trasmissione permetterebbe di creare 775.000 nuovi posti di lavoro in Europa nel periodo 2011-

2020 e di aggiungere 19 miliardi di euro al nostro Pil entro il 2020, rispetto allo scenario dello status quo.

Inoltre, tali investimenti potranno contribuire a promuovere la diffusione delle tecnologie UE; infatti, le imprese UE, ivi comprese le PMI, sono tra i principali produttori di tecnologie per le infrastrutture energetiche.

Occorrerà peraltro modificare la prassi seguita attualmente nel settore delle TEN-E (*Trans European Energy Networks*), basata su elenchi di progetti temporalmente lunghi, predefiniti e rigidi. Secondo la Commissione, è opportuno adottare un nuovo metodo, comprendente le seguenti fasi:

a) **delineare la mappa delle infrastrutture energetiche** che consentano di realizzare una super-rete intelligente europea a cui siano interconnesse le reti a livello continentale;

b) **concentrarsi su un numero limitato di progetti strategici prioritari** da attuare entro il 2020 per conseguire gli obiettivi a lungo termine e per i quali l'azione europea ha una giustificazione più forte;

c) sulla base di una metodologia concordata, **definire i progetti esecutivi concreti**, dichiarati di interesse europeo, necessari per realizzare le predette priorità in maniera flessibile e basandosi sulla cooperazione regionale per rispondere al mutare delle condizioni di mercato e allo sviluppo tecnologico;

d) **sostenere l'attuazione dei progetti di interesse europeo tramite nuovi strumenti**, come il miglioramento della cooperazione regionale, l'accelerazione delle procedure di autorizzazione, la predisposizione di metodi e di informative migliori per i responsabili politici e i cittadini, nonché l'attuazione di strumenti finanziari innovativi.

Le **priorità strategiche per le infrastrutture innovative energetiche eur**opee, riguardanti l'elettricità, il gas e il petrolio, possono essere definite come in appresso.

La **prima priorità** riguarda i cosiddetti **"corridoi" per l'elettricità, il gas e il petrolio** (cfr. Fig. 76).

CORRIDOI PRIORITARI EUROPEI PER L'ELETTRICITA', IL GAS E IL PETROLIO

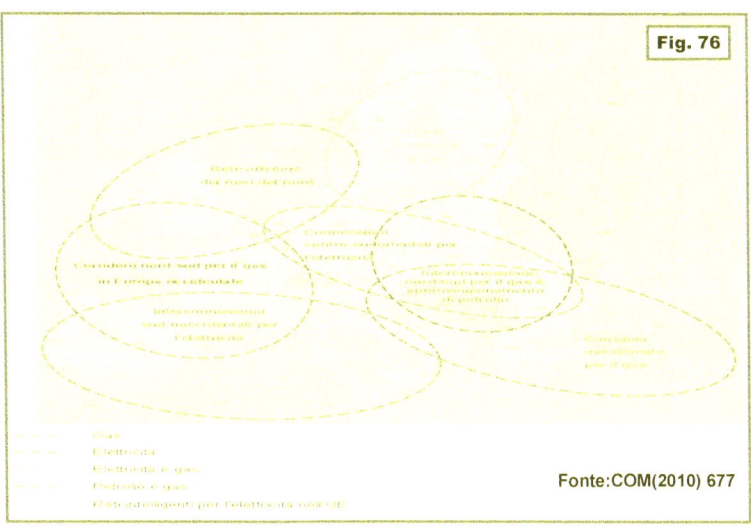

Fig. 76

Fonte:COM(2010) 677

Per quanto attiene al **corridoio dell'elettricità**, il primo piano decennale di sviluppo della rete[139] costituisce una base solida per definire le priorità nel settore delle infrastrutture elettriche. Tuttavia, il piano non tiene pienamente conto degli investimenti infrastrutturali generati da significative nuove capacità di produzione *offshore* (principalmente l'eolico nei

---

[139] I 500 progetti individuati dai gestori nazionali dei sistemi di trasmissione coprono tutta l'UE, la Norvegia, la Svizzera e i Balcani occidentali. L'elenco non comprende progetti locali, regionali o nazionali che non sono stati considerati di importanza europea.

mari del nord) e non ne garantisce l'attuazione rapida, in particolare per quanto riguarda le interconnessioni transfrontaliere.

Per garantire l'integrazione rapida delle capacità di produzione delle energie rinnovabili in Europa settentrionale e meridionale e l'ulteriore integrazione dei mercati, la Commissione europea propone di concentrare l'attenzione sui seguenti **corridoi prioritari**, che permetteranno di preparare le reti elettriche europee al 2020:

1. **rete offshore nei mari del nord** e connessione all'Europa settentrionale e centrale, per integrare e collegare le capacità di produzione di energia nei mari del nord[140] ai centri di consumo in Europa settentrionale e centrale e agli impianti di stoccaggio idroelettrici nella regione alpina e nei paesi nordici;

2. **interconnessioni in Europa sud occidentale** per integrare l'energia eolica, idroelettrica e solare, in particolare tra la penisola iberica e la Francia, e connessioni supplementari con l'Europa centrale, per utilizzare al meglio le fonti rinnovabili nordafricane e l'infrastruttura esistente tra il Nordafrica e l'Europa;

3. **connessioni in Europa centro-orientale e sud orientale**, per rafforzare la rete regionale nelle direzioni di transito dell'elettricità nord-sud ed est-ovest, per favorire l'integrazione dei mercati e delle energie rinnovabili, comprese le connessioni alle capacità di stoccaggio e l'integrazione delle isole energetiche;

4. completamento del **piano di interconnessione del mercato energetico del Baltico** (*Baltic Energy Market Interconnection Plan* - BEMIP), per integrare gli Stati baltici nel mercato europeo tramite il rafforzamento delle loro reti interne e il potenziamento delle interconnessioni con la Finlandia, la Svezia e la Polonia e mediante il l'evoluzione della rete interna polacca e delle interconnessioni verso est e verso ovest.

---

[140] Sono inclusi il Mare del Nord e i mari nordoccidentali.

Inoltre, per quanto attiene al **corridoio del gas**, si prevede la costruzione dell'infrastruttura necessaria per permettere al gas proveniente da una qualsiasi fonte di essere acquistato e venduto ovunque nell'UE, a prescindere dalle frontiere nazionali.

Ciò garantirebbe anche l'affidabilità della domanda offrendo ai produttori di gas una scelta più ampia e un mercato più vasto per la vendita dei loro prodotti.

Sebbene l'approvvigionamento a livello UE sia differenziato lungo tre corridoi (corridoio settentrionale dalla Norvegia, corridoio orientale dalla Russia, corridoio mediterraneo dall'Africa) e mediante il corridoio GNL (Gas Naturale Liquefatto), alcune regioni restano dipendenti da una sola fonte di approvvigionamento.

Ogni regione europea dovrebbe invece, per assicurare la sicurezza dell'approvvigionamento, realizzare infrastrutture che consentano l'accesso fisico ad almeno due fonti diverse.

Allo stesso tempo, il ruolo di bilanciamento del gas per la produzione variabile di elettricità e le norme relative alle infrastrutture introdotte dal regolamento sulla sicurezza dell'approvvigionamento di gas impongono una maggiore flessibilità e accrescono la necessità di gasdotti bidirezionali, di maggiori capacità di stoccaggio e di forniture flessibili, come il GNC (Gas Naturale Compresso).

Per conseguire questi obiettivi, sono stati individuati i seguenti **sub-corridoi prioritari**:

1. **corridoio meridionale** per differenziare ulteriormente le fonti a livello UE e trasportare il gas dal bacino del Mar Caspio, dall'Asia centrale e dal Medio Oriente verso l'UE;

2. **corridoio centrale** per il collegamento tra il Baltico, il Mar Nero, l'Adriatico e il Mare Egeo attraverso la realizzazione del BEMIP e del corridoio nord-sud in Europa centrale e sudorientale;

3. **corridoio nord-sud** in Europa occidentale per eliminare le strozzature interne e accrescere l'erogabilità a breve termine, facendo uso in tal modo di possibili approvvigionamenti esterni alternativi, tra cui anche dall'Africa, e ottimizzando le infrastrutture esistenti, in particolare gli impianti di produzione e stoccaggio.

Infine, per quanto attiene al **corridoio del petrolio**, l'obiettivo consiste nel garantire la continuità dell'approvvigionamento di petrolio greggio dei paesi UE dell'Europa centro-orientale senza sbocco sul mare, che attualmente possono contare su poche rotte di approvvigionamento in caso di interruzione duratura dell'approvvigionamento attraverso le rotte convenzionali.

La diversificazione dell'approvvigionamento di petrolio e l'interconnessione delle reti di oleodotti contribuirebbero anche a contenere il trasporto di petrolio per nave, riducendo così i rischi ambientali nelle zone particolarmente sensibili e a intenso traffico del Mar Baltico e degli stretti della Turchia.

Ciò può essere ampiamente realizzato mediante le infrastrutture esistenti rafforzando l'interoperabilità della rete di oleodotti dell'Europa centro-orientale, interconnettendo i vari sistemi ed eliminando le strozzature di capacità e/o consentendo il flusso inverso.

La **seconda priorità** consiste nella **creazione degli incentivi iniziali necessari per investimenti rapidi in nuove infrastrutture per le reti "intelligenti" basate su DER** per promuovere:

a. un mercato al dettaglio competitivo
b. un mercato dei servizi energetici ben funzionante che offra scelte concrete in materia di risparmio e di efficienza energetici
c. l'integrazione delle fonti rinnovabili e dei sistemi distribuiti per la produzione di energia, nonché per integrare nuovi tipi di domanda, ad esempio per i veicoli elettrici.

La **terza priorità** consiste nella elaborazione della prospettiva a più lungo termine che dovrà contemplare **l'avvio della progettazione, pianificazione e costruzione delle reti energetiche del futuro**, che saranno necessarie all'UE per ridurre ulteriormente le emissioni di gas a effetto serra e predisporre le future "autostrade elettriche" che dovranno essere in grado di:

i. integrare il surplus di produzione eolica in continua crescita nel Mar del Nord e nel Mar Baltico e nelle zone prospicienti e accrescere la produzione da fonti rinnovabili in Europa orientale e meridionale e anche in Nordafrica
ii. connettere questi nuovi poli di produzione con le principali capacità di stoccaggio nei paesi nordici e nelle Alpi e con i principali centri di consumo nell'Europa centrale
iii. far fronte ad una domanda e ad un'offerta di elettricità sempre più flessibili e decentralizzate.

Infine, l'**ultima priorità** presuppone la **creazione di una infrastruttura europea per il trasporto di anidride carbonica**.

Questo settore prioritario include l'esame e l'approvazione delle modalità tecniche e pratiche delle future infrastrutture di trasporto di anidride carbonica.

Ulteriori ricerche, coordinate dall'iniziativa industriale europea per la cattura e lo stoccaggio del carbonio avviata nel quadro del piano SET, permetteranno di avviare tempestivamente la pianificazione e lo sviluppo delle infrastrutture a livello europeo, in linea con la diffusione commerciale della tecnologia prevista dopo il 2020.

Verrà anche sostenuta la cooperazione regionale per stimolare lo sviluppo di punti nevralgici delle future infrastrutture europee.

Oviamente, dopo aver definito le priorità, bisognerà **predisporre i progetti**.

Le summenzionate priorità dovrebbero tradursi in progetti concreti e portare alla realizzazione di una serie di progetti che sarebbero successivamente attualizzati ogni due anni, per dare un contributo all'aggiornamento regolare dei piani decennali di sviluppo della rete.

I progetti dovrebbero essere individuati e classificati secondo criteri convenuti e trasparenti che consentano di selezionarne un numero limitato.

La Commissione propone di basare i lavori sui seguenti criteri, che dovrebbero essere ulteriormente precisati e approvati da tutte le parti in causa, in particolare dall'ACER (*Agency for Cooperation of Energy Regulators*):

a) *elettricità*: contributo alla sicurezza dell'approvvigionamento di elettricità; capacità di connettere la produzione di energia rinnovabile e trasmetterla ai principali centri di consumo/stoccaggio; miglioramento dell'integrazione dei mercati e aumento della concorrenza; contributo all'efficienza energetica e all'utilizzo intelligente dell'elettricità;

b) *gas*: diversificazione, dando la priorità alla diversificazione delle fonti, alla diversificazione delle controparti fornitrici e alla diversificazione delle rotte; aumento della concorrenza tramite l'incremento dei livelli di interconnessione e dell'integrazione del mercato e la riduzione della concentrazione di mercato.

Infine, è previsto di predisporre una serie di **strumenti per accelerare l'attuazione dei progetti**.

Il **primo strumento** riguarda la **cooperazione regionale**.

Essa, sviluppata per il piano di interconnessione del mercato energetico del Baltico (*Baltic Energy Market Interconnection Plan* - BEMIP) e per l'iniziativa delle reti *offshore* dei paesi dei mari del nord (*North Seas Countries' Offshore Grid Initiative* – NSCOGI), è stata essenziale per il raggiungimento dell'accordo sulle priorità regionali e la loro attuazione. La cooperazione regionale obbligatoria prevista nel quadro del mercato interno dell'energia potrà contribuire ad accelerare l'integrazione del mercato, considerato che l'approccio regionale è stato proficuo per il primo piano decennale di sviluppo della rete elettrica.

Il **secondo strumento** consiste nella **semplificazione e accelerazione del rilascio dei permessi**. Nel marzo 2007 il Consiglio europeo ha invitato la Commissione a "presentare proposte volte a snellire le procedure di approvazione" in risposta alle frequenti richieste delle imprese di misure UE di semplificazione delle procedure di rilascio dei permessi.

Il **terzo strumento** si attua con il **miglioramento del processo decisionale** che potrebbe essere conseguito mediante le seguenti modalità:

1. designazione di un'autorità di contatto ("sportello unico") per ogni progetto di interesse europeo, la quale funga da interfaccia unica tra i promotori del progetto e le competenti autorità a livello nazionale, regionale e/o locale, fatte salve le rispettive competenze;

2. opportunità di introdurre un termine massimo per l'adozione da parte dell'autorità competente della decisione definitiva, positiva o negativa;

3. diritto dei cittadini di impugnare le decisioni delle autorità;

4. esame della possibilità di conferire, ad un'autorità designata dallo Stato membro interessato, poteri speciali per adottare entro un determinato termine la decisione definitiva, positiva o negativa, nel caso in cui la decisione non sia stata ancora adottata entro il termine prestabilito;

5. formulazione di orientamenti per migliorare la trasparenza e la prevedibilità della procedura per tutte le parti interessate

(ministeri, autorità locali e regionali, promotori dei progetti e popolazioni interessate);

6. miglioraramento delle condizioni che consentano la realizzazione rapida delle infrastrutture necessarie, esaminando la possibilità di attribuire premi o incentivi, anche di natura finanziaria, alle regioni o agli Stati membri che facilitano l'autorizzazione rapida dei progetti di interesse europeo, in concomitanza con ulteriori meccanismi di condivisione dei benefici, ispirati alle migliori pratiche nel settore delle energie rinnovabili.

Ancora, per aiutare le regioni e le parti in causa a individuare e attuare i progetti di interesse europeo, potrebbe essere adottato un **ultimo strumento di sostegno dedicato alle politiche, ai progetti di accompagnamento alla pianificazione infrastrutturale e alle attività di sviluppo dei progetti energetici a livello UE o regionale**.

Infine, anche se venissero risolti tutti i problemi esposti, è probabile che nel 2020 rimangano ancora da finanziare investimenti per un importo stimato a 60 miliardi di euro circa, in particolare a causa delle esternalità positive non commerciali dei progetti di interesse regionale o europeo e dei rischi inerenti alle nuove tecnologie.

La Commissione propone di operare su due fronti: **migliorare ulteriormente le regole di allocazione dei costi e ottimizzare la mobilitazione da parte dell'Unione Europea dei finanziamenti pubblici e privati**.

Per quanto attiene alle regole di allocazione di costi, è da considerare che i settori delle infrastrutture elettriche e del gas in Europa sono settori regolamentati, il cui modello economico è basato su tariffe regolamentate pagate dagli utenti, che consentono di recuperare gli investimenti realizzati. Questo principio dovrebbe rimanere l'asse fondamentale della regolazione anche in futuro.

Tuttavia, il **terzo pacchetto europeo di misure energetiche** chiede alle autorità di regolamentazione di **offrire ai gestori delle reti adeguati incentivi tariffari**, sia a breve che a lungo termine, per migliorare l'efficienza, promuovere l'integrazione dei mercati e la sicurezza dell'approvvigionamento e sostenere le attività di ricerca collegate. Peraltro, le tariffe vengono tuttora fissate a livello nazionale e in riferimento alle tecnologie tradizionali e non sono pertanto sempre propizie alla realizzazione delle priorità europee.

La regolamentazione dovrebbe riconoscere che a volte **il modo più efficace per un gestore dei sistemi di trasmissione di soddisfare le esigenze dei clienti è investire in una rete al di fuori del proprio territorio.** La fissazione di tali principi in materia di allocazione transfrontaliera dei costi è essenziale per la piena integrazione delle reti energetiche europee.

La mancanza di principi convenuti a livello europeo renderà questo compito difficile, in particolare data la necessità di un'uniformità a lungo termine. Pertanto la Commissione è impegnata nella creazione di orientamenti o di proposte legislative in materia di allocazione dei costi dei principali progetti tecnologici complessi o transfrontalieri, tramite disposizioni in materia di tariffe e di investimenti.

Le autorità di regolamentazione devono pertanto convenire principi comuni in materia di allocazione dei costi degli investimenti nelle interconnessioni e delle tariffe correlate.

Per quanto riguarda l'elettricità, occorrerebbe esaminare la possibilità di sviluppare mercati a lungo termine per le capacità di trasmissione transfrontaliere mentre, nel settore del gas, i costi degli investimenti potrebbero essere allocati a gestori dei sistemi di trasmissione nei paesi limitrofi, sia per gli investimenti basati sulla domanda del mercato che per quelli motivati dall'affidabilità dell'approvvigionamento.

Da ultimo, è necessario **ottimizzare a fini energetici la mobilitazione delle fonti finanziarie pubbliche e private**.

Dall'altro lato, fatto salvo il prossimo quadro finanziario pluriennale post-2013, e tenendo conto dei risultati del riesame del bilancio, per quanto riguarda l'inserimento delle priorità energetiche nei diversi programmi, la Commissione intende proporre un nuovo insieme di strumenti che dovrebbe combinare meccanismi finanziari esistenti e innovativi che siano differenti, flessibili e adeguati alle esigenze finanziarie e ai rischi specifici che gravano sui progetti nelle varie fasi del loro sviluppo.

Oltre alle forme tradizionali di sostegno (sovvenzioni, tassi di interesse agevolati), si potrebbero proporre soluzioni innovative basate sul mercato per far fronte alla mancanza di capitali propri e di finanziamenti mediante emissione di debito. Si potrebbero esaminare in particolare le seguenti opzioni:

- o acquisizione di partecipazioni e sostegno ai fondi infrastrutturali,
- o meccanismi mirati per le obbligazioni per il finanziamento di progetti,
- o opzione di sperimentazione di un meccanismo avanzato di pagamento delle capacità relative alla rete,
- o meccanismi di ripartizione dei rischi (in particolare dei nuovi rischi tecnologici),
- o garanzie dei prestiti mediante partenariati pubblico-privato.

4.4.3 Necessità di approcci innovativi

Le riflessioni[141] sulla necessità di nuovi approcci strategici iniziarono negli USA negli anni '80 e sostenevano la tesi che il risparmio energetico era di gran lunga più conveniente rispetto alla ricerca e sfruttamento di nuovi giacimenti di combustibili fossili. La liberalizzazione del mercato energetico tesa all'iniziativa privata e alla concorrenza ad oltranza degli anni seguenti fece dimenticare l'opportunità della tesi suesposta che

---

[141] I contenuti di questo sotto-paragrafo sono tratti da: Ugo Farinelli, Ricerca sull'Energia, Collana Quaderni AIEE, Associazione Italiana degli Economisti dell'Energia, Ottobre 2013.

peraltro, è attualmente riaffiorata con prepotenza a causa dell'eccezionale sviluppo dei Paesi Emersi che hanno tassi di consumo energetico e di conseguente inquinamento ambientale molto più elevati dell'Occidente. Poiché tali problematiche non hanno frontiere, è maturato il convincimento della necesssità assoluta di uno sforzo comune da parte di tutti (Organizzazioni multilaterali, Stati e Imprese). I settori infrastrutturali che dovrebbero essere innovati profondamente si riasssumono in collaborazioni più intense rispetto al passato, nella ottimizzazione dei consumi energetici nei trasporti, nel riequilibrio dei rapporti tra Paesi produttori e Paesi consumatori di petrolio e di gas, nell'utilizzo di tassazioni mirate e nella creazione di permessi di emissione negoziabili che possano disincentivare l'utilizzo dei combustibili inquinanti.

Le sensibilità nei confronti di tali problematiche sono tuttavia molto diverse nei vari Stati o nelle Federazioni di Stati: le massime sensibilità si ritrovano presso le Organizzazioni multilaterali, l'Unione Europea, i Paesi scandinavi, l'Olanda, la Gran Bretagna, gli Stati Uniti e la Germania.

Tuttavia, gli obiettivi della Comunità internazionale presa nel suo insieme per quanto atttiene il da farsi appaiono divergenti: intanto, si ha il consueto conflitto tra quelli che preferiscono un approccio prudenziale basato su una serie continua di piccoli passi in avanti e quelli che invece ritengono necessario un approccio brusco e immediato perché il punto di non ritorno è stato già sorpassato. Ancora, è diversa la scala di priorità da assegnare alle varie tematiche (sicurezza, sostenibilità, ambiente, aspetti sociali, ecc). Infine, non esistono in maniera sufficiente interrelazioni consolidate e sistematiche tra coloro che effettuano le analisi e coloro che assumono le decisioni.

Si preferisce pertanto, così come esposto in precedenza, ipotizzare "scenari descrittivi" (che descrivono l'evoluzione possibile dello "status quo") e "scenari normativi" (che descrivono cambiamenti radicali possibili con riferimento a date e aspetti variabili).

4.5 ZONE D'OMBRA TRA SVILUPPO ENERGETICO E PROTEZIONE AMBIENTALE

4.5.1 Incremento dei consumi energetici e dell'inquinamento

Le sfide dell'UE in materia di energia e ambiente riguardano più settori.

Se si vuole riassumere a grandi linee le considerazioni esposte finora, si può osservare quanto segue.

Fin dalla più remota antichità l'uomo ha cercato di potenziare la propria scarsa capacità energetica con utilizzando la maggior forza degli animali e poi, progressivamente, sfruttando con l'ausilio della scienza e della tecnologia le forze e le risorse della natura. A partire dalla rivoluzione industriale in poi, tali comportamenti hanno prodotto un benessere e un incremento della popolazione mondiale mai sperimentati in passato.

Peraltro, le competizioni tra gli Stati nella ricerca delle riserve energetiche si è progressivamente esacerbata fino a produrre nel secolo appena trascorso eventi bellici sempre più distruttivi e in grado, a seguito dell'applicazione in guerra delle armi nucleari, di far scomparire per sempre il genere umano dal globo terrestre ove fossero applicate anche in minima parte.

Inoltre, l'utilizzo sempre maggiore delle fonti energetiche non rinnovabili, da un lato ha generato l'immissione nell'atmosfera di composti chimici (fra cui massimamente la CO_2) responsabili di un riscaldamento climatico mai avvenuto nella storia del nostro pianeta per quanto riguarda intensità e velocità di accadimento e, dall'altro, ha innescato un utilizzo (ancora quantitativamente irrilevante) di fonti energetiche rinnovabili le quali, in taluni casi, presentano notevoli controindicazioni.

Peraltro, l'aspirazione verso stili di vita sempre più confortevoli ha prodotto una forsennata ricerca globale di riserve energetiche e violente tensioni economiche, politiche e militari tra tutti gli Stati.

Da quando (circa una trentina di anni or sono) risultò evidente che il consumo di fonti energetiche non rinnovabili era responsabile del riscaldamento globale e delle conseguenti distorsioni climatiche, si ebbe una presa di coscienza internazionale tesa ad una limitazione sistematica delle emissioni di CO_2 strutturata tramite norme cogenti.

Tuttavia, l'entusiasmo iniziale che si era concretizzato nell'Accordo di Cancun del 2010 (che stabiliva di ridurre le emissioni di CO_2 al fine di contenere entro il 2050 l'incremento di temperatura nell'ambito di 2°C, eventualmente riducibile a 1,5 °C) si è andato pian piano sgretolando[142].

Pertanto, se ne può dedurre che le emissioni di CO_2 saranno sicuramente maggiori di quelle previste e tenderanno a superare l'obiettivo dell'incremento della temperatura globale di soli 2°C nel 2050.

Ora, tale obiettivo corrisponde all'emissione di CO_2 stimabile in un intervallo di 565-886 mld di tonnellate (Gt).

Inoltre, le riserve energetiche non rinnovabili attualmente stimate per il consumo corrispondono a circa 2.800 Gt di CO_2.

Quindi, ove si volesse mantenere l'impegno di 2°C nel 2050, le riserve attuali non potrebbero essere consumate se non per il 20,9% (nel caso di 565 Gt) o per il 31,6% (nel caso di 886 Gt).

Cioè, le riserve energetiche non rinnovabili sono utilizzabili solo secondo le percentuali indicate e non oltre; altrimenti, l'emissione di CO_2 causerebbe un incremento della temperatura ben superiore ai 2°C previsti nel 2050.

---

[142] Cfr. Carbon Tracker Initiative in collaboration with Grantham Research Institute on Climate Change and Environment, *Unburnable Carbon 2013: wasted capital and stranded assets*, 2013; riportato da: Will Hutton, *Disastro ambientale o nuova crisi finanziaria*, Internazionale 1000, 17 maggio 2013

4.5.2 Incoerenza tra l'acquisizione di nuove riserve e il progressivo inquinamento ambientale

Se le 200 imprese che operano nel settore dei combustibili fossili utilizzassero i le riserve già note, la temperatura globale al 2050 aumenterebbe di 6°C con conseguenze di devastazione ambientale inimmaginabili.

In contrasto con quanto indicato, le imprese sono alla ricerca di ulteriori giacimenti di combustibili fossili e, solo nel 2012, hanno speso ben 674 mld $ a questo fine.

Ma, se neanche le riserve esistenti possono essere utilizzate, le spese della ricerca di ulteriori riserve sono denari buttati al vento. Ora, le 200 imprese hanno attualmente un valore di borsa pari a circa 4.000 mld $ e un debito complessivo di 1500 mld $.

Quando i mercati comprenderanno che le la ricerca di ulteriori riserve di combustibili fossili ha rappresentato una spesa che non potrà avere alcun ritorno, il valore di borsa delle imprese diminuirà drasticamente e potrà scatenare una nuova crisi finanziaria globale.

Pertanto, riassumendo gran parte delle considerazioni esposte finora, **l'unica soluzione ragionevole che si prospetta in futuro è quella della maggiore efficienza dell'energia esistente.**

Inoltre, da quanto esposto in precedenza, risulta che gli approcci che vengono utilizzati nella risoluzione dei problemi sono erronei, ma vengono comunque perseguiti per avidità o ignoranza.

Servono nuovi modelli concettuali di risoluzione dei problemi: essi devono essere basati su scienza, esperienza ed etica. Su questo terreno è necessario incamminarsi.

4.6 STRATEGIE ENERGETICHE IN ITALIA

4.6.1 Storia recente del nostro Paese e del suo sviluppo energetico

In queste note non si pretende di riassumere i contesti e le vicissitudini geopolitiche che nei tempi storicamente recenti hanno dato luogo allo Stato Italiano. Tuttavia taluni spunti possono essere utili per comprendere le possibilità concrete di attuazione delle sue possibili strategie sull'energia; il lettore perdonerà questa breve digressione che consente tuttavia di prendere in considerazione taluni fatti che possono in parte spiegare le difficoltà in cui oggi il nostro Paese si dibatte[143].

La Rivoluzione francese del 1788 sconvolse i regimi europei preesistenti e creò le rivolte borghesi di stampo liberale e democratico che segnarono la fine dell'assolutismo.

Dopo il periodo di *grandeur* francese segnato dalla eccezionale personalità di Napoleone Bonaparte, il Congresso di Vienna del 1815 definì l'assetto politico dell'Europa connotato da un equilibrio tra le grandi potenze (Inghilterra, Francia, Russia, Austria e Prussia) e da Stati-cuscinetto di rilievo minore, che portò a circa un secolo di pace e di stabilità ininterrotta, turbata solo da brevi conflitti.

In Italia, il più potente Stato-cuscinetto costituito dal Regno di Sardegna, sulla spinta del genio politico di Cavour si impadronì dell'anelito di libertà che pervadeva la penisola e, approfittando delle controversie tra Francia, Austria e Prussia, operò al fine di ampliare il proprio potere nelle regioni del

---

[143] Queste note sono in parte tratte da Touring Club Italiano, *1861-2011, Italia unita e diversa*, Touring Club Italiano Editore

Nord, puntando ad impadronirsi della Toscana e del Lombardo-Veneto.

Ma la tendenza alla ribellione nei confronti degli Stati assolutisti si era espansa e divenne incontrollabile: era nato il Risorgimento con rivolte popolari che scossero tutto il territorio italiano e che fecero proprie l'ideologia di Giuseppe Mazzini e l'energia guerriera di Giuseppe Garibaldi.

Crollò così il Regno delle due Sicilie ad opera della spedizione dei Mille segretamente protetta dal Regno di Sardegna. Nel 1861, il Parlamento proclamò Vittorio Emanuele II Re d'Italia, Roma capitale del Regno mentre Cavour enunciava il principio della *"libera Chiesa in libero Stato"*.

Infine, nel 1870 venne conquistato anche lo Stato pontificio segnando la fine del potere temporale del Papa che durava fin dal 752.

Imbaldanzita dal successo ottenuto, l'Italia si lanciò in conquiste coloniali in Eritrea (1882), in Somalia (1890) a cui seguiranno le conquiste in Libia (1911) e quelle poste in essere successivamente dal regime fascista; a seguito della seconda guerra mondiale, le colonie italiane saranno tutte perdute e con esse le riserve energetiche esistenti in quelle regioni.

Ma la gestione dell'ex Regno di Sardegna di uno Stato molto più ampio di quello previsto inizialmente si rivelò molto complessa, tant'è che nel 1877, da parte di Sidney Sonnino e Leopoldo Franchetti, fu denunciato il fallimento dell'integrazione del Meridione nel Regno d'Italia a causa di difficoltà ancora oggi esistenti (criminalità organizzata, sottosviluppo).

Nel contempo, l'equilibrio creato dal Congresso di Vienna si ruppe a causa del formarsi di due grandi blocchi contrapposti, uno costituito dall'unificazione degli Stati tedeschi sotto la corona prussiana (1871) e dall'Impero austro-ungarico e l'altro dalla Triplice Intesa della Russia, Gran Bretagna e Francia

(1907) a cui si accodarono poi gli Stati Uniti e in un secondo tempo l'Italia.
Lo scontro tra i due blocchi divenne inevitabile è portò alla prima guerra mondiale.
Si è detto in precedenza quanto l'approvvigionamento energetico abbia pesato sul suo esito.
Le pesantissime sanzioni imposte alla Germania crearono il terreno fertile per la nascita del nazismo e per l'esplodere del secondo conflitto mondiale. Anche in questo caso l'approvvigionamento energetico costituì un fattore fondamentale di vittoria o di sconfitta.
Peraltro, la conclusione del secondo conflitto mondiale é segnata da uno dei più disastrosi errori politici storicamente mai commessi: **la decisione di Truman di utilizzare bombe atomiche contro il Giappone già vinto per dimostrare al mondo il potere americano**: da questa dissennata decisione è scaturita la corsa di molti Stati alla costruzione di tale tipologia di armamenti che mantiene l'umanità intera sotto l'incubo di una guerra nucleare che, anche se locale, sarebbe in grado di annientarne la sopravvivenza.
I successivi incontri tra i governi americano, inglese e russo dapprima a Teheran alla fine del 1943, a Jalta nel febbraio 1945) e a Potsdam nel luglio 1945 portarono alla spartizione della Germania in quattro zone di occupazione da parte delle potenze vincitrici (Russia, USA, Gran Bretagna e Francia), alla punizione dei criminali di guerra tedeschi e alla distruzione del potere militare germanico e alla creazione dell'ONU. Tuttavia, già nell'ultima riunione emersero divergenze e ostilità tra i vincitori sulle modalità di esecuzione degli accordi. La progressiva radicalizzazione delle posizioni portò alla suddivisione del mondo in due blocchi contrapposti che fù denominata "guerra fredda".
A seguito della conclusione della seconda guerra mondiale, la gestione del nostro Paese da parte degli Stati occidentali vincitori (e, in particolare da parte degli Stati Uniti) si presentò

come un rompicapo: l'Italia era un cumulo di rovine, ma la sua posizione era essenziale per il controllo del Mediterraneo; la Pubblica Amministrazione era in mano a funzionari la gran parte dei quali era fascista; il partito comunista (che aveva collaborato alla Liberazione) era molto potente e legato politicamente e finanziariamente alla Russia; la mafia siciliana aveva collaborato con la mafia italo-americana per agevolare l'invasione degli Alleati nella penisola; la Capitale, situata a Roma era sede del Cattolicesimo universale e disponeva di un potere spirituale immenso; l'unico partito su cui i vincitori potessero contare era la Democrazia Cristiana e qualche partito minore di ispirazione liberale.

L'evidenza storica suggerisce che fu scelta una soluzione compromissoria che si tradusse in una tutela forzata del nostro Paese da parte statunitense; essa tuttavia, ad eccezione del Piano di ricostruzione del vecchio continente (*European Recovery Program*) annunciato nel 1947 dal Segretario di stato americano George Marshall, inibì o rese difficoltoso successivamente ogni sviluppo a connotazione strategica, compreso quello di natura energetica.

Infatti:

- o furono create basi militari americane in Italia (peraltro, a somiglianza di quelle predisposte nell' Europa occidentale e nel mondo intero);
- o a differenza di quanto accaduto negli altri Paesi europei, fu mantenuto in vita il partito fascista con altro nome[144] (altrimenti si sarebbero dovuti estromettere i funzionari pubblici i quali sarebbero stati sostituiti in parte anche da funzionari di credenza comunista)
- o la Democrazia cristiana fu scelta come garante dell'ordine così stabilito

---

[144] Fu creato infatti nel 1946 il Movimento Sociale Italiano (MSI) di ispirazione fascista da parte di alcuni reduci della Repubblica Sociale Italiana di cui alcuni rappresentanti sono tuttora presenti nel Parlamento.

o fu stroncata qualsiasi iniziativa politica ed energetica che avrebbe potuto costituire una eventuale minaccia[145]

---

[145] Basti ricordare: **Enrico Mattei** che fondò l'ENI nel 1953, rilevò importanti concessioni in Medio Oriente e fece accordi commerciali con l'Unione Sovietica rompendo l'oligopolio delle "Sette sorelle" (*Standard Oil of New Jersey, Standard Oil of New York, Standard Oil of California, Royal Dutch Shell, Anglo-Persian Oil Company, Texaco* e *Gulf Oil*) ucciso nel 1962 per un incidente aereo doloso. **Felice Ippolito**, Presidente del CNEN (Comitato Nazionale dell'Energia Nucleare) che voleva sviluppare l'industria nucleare in Italia e che fu destituito per una presunta irregolarità amministrativa. **Bettino Craxi**, che in un "ultimo sussulto di sovranità nazionale" si oppose alle forze armate statunitensi che pretendevano di operare liberamente in territorio italiano per contrastare una operazione terroristica filo-siriana (crisi di Sigonella); coinvolto in seguito nelle inchieste di Tangentopoli, Craxi subì due condanne definitive per corruzione e finanziamento illecito al Partito Socialista Italiano e morì all'estero mentre erano in corso altri quattro processi contro di lui. **Aldo Moro**: fautore del "compromesso storico" tra Democrazia cristiana e Partito comunista dispiacque agli Stati Uniti perché l'iniziativa avrebbe consentito a persone che avevano stretti contatti con il partito comunista sovietico di venire a conoscenza di piani militari e di postazioni strategiche segrete della NATO; inoltre, una partecipazione comunista in un paese sotto l'influenza americana sarebbe stata una sconfitta politico-culturale degli Usa; parimenti, Moro dispiacque all'URSS che temeva un "imborghesimento" del Partito comunista italiano. Moro fu assassinato dalle Brigate rosse nel 1978. I suoi diari durante la prigionia sono venuti alla luce in forma censurata solo recentemente e comunque contengono aspre accuse nei confronti di Giulio Andreotti e Francesco Cossiga per il controllo dei servizi di sicurezza e, riferendosi a Max Weber, per lo sviluppo e il mantenimento della coesistenza nel nostro Paese di più poteri (militari, imprenditoriali, bancari, massonici, clericali, burocratici, sindacali, della magistratura, delle strutture di comunicazione, ecc) che svolgono ruoli di supplenza nei confronti della politica e che sono talora con le loro deviazioni contigui alla criminalità (cfr. Miguel Gotor, *Il memoriale della Repubblica - Gli scritti di Aldo Moro dalla prigionia e l'anatomia del potere italiano*, Einaudi); lo stesso **Giulio Andreotti** (7 volte Presidente del Consiglio e 21 volte ministro), che fu condannato (anche se prescritto) perché coinvolto in numerose vicende oscure, quali i rapporti con Michele Sindona, Licio Gelli e il ruolo eversivo della Loggia P2 e, infine, per il ruolo di garante svolto in riferimento al Golpe Borghese, noto al governo degli Stati Uniti, così come appare risultare dal *Freedom of Information Act 2004*. Ciò in base alle seguenti fonti: Camillo Arcuri, *Colpo di Stato –Storia vera di una inchiesta censurata*, BUR 2004; Adriano Monti, *Il Golpe Borghese – Un golpe virtuale*

o la criminalità organizzata che aveva favorito l'invasione della Sicilia fu ricompensata con la liberazione di mafiosi detenuti in America (Lucky Luciano, Vito Genovese, Calogero Vizzini, Giuseppe Genco Russo, ecc), con l'assegnazione di incarichi pubblici a mafiosi nella Sicilia liberata e con il sostegno al Movimento indipendentista Siciliano. Anche dopo la seconda guerra mondiale, la mafia siciliana e quella americana ebbero diversi incontri per la stipula di accordi commerciali. La lotta contro la mafia siciliana iniziò molto più tardi ad opera di magistrati e giornalisti coraggiosi verso la fine degli anni 60 del secolo scorso[146].

Peraltro – dopo la scomparsa di Togliatti il quale combatté contro il fascismo quando esso prosperava distruggendo la democrazia; dopo l'armistizio dell'8 settembre 1943 antepose la lotta antifascista alla caduta della monarchia; contribuì validamente alla stesura della Costituzione; nel 1948 evitò la guerra civile a seguito dell'attentato alla sua persona – il

---

all'italiana, Lo Scarabeo Bologna 2006; Gianni Flamini, *L'Italia dei colpi di Stato*, Newton & Compton 2007; Commissione Parlamentare d'inchiesta sul terrorismo in Italia e sulle cause della mancata individuazione dei responsabili delle stragi, Sen. Giovanni Pellegrino Presidente della Commissione circa il terrorismo le stragi e il contesto storico-politico, *Relazione della Commissione Stragi sul Golpe Borghese*, Proposta depositata dal Presidente On.le Pellegrino il 12.12.1995. In proposito, è da notare che tale Commissione, composta da 20 Deputati e 20 Senatori e dal Presidente, durata dal 1988 al 2001 per ben 4 legislature, che aveva l'incarico di indagare su: Caso Moro, Apparato paramilitare del Partito Comunista Italiano, Golpe Borghese, Organizzazione Gladio, Loggia P2, Strage di Ustica, Terrorismo in Alto Adige, non ha prodotto alcun documento conclusivo. Da ultimo, la politica energetica autonoma portata avanti da **Silvio Berlusconi** e costituita da accordi con Gheddafi e con Putin lo ha reso inviso all'Occidente e ha rafforzato la diffidenza e la strategia di tutela forzosa degli Stati Uniti e dell'Unione Europea nei confronti del nostro Paese.

[146] Sulla mafia siciliana (Cosa Nostra) esiste una letteratura immensa che tratta varie tematiche: la Storia e la Sociologia dell'organizzazione, Cosa Nostra durante il Fascismo, Cosa Nostra dal Dopoguerra ad oggi; sono inoltre disponibili opere di narrativa scritta e televisiva. Wikipedia, offre una bibliografia ricchissima a riguardo.

comportamento del Partito comunista ha fornito ampie giustificazioni all'atteggiamento degli Stati Uniti nei confronti del nostro Paese.

Infatti, nonostante la rivolta ungherese del 1956 duramente repressa dalle truppe sovietiche, quella polacca avvenuta lo stesso anno anch'essa soffocata nel sangue, la primavera di Praga in Cecoslovacchia del 1968 sostenuta da Dubček soffocata anch'essa dalle truppe sovietiche – il Partito comunista italiano non colse tutte queste occasioni per recidere decisamente il legame politico con la Russia.

Questa serie di occasioni perdute lo screditarono in Occidente e giustificarono l'atteggiamento di tutela forzosa da parte degli Stati Uniti nei confronti del nostro Paese che sussiste ancora oggi, anche se la minaccia del totalitarismo di stampo sovietico è da tempo scomparsa.

4.6.2 Nuova strategia energetica nazionale SEN

Il governo Monti, ha definito una Strategia Energetica Nazionale (SEN). Essa segue ad un lungo periodo di silenzio, ma non appare ancora chiaro come potrà essere portata avanti in quanto manca di coerenza con le normative emanate nel periodo del referendum 2011[147].

Essa peraltro è esplicitata in un "Documento per la consultazione pubblica" e quindi dovrebbe fruire dei contributi della Ricerca e Sviluppo, delle imprese e dei gruppi d'interesse.

La SEN, oltre ad una "Sintesi", tratta vari argomenti: "Il Contesto internazionale e italiano", "Gli obiettivi", "Le priorità d'azione e i risultati attesi", L'Approfondimento delle priorità d'azione", e "Il settore dell'energia motore per la crescita

---

[147] Cfr.: Roberto Vacca, *Strategia Energetica Nazionale: congiura del silenzio*, Elettronica Open Source 2 gennaio 2013

economica". Nel seguito si fornisce un breve quadro desunto dalla "Sintesi".

L'obiettivo fondamentale della SEN consiste in una crescita sostenibile, individuabile nella diminuzione dei prezzi energetici per imprese e famiglie, nel miglioramento della sicurezza dell'approvvigionamento e nell'attenuazione delle difficoltà economico-finanziarie degli operatori.
Questi sotto-obiettivi consisterebbero nell'allineamento dei costi e dei prezzi a quelli europei, nel raggiungimento degli obiettivi ambientali definiti dalla strategia UE, nella riduzione della dipendenza dall'estero nel settore gas (che oggi costa 62 mld €/anno) e nell'incentivazione dell'energia sostenibile.
Secondo la SEN, per cogliere i sotto-obiettivi, sarebbe necessario puntare sulla promozione dell'efficienza energetica, sullo sviluppo di un mercato del gas competitivo che dovrebbe comportare la creazione italiana di un *hub* sud-europeo, sulla evoluzione sostenibile delle energie rinnovabili, sull'integrazione del mercato elettrico nazionale in quello europeo, sull'ottimizzazione delle strutture di raffinazione e della rete di distribuzione dei carburanti, sullo sviluppo sostenibile della produzione nazionale di idrocarburi e sulla modernizzazione del sistema di governo decisionale nazionale nel settore energetico.
Entro il 2020 dovrebbero essere raggiunti risultati per quanto attiene: l'allineamento dei prezzi all'ingrosso di tutte le fonti energetiche, la diminuzione dall'84% al 67% della dipendenza dall'estero, un ammontare di investimenti pari a 180 mld € in settori esistenti (rete elettrica, rete gas, ecc) e innovativi (rinnovabili), la diminuzione del 19% delle emissioni di gas serra, l'incremento al 23% dell'incidenza dell'energia rinnovabile sui consumi primari (rispetto all'11% al 2010) con una riduzione dall'86% al 76% dei combustibili fossili e la riduzione del 24% dei consumi primari (superando l'obiettivo

europeo che l'aveva fissata al 20%) agendo sull'efficienza energetica.

Ovviamente, la SEN condivide l'orientamento strategico europeo al 2050 dell'abbattimento fino all'80% delle emissioni di CO_2.

4.6.3 Considerazioni sulla strategia energetica italiana SEN

La SEN trae origine nel 1998 con il governo D'Alema ad opera di Luigi Bersani che a quel tempo era ministro dell'Industria e che promosse "accordi volontari" tra le parti in causa. Questi ultimi, con il governo Berlusconi del 2001 furono abbandonati in quanto, nell'ambito della teoria economica neoliberista, furono considerati incompatibili con le teorie economiche del libero mercato. L'iniziativa fu resuscitata dal governo Monti e, in linea di principio, non si può non condividere. Tuttavia, oltre all'incertezza normativa sopracitata, rimangono ulteriori condizioni al contorno che potrebbero limitarne di molto la fattibilità.

In primo luogo, non appare realistico il breve orizzonte (2020) entro cui si presuppone di raggiungere gli obiettivi: l'esperienza ha dimostrato che i processi di rielaborazione dei paradigmi energetici sono molto più lenti; infatti, in Gran Bretagna è stato stabilito un termine più lungo fino al 2030. Inoltre esistono, a detta di esperti[148], numerose contraddizioni e carenze che dovranno essere risolte, pena il fallimento del progetto. Peraltro, la connotazione di consultazione pubblica della SEN, in una logica di cooperazione tesa al bene comune, dovrebbe poter consentirne le necessarie rielaborazioni.

A ciò si aggiungono numerose ulteriori considerazioni.

---

[148] Cfr.: Giovanni Battista Zorzoli, *Strategia energetica: passi avanti e passi indietro*, Web Roma 17 settembre 2012

Mentre l'immissione di CO_2 nell'atmosfera aumenta, le soluzioni per contenerla sono deboli e alcune appaiono fantasiose.

Fino a che le energie rinnovabili saranno sussidiate sistematicamente, l'attenzione delle imprese sarà concentrata sulla acquisizione dei sussidi e non sul sostegno della Ricerca e Sviluppo atta a renderle economicamente fruttifere.
Scarso risulta l'interesse per l'energia geotermica che è peraltro inesauribile.
Gli ambientalisti contrastano l'eolico per motivi paesaggistici o di molestia dovuta alla rumorosità (nonostante il problema appaia superato a causa dell'innovazione tecnologica), non rendendosi conto che l'eolico è inesauribile e non inquinante.
Il paradigma energetico tende ad essere sempre più accentrato, mentre le soluzioni distribuite non solo sono più resilienti a *shock*, ma possono presentare efficienze elevatissime ove la produzione energetica fosse vicina ai consumi e non dovesse essere trasportata dalla produzione ai consumatori da mezzi di trasporto dei prodotti energetici ovvero da linee ad altissima tensione nel caso elettrico.
I titolari di poteri economici, finanziari e ingegneristici dell'energia accentrata e dell'energia basata sui combustibili fossili si oppongono e si opporranno strenuamente a qualsiasi modifica dell'attuale assetto.
La conflittualità per l'accaparramento delle riserve di combustibili in acque profonde o in paesi in via di sviluppo è in continua crescita.

Peraltro[149], la SEN è carente per quanto attiene la definizione delle priorità tra le azioni che sono ritenute possibili.

---

[149] 129. Ugo Farinelli, Ricerca sull'Energia, Collana Quaderni AIEE, Associazione Italiana degli Economisti dell'Energia, Ottobre 2013

Inoltre, non nomina la geotermia che è sfruttata al minimo e di cui l'Italia è ricchissima..

Ignora il ruolo fondamentale del sistema fiscale sulle scelte energetiche.

Non accenna alla necessità del coordinamento tra i soggetti che saranno coinvolti.

Non tratta il coinvolgimento della Comunità Europea.

Non cita le esperienze maturate in Italia (autovetture a gas metano, gassificazione dei residui di raffinazione per la produzione di energia elettrica a ciclo combinato) non sono citate.

Si sarebbe potuto e si dovrà fare ben di più.

Concludendo, lo sviluppo del progetto SEN e del Piano energetico europeo incontrerà notevoli difficoltà sul proprio cammino e non valorizza le specificità italiane nel settore energetico.

Ma esso, opportunamente rielaborato e unito ad iniziative della medesima specie, rappresenta per le future generazioni una decisa via di salvezza da un possibile disastro energetico e ambientale nazionale ed europeo che si innesta su un disastro globale ben più ampio e pericoloso.

CONSIDERAZIONI FINALI

Le considerazioni che si possono trarre da quanto esposto sono di più ordini.

Innanzitutto, l'analisi storica delle risorse energetiche porta all'amara considerazione che, a partire dalla prima scoperta di un giacimento petrolifero negli Stati Uniti e nella prima parte del secolo passato, un pugno di compagnie private occidentali gestite da affaristi e avventurieri senza scrupoli ha dominato lo sfruttamento delle riserve naturali dell'energia mondiale determinando, volta per volta, il proprio massimo profitto fissando prezzi e quantità estraibili.

In questa logica industriale perversa, il rischio del rinvenimento delle riserve è stato lasciato alla categoria degli addetti alla prospezione (cioè alla ricerca dei giacimenti), mentre l'industria del trasporto e della vendita ha prosperato accumulando fortune immense, i governanti dei paesi medio-orientali possessori delle prime riserve rinvenute sono stati corrotti e solo lentamente hanno preso coscienza del loro potere creando l'OPEC.

Questa situazione ha creato aspri rancori tra i paesi possessori di riserve energetiche (di norma paesi in via di sviluppo) che si sono sentiti defraudati e i paesi occidentali i quali, utilizzandole intensamente, hanno sviluppato ricchezze e stili di vita a cui non pensano neanche lontanamente di rinunciare; a tale proposito, è celebre la frase del presidente statunitense Reagan che in un consesso internazionale affermò che *"lo stile di vita americano non è oggetto di negoziazione"*.

Nel contempo, tutti gli Stati hanno compreso l'essenzialità strategica delle risorse energetiche per quanto attiene da un lato ai trasporti di veicoli militari su terra, in mare e per aria e dall'altro per garantire la crescita e il benessere delle proprie popolazioni.
Si è creata pertanto un'aspra competizione globale tra Stati per il possesso delle riserve energetiche che dura ancora oggi; buona parte di tali riserve sono impossibili da sfruttare perché l'inquinamento da CO_2 derivante dai relativi consumi sarebbe incompatibile con la sopravvivenza stessa del genere umano.

A partire dalla prima guerra mondiale in poi, la disponibilità locale di giacimenti e l'esistenza delle vie di trasporto dei prodotti energetici hanno costituito le motivazioni fondamentali delle azioni militari indotte dalle politiche energetiche degli Stati: le zone su cui si sono sviluppati conflitti o in cui sono attualmente presenti tensioni formidabili sono note: Egitto, Irak, Afghanistan, Kosovo, Libia, Siria, Mar Caspio, Oceano Indiano, Polo Nord, ecc.
Le tensioni si sono progressivamente esasperate a causa del progressivo esaurimento delle riserve e del contestuale incremento della domanda di energia da parte dei paesi orientali emersi (Cina, India, Corea del Sud, Vietnam, ecc). Il fenomeno, anche se previsto e noto da tempo, ha iniziato a divenire di dominio pubblico dal 2005 in poi ed è misurabile da un indicatore preciso costituito dall'aumento dei prezzi derivante dall'incremento della domanda in presenza di una offerta sostanzialmente stabile[150].
Infatti, **mentre dal 1998 al 2004 la produzione di petrolio greggio è aumentata da 64 a 74 milioni di barili al giorno, dal 2005 al 2011 ha oscillato dai 72 ai 74 milioni di barili al giorno; i prezzi dal 1998 al 2004 hanno oscillato tra 10 e 40**

---

[150] Queste considerazioni sono tratte da James Murray e David King, In crisi di energia, Nature, riportato da Internazionale 935 febbraio 2012

dollari/barile, mentre i prezzi dal 2005 al 2011 hanno oscillato da 40 a 140 dollari/barile; pertanto, l'ampiezza della oscillazione dei prezzi tra i due periodi è aumentata di circa 3 volte; l'instabilità e i conseguenti rischi del settore sono quindi aumentati nella stessa misura.

Né appare che le risorse (giacimenti non ancora scoperti) di petrolio, di carbone, di gas naturale e quello estratto da scisti bituminosi (*shale gas*) possano sopperire in breve tempo al progressivo esaurimento delle riserve di petrolio: le risorse sono per loro natura solo ipotetiche, il carbone mondiale raggiungerà il picco nel 2025 e poi inizierà a decrescere, il gas naturale nell'America del Nord ha raggiunto il picco nel 2001 e anche lo *shale gas*, là dove è stato estratto, mostra di avere cicli di vita più brevi del previsto, anche se oggi si assiste ad una corsa sfrenata al suo sfruttamento nonostante i rischi tettonici della frammentazione idraulica e il rendimento al di sotto della soglia della profittabilità.

In conclusione, **non esistono altre vie se non quelle di migliorare il rendimento dell'estrazione e della distribuzione di energia utile da quella ricavata dalle varie fonti e di passare nei limiti del possibile all'energia rinnovabile**; in tal modo si eviterebbe anche di rilasciare nell'atmosfera gli enormi quantitativi di CO_2 che sono in gran parte responsabili del riscaldamento globale del pianeta e della conseguente alterazione del clima.

Il rendimento dell'estrazione è migliorabile di molto: l'energia utile ricavata da combustibili fossili, biomasse e impianti nucleari è pari 55 exajoule[151], mentre l'energia primaria è pari

---

[151] Si ricorda che il joule è l'unità elementare di energia ed è pari alla forza di 1 newton applicata su una lunghezza di 1 metro, ovvero al passaggio di una corrente di 1 ampere lungo una resistenza di 1 ohm per 1 secondo.

a 475 exajoule; pertanto il rendimento risulta essere uguale a 55/475, cioè pari all'11,57%; **in conclusione, esistono amplissimi spazi tecnologici, organizzativi e funzionali per il miglioramento di tale rendimento.**

I vantaggi delle energie rinnovabili sono noti, ma la loro incidenza è tuttora scarsa (16%), non sono in taluni casi privi di controindicazioni e la loro estensione ha limiti ben precisi.
Peraltro, la progressiva diminuzione delle riserve energetiche e il riscaldamento globale concorrono a produrre profonde trasformazioni del quadro climatico e geopolitico che tendono a definire una situazione incerta che, in assenza di controreazioni correttive, potrebbe alterare drasticamente le capacità di sostenere adeguatamente la vita umana.

A ciò si aggiungono **le difficoltà dell'approvvigionamento energetico che possono scatenare conflitti di portata globale**; in proposito, è bene rammentare che i due ultimi conflitti mondiali del secolo scorso sono stati motivati da considerazioni energetiche e che anche successivamente si sono avuti e si hanno tuttora conflitti sempre a causa dello stesso motivo.

Inoltre, il numero accertato di testate nucleari[152] di Russia (1740-8500), Stati Uniti (2150-7700), Francia (290-300), Cina (240), Regno Unito (160-225), Israele (80-200), Pakistan (90-110) e India (80-100), ove si scatenasse un conflitto nucleare globale, porterebbe alla scomparsa dell'uomo dalla Terra.
Peraltro, pur se non si scatenassero conflitti tra le grandi potenze a causa della mutua capacità di distruzione assicurata

---

[152] Cfr: Federation of American Scientists, *Status of World Nuclear Forces*, riportato da Wikipedia

dai rispettivi arsenali nucleari, anche una guerra nucleare locale può portare ad una catastrofe globale[153].
Infatti, **anche un conflitto locale di appena 100 testate tra India e Pakistan porterebbe ad un inverno nucleare diffuso su gran parte dell'orbe terracqueo, con un collasso quasi completo dell'agricoltura mondiale.**

A ciò si aggiunge l'atteggiamento perseguito dagli Stati Uniti enunciato dalla cosiddetta *Full Spectrum Dominance* che si basa sulle 720 basi militari distribuite in tutto il mondo e che costituisce una minaccia planetaria (cfr. Fig. 77).

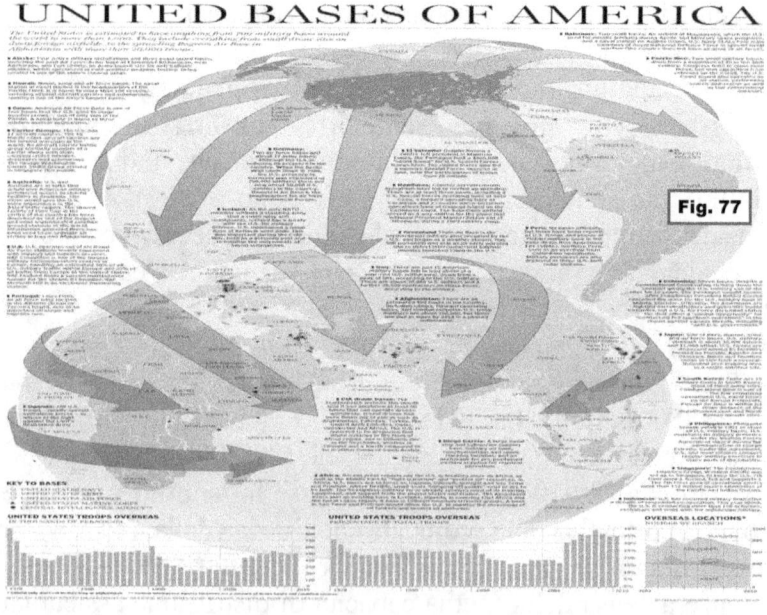

---

[153] Queste considerazioni sono tratte da Alan Robock e Owen Brian Toon, *Guerra nucleare locale, Catastrofe globale*, Le Scienze Marzo 2010.

Ancora, pur nella totale assenza di guerre nucleari anche locali, l'umanità è minacciata da ulteriori insidie quali la perdita della biodiversità, l'inquinamento sinergico dell'azoto e del fosforo, la riduzione dell'ozono nella stratosfera, l'acidificazione degli oceani, il consumo globale di acqua dolce, lo sfruttamento sistematico del suolo, l'inquinamento dovuto all'aerosol atmosferico e l'inquinamento chimico globale.

Infine, l'inquinamento dell'ambiente di origine antropica si sta effettuando secondo ritmi fulminei rispetto a quanto accaduto nel passato: questi ritmi porteranno rapidamente a situazioni di impossibilità di controllare i connessi fenomeni anche a causa delle mutue interdipendenze.

Di fronte alle gravi problematiche indicate, si assiste ad una profusione di soluzioni su cui le istituzioni multilaterali, le regioni economiche e le strutture governative dei paesi fondamentali, salvo rari casi, non si sono attivate in modo tale che alle buone intenzioni seguano iniziative concrete: peraltro, taluni provvedimenti potrebbero essere posti in atto secondo quanto in appresso:

- **Rielaborare completamente il paradigma e il conseguente sistema energetico, rendendolo efficiente e a basso consumo dei combustibili fossili**
- **Ridurre drasticamente la deforestazione e la degradazione dei suoli razionalizzando gli insediamenti abitativi, industriali, ricreativi e infrastrutturali dell'uomo**
- **Rielaborare le logiche e le prassi agricole limitando l'inquinamento delle acque e razionalizzando il consumo di acqua dolce secondo scale di priorità definite in base alla sopravvivenza del genere umano e non sugli agiati stili di vita delle popolazioni più prospere**
- **Dismettere la politica di appropriazione delle risorse energetiche (che compromette l'esistenza stessa delle popolazioni di paesi deboli in via di sviluppo) ponendo in essere progetti concreti che**

contrastino il loro asservimento e il trionfo del totalitarismo inverso
- Limitare al limite indispensabile della difesa del proprio territorio gli armamenti.

Sui punti indicati, si attendono dalla scienza, dai governi, dalle regioni economiche e dalle istituzioni multilaterali azioni concrete.

Il tutto, prima che sia troppo tardi.

A questo preoccupante quadro, per quanto attiene l'energia, fanno eccezione sia l'imponente progetto EU-MENA di utilizzo del calore solare del Sahara e dell'Arabia Saudita a beneficio dell'Europa e del Medio Oriente, sia l'orientamento strategico europeo, teso alla creazione del mercato comune energetico ed esplicitato in data 17 novembre 2010 con la Comunicazione (2010) 677.

Pertanto, la strategia europea della creazione del mercato energetico comune, oltre ai benefici complessivi di medio-lungo termine, può offrire alle imprese molte opportunità di breve termine a condizioni agevolate sotto molti profili, quali la semplificazione dei permessi e delle autorizzazioni, nonché la disponibilità di finanziamenti; ciò si traduce anche in opportunità di lavoro specializzato per una massa notevole di lavoratori specializzati nell'energia e nelle tecnologie fisiche ed informatiche.

Peraltro, l'Unione Europea, nonostante i numerosi successi dovuti alla sua stessa esistenza quale attore globale sovranazionale e al fatto indiscusso che essa costituisce un laboratorio permanente in cui si cerca una mediazione tra la vecchia concezione di governo di uno Stato e la nuova concezione di *governance* regionale, soffre dell'errore strategico di aver voluto costruire l'unione monetaria prima dell'unione politica sperando che la creazione della prima avrebbe facilitato la nascita della seconda.

Ne risulta che la strategia, la tattica e l'operatività europea oggi non si riassumono in un potere preciso e immediato assolutamente necessario in un contesto reso quasi istantaneo dall'innovazione tecnologica; al contrario, il potere politico deve scontare lunghe e faticose negoziazioni e risulta lento e incerto per le eccezioni che vengono poste dai singoli Stati in riferimento alle proprie differenti situazioni a ai propri interessi.

La prova più evidente di ciò è il progetto della Costituzione europea che si è miseramente inceppato in quanto gli Stati non hanno voluto cedere alcuna sovranità e l'Unione Europea non ha ritenuto di insistere sulla necessità assoluta della unione politica[154] neanche in presenza di una crisi economica devastante, ripiegando sul potenziamento degli organi di vigilanza del sistema bancario e finanziario tramite il progetto della vigilanza europea unificata e accrescendo pertanto il potere bancario e finanziario rispetto a quello dei Parlamenti e dei Governi europei.

Pertanto, mentre non si può che plaudire al progetto EU-MENA, alle ultime iniziative europee tese a creare un mercato comune energetico e, in particolare anche all'iniziativa SEN italiana (che tuttavia è in corso di rielaborazione), non si può

---

[154] La "Costituzione Europea" non è una vera Costituzione, ma una sorta di Testo Unico in cui vengono recepiti e riordinati testi giuridici preesistenti e senza alcun trasferimento di sovranità. Dopo la firma da parte di 25 Stati nel 2004 a Roma del Trattato che adotta la Costituzione Europea, ha avuto inizio il processo di ratifica che ha incontrato difficoltà attualmente non risolte. Infatti, il diniego popolare di Francia e Olanda ne ha bloccato la prosecuzione e, ultimamente, il governo britannico ha manifestato la volontà di sottoporre alla popolazione l'alternativa di entrare a pieno titolo nell'Unione Europea, ovvero di uscirne definitivamente.

non tener conto delle difficoltà che esse possano trovare sul proprio cammino poiché oggi l'attenzione è tutta spostata verso l'emersione dalla crisi economica, emersione che in Europa sarebbe facilitata da una unione politica simile a quella statunitense che tenga peraltro in debito conto la storia, i valori, la cultura e la scienza europea.

Un obiettivo difficile ma non impossibile, che rappresenta fra l'altro, in contrapposizione al progressivo disfacimento della civiltà occidentale, l'unica via per un rinnovato sviluppo dell'Europa e un esempio da seguire da parte di tutte le altre regioni politico-economiche.

APPROFONDIMENTO: "SISTEMI COMPLESSI"

I sistemi complessi sono costituiti da un insieme di parti componenti distinte, interconnesse in modo tale da non poter essere separate perché interdipendenti.
La distinzione delle parti corrisponde alla varietà, all'eterogeneità e al diverso comportamento, mentre l'interconnessione corrisponde ai vincoli mutui, alla ridondanza e all'utilità che ciascuna parte trae da quelle con cui è interconnessa.
La complessità caratterizza quei sistemi dove non esiste né un perfetto disordine (descrivibile al meglio con metodi statistici), né un perfetto ordine (descrivibile al meglio con metodi deterministici), i quali emergono spontaneamente dal caos per fenomeni di auto-organizzazione dovuta a stimoli esterni che suscitano competizione, cooperazione e co-evoluzione interna.
Secondo il modello della complessità, molti fenomeni naturali o artificiali prodotti dall'uomo possono essere utilmente descritti come un insieme ordinato di proprietà ed efficacemente compresi come un insieme interconnesso di sotto-fenomeni (elementi) anch'essi caratterizzati da proprietà. Poiché le proprietà dell'insieme sono consentite, ma non predeterminate dalle proprietà degli elementi, e il comportamento dell'insieme influenza ed è influenzato da quello degli elementi, ne risulta che possono emergere spontaneamente nuove proprietà dell'insieme. Queste, in genere, sono insensibili alle variazioni delle proprietà degli elementi, ma talora si dimostrano altamente sensibili nel percepire piccole differenze nel mondo esterno, fino a produrre vere e proprie mutazioni improvvise e di grande rilievo dell'insieme stesso. Tali mutazioni sono punti di discontinuità veri e propri che danno luogo a fenomeni di **biforcazione**

evolutiva che possono produrre un **sistema complesso ordinato** che prima non esisteva.

Questo sistema completamente nuovo, è nato da elementi semplici, si é auto-organizzto, ha appreso dal mondo circostante secondo una logica di tentativi, errori e retro-azioni, è stato in competizione con l'esterno e ha cooperato simultaneamente al proprio interno, si è adattato continuamente alle nuove condizioni ed è rimasto permanentemente in equilibrio; esso è irreversibile anche se può estinguersi e, per quanto instabile, ha la possibilità di sopravvivere ed evolvere ancora, proprio perché, al variare delle condizioni al contorno, è in grado di far emergere nuove proprietà.

Gli elementi si sono auto-organizzati come se fossero stati guidati da un ordinatore invisibile che man mano li ha trascinati nello stato ordinato.

La migrazione dallo stato caotico a quello ordinato è stata preceduta da un lungo periodo di instabilità in cui il sistema ha sperimentato molteplici stati ordinati per sceglierne uno che progressivamente ha prevalso su tutti gli altri. Il sistema così creato non solo è maggiore della somma delle sue parti ma, in corrispondenza al particolare stato di complessità intermedia tra ordine e caos in cui si è andato autonomamente a posizionare, è assimilabile ad un vero e proprio "**sistema vivente instabile ordinato**" (cfr. Fig. 78).

Molte sono le condizioni affinché dal caos possa emergere un sistema vivente instabile ed ordinato. In primo luogo, **gli elementi** devono auto-organizzarsi e migliorare continuamente la loro organizzazione in risposta a stimoli esterni; cioè **devono essere dotati della capacità di apprendere e di adeguarsi** in conseguenza. Il miglioramento è indotto sia dalla capacità di retro-azione tempestiva ed efficace, sia da una sorta di "scambio sessuale" in cui ciascun elemento cede ad un altro parte delle sue proprietà.

Ancora, **l'auto-organizzazione deve avvenire secondo una logica di cooperazione paritaria** in cui non esiste mai un elemento guida di tutti gli altri, ma tutti concorrono al fine evolutivo comune, così come avviene nel cervello, che è per l'appunto un sistema complesso in cui non esiste una cellula che coordina le altre; in tal modo, inoltre, si realizza una eccezionale affidabilità del sistema a causa della ridondanza degli elementi che lo compongono.

Fonte: Augusto Leggio, *Megatrend, Rischi e Sicurezza – Per comprendere la Società di oggi con la Teoria del caos*, Franco Angeli, 2004

Ciò che appare **fondamentale** per la creazione di un sistema complesso ordinato non è tanto la natura dei singoli elementi, che può essere anche abbastanza semplice, ma **la struttura delle interconnessioni** che non deve essere né eccessivamente aggrovigliata, né troppo limitata; infine, **piccole differenze iniziali sono in grado di segnare il percorso evolutivo della struttura**: cioè, questi sistemi emergenti, a causa delle interconnessioni, seguono comportamenti non lineari e sono sensibili al cosiddetto fenomeno dell'agglomerazione (*lock-in*). Ciò avviene perché altri elementi trovano conveniente, secondo una logica di rendimenti crescenti, utilizzare le proprietà del sistema emergente che si è già formato; così facendo peraltro lo rafforzano e lo espandono.

INDICE DEI NOMI, ACRONIMI E TOPONIMI

A

A. Friedberg; 144
Aai; 29; 295; 296; 297; 298; 302
Abramo; 151
Abu Ghraib; 133
ACER; 318; 328
Achnacarry; 24; 141
Adam Smith; 144
AEI; 144
Afghanistan; 23; 24; 122; 127; 128; 129; 143; 214; 215; 217; 349; 383; 385
Africa; 25; 61; 121; 188; 191; 325; 326; 371
AIEA; 71
Al Qaeda; 128
Alaska; 59
Albert de Boelstadt; 63
Aldo Moro; 341; 384
Alessandro Dal Monte; 5
Alessandro Volta; 64; 65
Alexander Graham Bell; 112
Alexander Von Humbolt; 49
Algeria; 61; 118; 139
Almagordo; 70
Alpi; 327
alture del Golan; 121

America; 60; 66; 128; 146; 148
Anders Celsius; 92
Andrej Sakharov; 240
André-Marie Ampère; 108
Andrew Marshall; 26; 145
Angers; 39
Antoine Henry Becquerel; 67
Antoine-Laurent de Lavoisier; 63
Antonio Meucci; 112
Anyos Istvan Jedlick; 114
Appennino; 65
Arabia Saudita; 24; 61; 62; 81; 118; 125; 133; 150; 152; 153; 177; 184; 205; 206; 293
Area Valutaria Ottimale; 278
Aristotele; 32
Atene; 22; 38
Augusto Pinochet Ugarte; 157
Australia; 25; 80; 189; 215; 220
Austria; 180; 337
Azerbaijan; 118; 122; 134

B

Bahrein; 24

Baku; 135
Balcani; 134; 136
Balfour; 120
Banca Mondiale; 150; 153; 157; 216; 250
Bangladesh; 37; 138
Barbara Leone; 68
BCE; 163; 165; 166; 168; 169; 170; 171; 269; 270; 284
BEMIP; 324; 325; 328
Beniamino Franklin; 64
Benjamin Franklin; 107
Benoît Fourneyron; 103
Berlino; 42
Bernière; 79
Bettino Craxi; 341
BI; 144
Bijal P.Trivedi; 230
Bill McKibben; 261
Bin Laden; 127; 128
Blair; 130
Blufi; 48
Bologna; 39
Bourbouze; 115
Boyacà; 160
BP; 57; 61; 62
Brasile; 61; 62; 75; 215
Bruschera; 65
Bush; 24; 124; 126; 127; 130; 133;

361

144; 145; 148;
279; 381

C

California; 54
Calogero Vizzini; 342
Cambridge; 39
Camp Bondsteel; 136
Canada; 25; 61; 62; 184; 185; 220; 239
Carl Friedrich Gauss; 110
Carl von Linde; 176
Carl Wilhem Scheele; 64
Carlo Giuseppe Campi; 64
Carlos Castillo Armas; 160
Carter; 122; 158; 159
Caucaso; 118; 120
Cavour; 337
CCS; 317
CDI; 144
Cecoslovacchia; 143
CEIP; 144
Cesare Marchetti; 228
Charles A.S. Halle John W. Day Jr.; 211
Charles François de Cisternay du Fay; 106
Charles Q. Choi; 230
Charles Wheatstone; 110
Che Guevara; 156
Cheney; 144
Chicago; 68; 70
Chomsky; 271
CI; 144

Cina; 24; 25; 26; 43; 61; 62; 71; 73; 75; 84; 135; 136; 138; 153; 156; 177; 185; 189; 190; 204; 206; 213; 214; 215; 221; 293; 349; 351; 369; 370; 371; 382
Circolo dei lunatici; 92
Cisgiordania; 121
Claude Chappe; 110
Claude Dorotée; 98
Clemente XIII; 40
Clinton; 144
Club di Roma; 208; 263; 371
CNR; 69
Coimbra; 39
Colin Campbell; 58
Colin Powell; 130; 133
Colombia; 158; 160; 161
Condoleeza Rice; 133
Consiglio nazionale di Transizione; 142
Corea; 47; 62; 73; 138; 143; 151; 155; 180; 205; 206; 293; 349; 370
Corea del Sud; 62; 73; 349
Corporate Automobile Fuel Efficiency; 219
Cosma Indicopleuste; 38
Cushing; 60
Cyhan; 136

D

D. Quayle; 144
Danimarca; 78
Danjiangkou; 75
Dasht-e Leili; 128
David Biello; 89; 230
David Edward Hughes; 111
David H. Freedman; 261
Davide Castelvecchi; 77
Denis Diderot; 39
Denis Papin; 91
DER; 238; 239; 315; 321; 326
Desertec; 246
Dhela; 86
Discovery Channel; 245
Don; 135
Dostum; 128
Driver; 98
Dubček; 343
Düsseldorf; 42

E

E. A. Cohen; 144
E. Abrams; 144
Edoardo Amaldi; 69
Edward Chapman; 97
Edward Snowden; 201
Edwin Laurentine Drake; 54
Egitto; 118; 121; 139; 150; 151; 213; 349
Einstein; 35; 42
Ekibastuz-Kokshetau; 116
Elisha Grey; 112

Emirati Arabi; 24; 61; 118
Emirati Arabi Uniti; 118
EMS; 377
Enrico Fermi; 43; 68; 69
Enrico Mattei; 341
ENTSO; 318
Eratostene; 39
Eritrea; 338
Etienne Grey; 106
ETS; 319
EU-MENA; 28; 246; 252; 253; 255; 354; 355; 371
Europa; 12; 24; 29; 39; 44; 55; 61; 63; 66; 78; 87; 98; 107; 110; 127; 131; 136; 137; 145; 147; 218; 277; 295; 296; 297; 302; 312; 313; 315; 316; 317; 321; 324; 325; 326; 327; 330; 370; 371; 372; 374; 380; 381; 382
European Wind Association; 78

F

F. C. Ikle; 144
F. Gaffney; 144
F. Strassmann; 69
Fabio Indeo; 221
Fareed Zakaria; 148
Felice Ippolito; 341
Felix Rodriguez; 156
FERC; 303; 304
Fermi; 69; 71
Filadelfia; 42
Filippine; 80

FMI; 166
Fondo Monetario Internazionale; 150; 153; 156; 157; 216; 268
Francesco Bacone; 105
Francesco Cossiga; 341
Francesco Giacomo Larderel; 85
Francia; 39; 46; 62; 71; 87; 105; 112; 120; 121; 130; 178; 180; 204; 205; 220; 284; 324; 337; 338; 339; 351; 355
Francis Hauksbée; 105
Franco Cardini; 164
François Jean Dominique Arago; 109
Froment; 115
FTC; 295
Fukushima; 27; 72; 183; 186; 382
Fukuyama; 144

G

G. Bauer; 144
G. Weigel; 144
Gabriel Fahrenheit; 92
Galileo Galilei; 105
GAO; 59
Garibaldi; 338
Gary Stix; 261
Gas Act 1995; 308
General Motors; 242
George Marshall; 340
George Stephenson; 91; 97

Georgia; 136
Georgius Agricola; 49
Germania; 23; 46; 62; 68; 78; 79; 120; 131; 135; 153; 178; 205; 220; 339
Gerusalemme; 121
Gheddafi; 25; 140; 141; 142; 143; 342; 370
Giappone; 23; 47; 62; 71; 79; 120; 138; 153; 178; 180; 205; 220; 339; 370
Giordania; 121; 150; 151
Giovanni Battista Zorzoli; 345
Giovanni Keplero; 105
Giovanni Paolo II; 131
Giulio Andreotti; 341
Giuseppe Genco Russo; 342
GNC; 316; 325
GNL; 316; 325
Gofrey Lowell Cabot; 176
Golan; 121; 151; 385; 387
Goldman Sachs; 166
Golfo Persico; 143
Gonzalo Sanchez de Lozada; 157
GPL; 52
Gran Bretagna; 12; 19; 21; 29; 46; 60; 120; 121; 131; 150; 153; 177; 220; 279; 284; 302; 303; 306;

363

307; 310; 338; 339
Granvig Wehler; 106
Great-Western; 98
Groznyi; 135
GRTN; 382
GST; 318
Guglielmo Giovanni Maria Marconi; 111
Guido Mario Rey; 286; 382
Gulbenkian; 24; 140

H

H. S. Rowen; 144
Hammer; 25; 141
Hans Christian Oersted; 108
Harold Wilson; 306
Hawaii; 86
Heinrich Daniel Ruhmkorff; 109
Heinrich Rudolf Hertz; 110
Henry Becquerel; 44
Henry Bell; 98
Henry Cavendish; 64
Henry Deterding; 24
Henry Victor Regnault; 95
HF; 144
HI; 144
Hiroshima; 71
Hubbert; 82; 89
Hugo Chavez; 159
Humphry Davy; 112; 113

I

ICC; 295
ICSA; 18; 383
ICT; 72; 124; 138; 314; 376

India; 62; 71; 73; 75; 78; 122; 138; 156; 185; 190; 204; 205; 206; 213; 215; 221; 293; 349; 351; 352; 371; 382
Indonesia; 62; 118; 138; 156
Information Warfare; 271
Inghilterra; 39; 43; 44; 91; 98; 105; 112; 121; 158; 337; 345
IPE; 60
Irak; 23; 24; 61; 118; 120; 122; 123; 124; 129; 130; 132; 133; 143; 193; 349; 383
Iran; 61; 62; 66; 118; 122; 129; 134; 138; 149; 150; 153; 154; 193; 194; 293; 370; 383
Iraq; 184
Israele; 121; 129; 150; 151; 180; 193; 204; 293; 351; 383
Itaipu; 75
Italia; 39; 61; 62; 69; 71; 120; 178; 180; 205; 220; 279; 337; 338; 339; 340; 341; 375; 382; 386

J

J. Black; 64
J. F. Kenney; 49
J. Roger P. Angel; 245

Jack H. Medlin; 214
Jacobo Arbenz; 160
Jacques d'Arsonval; 86
Jaime Roldòs; 159
Jalta; 339
James Bicheno Francis; 104
James Clerk Maxwell; 109
James K. Galbraith. *Vedi*
James Prescott Joule; 30; 95; 176
James Taylor; 98
James Watt; 31; 44; 91; 92
Jean Antoine Nollet; 105; 107
Jean Baptiste Ambroise Marcellin Jobard; 113
Jean Baptiste Van Helmont; 63
Jean Laherrère; 58
Jean Maurice Emile Baudot; 111
Jean Monnet; 163
Jean-Baptiste Le Rond D'Alembert; 39
Johann Philipp Reis; 112
John Blenkinsop; 96
John D. Rockfeller; 25; 54
John Fitch; 98
John Fulton; 306
John Latham; 245
John Locke; 144
John Pilger; 122; 128; 133; 383
Joseph Priestley; 64
Jr Minkel; 230

Julian Paul Assange; 202
Julius Robert von Mayer; 95

K

Kagan; 144
Kauffmann; 100
Kazakistan; 61; 116; 118; 134; 136; 138; 184
Keplero; 32
Kermit Roosvelt Jr.; 149
Kirghizistan; 136
Konduz; 128
Kosovo; 23; 136; 349
Kuwait; 61; 118; 124; 125; 126; 150

L

L. Libby; 144
Lambro; 64
Laurent Éric; 43
Léon Foucault; 113
Leopoldo Franchetti; 338
Lester Allan Pelton; 104
LHBF; 144
Libano; 120
Libia; 23; 61; 118; 139; 140; 141; 142; 143; 184; 349
Lisbona; 39
LNG; 52; 175; 176
Lord Curzon; 122
Louis Guillaume Le Monnier; 107
Lucky Luciano; 342
Luigi Galvani; 107

Luis Garzia Meza; 157

M

M. Blacket; 97
M. Born; 68
M. De Changy; 113
M. Decter; 144
Major; 306
Malaysia; 118; 156; 231; 382
Mali; 217
Manhattan; 70
Mar Baltico; 313; 326; 327
Mar Caspio; 23; 24; 25; 54; 127; 134; 135; 221; 325; 349; 369; 370
Mar Nero; 135
Marcellin Berthelot; 49
Marco Polo; 48
Mare Arabico; 127
Mare del Nord; 60; 313; 324
Maria Curie; 67
Mario Draghi; 167
Marion King Hubbert; 58; 59
Matthew Boulton; 92
Maximilian Joseph Montgelas; 110
Mazzini; 338
Medio Oriente; 23; 24; 48; 54; 61; 66; 122; 127; 129; 137; 184; 188; 190; 221; 325; 371
Mediterraneo; 136; 190; 221
Melbourne; 42
Mendeleev; 49
Messico; 61; 62

Metropolitana; 99
Michael Armand Hammer; 140
Michael Lemonick; 230
Michael Moore; 133
Michail Vasilievic Lomonosov, *Vedi*
Michelle Bachelet; 157
MIT; 57
Mohammed Mossadegh; 123
Mohammed Reza Shah Pahlavi; 122
Montpellier; 39
Moritz Herman von Jacobi; 114
Moro; 341
Mossadegh; 149
Myanmar; 138

N

N. Podhoretz; 144
Nagasaki; 71
Napoleone Bonaparte; 110; 337
Napoli; 39
Narmada; 75
Nasser; 121
National Center for Atmosferic Research; 244
National Ignition Facility; 240
National Renewable Laboratory; 90
NATO; 136; 138
NEA; 304
Nebojša Nakićenovic; 27; 384
NERC; 305
New Mexico; 70

365

New York; 45; 60; 69; 385
Ngo Dinh Dhu; 155
Niels Bohr; 41
Nigeria; 61; 118; 139
Nikolai A. Bendeliani; 49
Nixon; 152; 157
Nobel; 25; 30; 69; 134
Nord Africa; 184; 313
Norvegia; 61; 74; 87
Novorossiysk; 135
NSCOGI; 328
NYMEX; 60

O

O. Hahn; 69
OASIS; 305
Obama; 26; 148
OCS; 137; 138
Oklahoma; 54; 60
Omar Torrijos; 158
Omero; 48
Ontario; 54
ONU; 124; 129; 133
OPEC; 140
Orléans; 39
Osvaldo Hurtado; 159
Otto de Guericke; 106
Oxford; 39

P

P. Dobriansky; 144
P. Ehrenfest; 68
P. W. Rodman; 144
Padova; 39
Paesi Bassi; 62
Pakistan; 37; 128; 138; 213; 293; 351; 352
Palestina; 120
Panamà; 157
Panisperna; 68
Paolo; 143; 380
Paracelso; 63; 64
Paraguay; 74; 75
Parigi; 39; 42; 379
Partegora; 65
Patrick Miller; 98
Paul Julius Reuter; 111
Pavel L'vovitch Schilling; 110
Pavel Nickolajevich Jablochkoff; 113
PE; 218
Pearl Harbour; 120
Pennsylvania; 54
Pentagono; 26
PETM; 226
Petralia; 48
Philippe Ferdinand Carré; 94
Philippe Téofraste Bombast de Hoenheim; 63
Pierre e Marie Curie; 44
Pieter van Musschenbroeck; 107
Pietramala; 65
Plinio; 104
PMI; 316; 322
Polonia; 143
Portogallo; 39
Potsdam; 339
Public Company Accounting Oversight Board; 298
Putin; 342
PVS; 218

Q

Qatar; 24; 61; 66; 118; 185

R

Rance Station; 87
Reagan; 126; 127; 159; 279; 348
Regno di Sardegna; 337; 338
Regno Unito; 61; 62; 71; 87
René Barrientos; 156
Repubblica Curda; 122
Reza Pahlavi; 123; 150
Richard Feynman; 30
Rigoberta Menchù; 160
RMA; 26
Robert Fulton; 98
Roger Bacone; 63
Roma; 18; 38; 57; 68
Rothschild; 25; 134
Rumaila; 124
Rumsfeld; 144
Russia; 23; 24; 61; 62; 66; 120; 122; 134; 136; 137; 138; 140; 145; 153; 177; 185; 187; 191; 204; 205; 207; 213; 325; 337; 338; 339; 340; 343; 351; 370; 371

S

S. Forbes; 144
S. P. Rosen; 144

Saddam Hussein;
  123; 124; 129
Said Mirzad; 214
Salamanca; 39
Salvador Allende;
  157
Salvator del Negro;
  114
Samuel Morse; 111
Samuel Sommering;
  110
Sanremo; 120
Sarah Simpson; 214;
  385
Sarbanes-Oxley; 298
Sardar Sarovar; 75
SCADA; 378
Scozia; 24
SEC; 295
*Security Exchange
  Commission*; 298
SEN; 343
Seneca Oil
  Company; 54
SET; 327
Shangai; 136
Shatt al Arab; 123
Shebergthan; 128
Shell; 24
Sicilia; 48
Sidney Sonnino; 338
Sigonella; 341
Silvio Berlusconi;
  342
Simòn Bolivar; 158;
  160
Sinai; 121
Singapore; 62; 138;
  156
Siria; 120; 121; 151;
  194; 349
Sirius; 98
Società delle
  Nazioni; 120
*Society of Petroleum
  Engineers*; 57
Somalia; 338

Spagna; 39; 62; 143
SPE; 57
Sri Lanka; 138
Standard Oil; 25; 54
Stati Uniti; 12; 21;
  23; 24; 25; 42;
  54; 55; 59; 60;
  61; 62; 66; 69;
  70; 71; 84; 98;
  111; 120; 123;
  124; 125; 126;
  127; 129; 131;
  133; 136; 138;
  139; 144; 145;
  147; 148; 149;
  152; 154; 158;
  159; 177; 178;
  180; 185; 190;
  191; 193; 194;
  204; 205; 206;
  207; 213; 279;
  292; 293; 295;
  296; 298; 302;
  303; 339; 341;
  343; 348; 351;
  374; 383
Stephen Salter; 245
Steven Ashley; 230
*Steward Observatory
  Mirror
  Laboratory*; 245
Stiglitz; 162; 164;
  266; 386
Stoccarda; 42
Stoccolma; 69
Striscia di Gaza; 121
Suez; 121
Sullom Voe; 60
Svizzera; 79
Sydney; 42
Szilard; 70

T

Tagikistan; 136
Taiwan; 62; 138; 156

Talete; 104
Tbilisi; 136
Teheran; 123; 339
TEN-E; 322
Teresa Castiglioni;
  65
Texas; 54; 60; 126
Thachter; 306
Thatcher; 279
Thomas Alva
  Edison; 45; 114
Thomas Gold; 51
Thomas Newcomen;
  91
Thomas Robert
  Malthus; 208
Thomas Savery; 91
Three Gorges; 75
Tibet; 143
Tikhoretsk; 135
Titusville; 54
Togliatti; 342
Tolomeo; 39
Tolosa; 39
Tom M. I. Wingley;
  244
Tony Blair; 133
Truman; 70; 339
Turchia; 136; 326
Turkmenistan; 134

U

UCTE; 386
UE; 29; 297; 312;
  313; 316; 318;
  320; 322; 323;
  325; 326; 327;
  329; 330
Uganda; 74
UNFC; 57
Ungheria; 143
Unione europea; 28;
  302
Unione Europea;
  78; 185; 189; 190;

297; 298; 330; 354
Unione sovietica; 71; 127; 135
Unione Sovietica; 121; 135
United Fruit; 160
United Nations Framework Classification; 57
USA; 24; 25; 26; 89; 131; 150; 151; 152; 153; 155; 156; 157; 161; 177; 178; 212; 214; 218; 220; 269; 276; 277; 284; 291; 292; 303; 339; 370; 371; 385; 386
Utilities Act 2000; 308

V

V. Weber; 144
Vaclav Smil; 27; 37; 173; 220; 229; 373; 386
Valladolid; 39
Venezuela; 61
Vercelli; 39
Victor Paz Estonsoro; 156
Vienna; 42
Vietnam; 136; 138; 143; 151; 155; 263; 349
Vito Genovese; 342
Vittorio Emanuele II; 338
Vladimir A. Alekseev; 49
Vladimir A. Kutcherov; 49
Volga; 135

W

W. J. Bennett; 144
Westfalia; 143
WikiLeaks; 202
Wilhelm Conrad Röntgen; 66
Wilhelm Edward Weber; 110
William Brunton; 97
William Chapman; 97
William Fothergill Cooke; 110
William Gilbert; 105
William Symington; 98
Wolfowitz; 144
Woodrow Wilson; 126
World Commission on Dams; 75
World Economic Forum; 256
WTI; 60

X

Xiaoyang Zu; 241
Xinjiang; 136

Y

Yangtze; 75

Z

Z. Khalilzad; 144
Zambia; 74
Zbigniew Brzezinski; 122

INDICE DELLE FIGURE

1. Esposizione di Monaco di Baviera del 1882: Macchina ricevitrice di energia di Marcel Deprez, azionata dalla corrente elettrica di Miesbach (a 50 km di distanza) che fa funzionare una pompa di elevazione e una cascata d'acqua. Da Louis Figuier, Le nouvelles Conquêtes de la Science - L'èlectricitè, Librairie Illustrée Marpon & Flammarion, Paris 1882
2. Interdipendenze tra le infrastrutture critiche essenziali
3. Esposizione Universale di Parigi (1878)
4. La prima macchina a vapore: l'eolipila di Giovanni Branca (1629)
5. L'energia e le sue trasformazioni
6. Mappa del mondo di Cosma Indicopleuste (Costantino d'Antiochia)
7. Frontespizio delle Tavole dell'Enciclopedia di Diderot e D'Alembert
8. Trasporto in superficie del carbon fossile. Scavi a Parigi per i tubi del gas. Trasporto del gas compresso in bombole. I 12 gasometri dello stabilimento della Villette
9. Fuochi dal Petrolio sulla superficie del Mar Caspio durante la sera di una giornata di festeggiamenti pubblici. La prima sorgente di petrolio scoperta a Titusville in Pennsylvania da Drake. Il primo pozzo di petrolio a Titusville di proprietà di Rockfeller. Ricerca in mare del petrolio tramite idrofoni
10. progressivo esaurimento delle fonti fossili di energia
11. Simboli di elementi e fenomeni conosciuti dai chimici del 1700. Apparecchi di Lavoisier per raccogliere e misurare il gas. Maria e Pierre Curie nel loro laboratorio
12. Trinity Test: prima bomba nucleare della Storia – Foto scattata 16 millisecondi dopo lo scoppio
13. Fonti di energia rinnovabile
14. La diga delle tre Gole in Cina
15. Energia solare, termica e geotermica - Specchi ustori utilizzati da Archimede nell'assedio di Siracusa. Concentrazione di raggi solari tramite "vetri ardenti". L'impianto geotermico di Nesjavellir in Irlanda
16. Riscaldamento nel Medioevo. Caldaia a vapore per il riscaldamento. Macchina di Carré per la produzione di ghiaccio

17. Macchine a vapore per l'industria
18. Trasporti su terra tramite caldaie a vapore
19. Trasporti sull'acqua, sottoterra e in aria tramite caldaie a vapore
20. Energia dal carbone, petrolio e gas. Motori a esplosione e motori a combustione
21. Ruote idrauliche dal Seicento ai giorni nostri
22. Turbine idrauliche Fourneyron, Francis e Pelton
23. Macchina elettrica dell'abate Nollet (1747)
24. Scoperta della pila elettrica di Volta presentata alla Società Reale di Londra
25. Propagazione elettromagnetica secondo la Teoria di Maxwell
26. Energia elettrica per le telecomunicazioni e l'illuminazione
27. Primi motori elettrici
28. Rete elettrica in corrente alternata di media potenza, comprensiva di generazione, trasmissione e carico
29. Crisi da esaurimento delle riserve di petrolio
30. Rete economico-finanziaria della famiglia di George Bush
31. Dipendenza dei prezzi del petrolio dalla politica
32. Mar Caspio: zona critica e oggetto di tensioni internazionali, ricca di risorse energetiche, situata tra Russia, Kazakistan, Uzbekistan, Turkmenistan, Afghanistan e Iran
33. Campo USA Bondsteel nel Kosovo
34. Progetto tra Russia, Cina, Corea del Sud e Giappone di una Super-grid per il trasporto dell'energia elettrica
35. Guerra tra Gheddafi e l'Occidente per il possesso del petrolio e del gas libico
36. Suddivisioni tribali nella Libia
37. Strategia 2002-2020 del U.S. Department of Defense
38. Revolution in Military Affairs USA (RMA)
39. Tecniche USA di asservimento di Stati geo-strategici
40. Tecniche operative delle imprese operanti in Paesi forti avanzati (PA) e in Paesi deboli in via si sviluppo, ma ricchi di risorse energetiche e minierarie
41. Risorse stimate di gas da scisti bituminosi
42. L'incremento globale della popolazione e del reddito medio costituisce il fondamentale catalizzatore della domanda di energia
43. La massima parte del consumo di energia sarà dei paesi non-OCSE
44. Estensione in superficie del petrolio nel Golfo del Messico a causa di un guasto dei tubi di estrazione da acque profonde

45. La massima parte del consumo di energia sarà ad opera della Cina seguita dall'India
46. Nel 2030 Europa, Cina e India dovranno importare sempre di più combustibili fossili da Medio Oriente, Russia, Africa, America latina e carbone dal Nord America. Questa tendenza creerà un quadro geopolitico incerto e pieno di tensioni
47. Concentrazione di riserve energetiche nel Medio e Grande Oriente
48. Conflitti territoriali tra USA, Canada, Russia e Danimarca per lo sfruttamento dei giacimenti nel Mare Artico
49. U.S. Military Commands
50. Strategie statunitensi tendenti ad ottenere il consenso popolare agli investimenti e alle imprese militari
51. Limiti dello sviluppo umano – Previsioni del Club di Roma – MIT
52. Limiti dello sviluppo umano – Mentre il consumo di petrolio aumenta, la scoperta di nuovi giacimenti cala
53. Limiti dello sviluppo umano – Rendimento energetico dei combustibili
54. Conflitti per il possesso delle risorse strategiche essenziali – Il caso dell'Afghanistan
55. Correlazione tra consumo energetico in Kw e Prodotto Interno Lordo ($) per persona
56. Correlazione tra l'uso dell'elettricità e lo sviluppo umano
57. Corridoi energetici in Asia
58. La crescita demografica, la scarsità di acqua dolce, la perdita di terreni coltivati e l'aumento della temperatura portano alla fame e al fallimento degli Stati
59. Schema di una grid distribuita
60. Esaurimento dei giacimenti di petrolio
61. Caratteristiche delle tecnologie energetiche
62. Effetti del riscaldamento globale
63. Progetto Desertec EU-MENA: Reti di Produzione, Trasporto e Consumo
64. Progetto EU-MENA Strategie energetiche ottimali e ricadute ambientali al 2050
65. Futuri rischi globali e rischi gravitazionali (attrattivi di ulteriori rischi)
66. Guerra dell'informazione nel commercio: la pubblicità
67. Guerra dell'informazione nella politica: la propaganda
68. Correlazione, rilevata a livello mondiale, tra spesa/ricavi e stato di avanzamento a fine 1998, del processo di revisione

informatica necessario per superare la minaccia del millennium bug (Y2k)
69. In termini di spreco di denaro pubblico, l'inefficienza può risultare anche più costosa della corruzione
70. L'economia criminale dirotta i flussi di denaro legale e riduce le possibilità di crescita dell'economia legale, mescolandosi con essa
71. Prevenzione e contrasto dell'economia criminale
72. Incremento della CO_2 atmosferica negli ultimi 50 anni
73. Planning UK della legislazione energetica e ambientale 2005-2050
74. Rete di oleodotti e gasdotti nell'Europa occidentale
75. Fabbisogno europeo di capacità di interconnessione energetica nel 2020 (MW)
76. Corridoi prioritari europei per l'elettricità, il gas e il petrolio
77. Basi militari americane nel mondo
78. Evoluzione tra tendenze verso l'ordine e/o il caos dei sistemi biologici complessi

MINIDIZIONARIO DI TERMINI TECNICI

In appresso sono indicate parole o espressioni seguite dal loro significato[155].

Grandezze fisiche

- **corrente** la misura del flusso di elettroni da un atomo ad un altro in un conduttore ai cui capi c'è differenza di potenziale elettrico; si misura in ampere (A)
- **resistenza** resistenza che oppone un conduttore al passaggio della corrente, ascrivibile al solo movimento degli elettroni attraverso di esso; la resistenza al passaggio degli elettroni genera il riscaldamento dei conduttori; la resistenza si misura in ohm (Ω)
- **voltaggio** la differenza di potenziale elettrico che fa fluire la corrente in un conduttore; è sinonimo di tensione elettrica; si misura in volt (V)
- **capacità** caratteristica di un dispositivo elettrico in grado di fornire potenza reattiva; si misura in farad (F)
- **energia** capacità di produrre lavoro; può essere trasformata ma non creata; l'energia è disponibile in varie forme: chimica, elettrica, termica, radiante, meccanica, nucleare; può essere ferma (potenziale) o in movimento (cinetica); esistono varie misure di energia: 1) la Btu (British thermal unit) è l'energia termica necessaria per riscaldare di un grado Fahrenheit (temperatura in gradi Fahrenheit = 5/9 × temperatura in gradi Celsius − 32) una libbra (0,453592 kg) d'acqua a livello del mare: corrisponde all'incirca all'energia termica di un cerino; 2) il joule (1/1000 di Btu); il tep (una tonnellata equivalente di petrolio): corrisponde a 41,87 milioni di Btu

---

[155] Fonti: Vaclav Smil, *Energy Transitions, History, Requirements, Prospects*, Praeger 2010; Augusto Leggio, *Sicurezza e futuro delle infrastrutture elettriche*, Quaderni CLUSIT 2005,

- **energia elettrica** energia sotto forma di elettricità; si misura in kilowattora (KWh) pari alla potenza di 1.000 watt forniti per 1 ora
- **frequenza** il numero di cicli al secondo della corrente alternata; é misurato in Hertz (Hz); in Europa si usa corrente alternata a 50 Hz; negli Stati Uniti si usa corrente alternata a 60 Hz
- **induttanza** capacità di indurre correnti elettriche in un dispositivo elettrico vicino, a causa di fenomeni elettrici o magnetici che si manifestano in un altro circuito separato dal primo tramite un mezzo interposto; si misura in henry (H)
- **induzione** fenomeno elettromagnetico originato da dispositivi o materiali dotati di induttanza; si misura in tesla (T) che corrisponde a 1 Weber per m^2
- **impedenza** effetto totale di un circuito composto da induttanza, capacità e resistenza, che si oppone al flusso di una corrente alternata
- **Potenza apparente** prodotto vettoriale del voltaggio e della corrente; comprende potenza attiva e reattiva e si misura in kilovoltampere (KVA)
- **potenza attiva** lavoro effettuato o energia trasferita nell'unità di tempo; si misura in watt (W) o kilowatt pari a 1.000 watt (KW)
- **potenza reattiva** porzione di elettricità che stabilisce e mantiene il campo elettro-magnetico degli apparati a corrente alternata; viene fornita a molti tipi di apparati magnetici come motori e trasformatori e deve compensare le perdite reattive delle linee di trasmissione; è fornita da generatori, condensatori sincroni o apparati elettrostatici; influenza direttamente il voltaggio del sistema elettrico; si misura in kilovars (KVAr)
- **angolo di fase** relazione angolare tra il voltaggio e la corrente nel caso di una corrente alternata che percorre un circuito; l'efficacia della potenza elettrica attiva dipende dal valore dell'angolo di fase
- **wattora** unità di misura dell'energia elettrica, pari ad una potenza elettrica attiva di 1 watt fornita per 1 ora; di norma si usa il kilowattora pari a 1.000 watt (KWh)
- **flusso magnetico** equivalente della corrente elettrica per i circuiti magnetici; si misura in Weber (Wb)

Fattori di moltiplicazione
- **k (kilo)**   pari a   1.000 10^3
- **m (mega o mln)**   pari a   1.000.000 10^6
- **g (giga o mld)**   pari a   1.000.000.000 10^9
- **t (tera)**   pari a   1.000.000.000.000 10^{12}
- **p (peta)**   pari a   1.000.000.000.000.000 10^{15}
- **e (exa)**   pari a   1.000.000.000.000.000.000 10^{18}
- **z (zeta)**   pari a   1.000.000.000.000.000.000.000 10^{21}
- **y (yotta)**   pari a   1.000.000.000.000.000.000.000.000 10^{24}

- ## Fattori di divisione
- **d (deci)**   pari a 0,1   1/10 10^{-1}
- **c (centi)**   pari a 0,01   1/100 10^{-2}
- **m (milli)**   pari a 0,001   1/1.000 10^{-3}
- **μ (micro)**   pari a 0,000001   1/1.000.000 10^{-6}
- **n (nano)**   pari a 0,0000000001   1/1.000.000.000 10^{-9}

Fenomeni, sistemi e concetti
- **apertura**: un circuito elettrico è aperto quando è interrotto e pertanto la corrente non fluisce in esso
- **arco elettrico**: scarica elettrica continua accompagnata da un'intensa emissione di luce e calore, che, attraversando un mezzo non conduttore, pone in connessione due oggetti carichi di elettricità statica di segno diverso o caratterizzati da una enorme differenza di potenziale elettrico
- **area di controllo**: una parte dell'infrastruttura elettrica a cui è applicato uno schema di controllo comune per far corrispondere la produzione di energia al carico, per effettuare scambi di energia con altre aree di controllo, per mantenere la frequenza entro i limiti di sicurezza, per assicurare la generazione di energia necessaria e per disporre di riserve adeguate
- **auto-produttore**: impresa produttrice di energia elettrica che consuma al proprio interno più del 70% della propria produzione (definizione secondo le norme vigenti in Italia)
- **carico**: l'ammontare di potenza elettrica fornita o richiesta in ogni specifico punto dell'infrastruttura elettrica; la

- **catenaria:** richiesta si origina dai dispositivi degli utilizzatori che consumano energia
- **catenaria:** curva matematica secondo cui si dispone un cavo elettrico teso tra due piloni portanti
- **chiusura:** un circuito elettrico è chiuso quando non è interrotto e pertanto la corrente fluisce in esso
- **circuito:** un conduttore o un sistema di conduttori progettato affinché la corrente elettrica fluisca in esso
- **cogenerazione:** procedimento che, bruciando un combustibile, produce contemporaneamente sia energia meccanica (da cui si genera elettricità) sia calore; in tal modo si incrementa l'efficienza della trasformazione energetica passando da un rendimento pari al 30-40% ad un rendimento circa doppio, riducendo altresì l'inquinamento dell'ambiente
- **corporate governance:** gestione dell'impresa
- **corto circuito:** fenomeno che si verifica quando una connessione non intenzionale a bassa resistenza tra due punti di un circuito elettrico produce un flusso di corrente molto elevato che provoca di norma un riscaldamento tale da interrompere il circuito
- **cyber crime:** crimini effettuati contro infrastrutture ICT ovvero usando strumentazione ICT
- **sicurezza:** proprietà di una infrastruttura tale da infondere fiducia nel servizio che esso eroga; la *sicurezza* comporta intrinsecamente i seguenti attributi: disponibilità (prontezza nell'erogazione del servizio), affidabilità (continuità nell'erogazione del servizio), sicurezza fisica (*safety*, cioé nessuna conseguenza dannosa su persone e ambiente), confidenzialità (*privacy*/segretezza), integrità (nessuna alterazione dei dati) e manutenibilità (capacità di effettuare riparazioni e modifiche anche seguitando a fornire il servizio). In particolare, la sicurezza logica (*security*) é anch'essa un elemento della *sicurezza*
- **dispacciamento:** attività di controllo e azionamento di un sistema elettrico integrato, in cui si assegnano i livelli di produzione ai generatori, si effettua il monitoraggio delle linee di trasmissione e delle stazioni/sottostazioni, si fanno commutazioni, sezionamenti, ecc, si pianificano le transazioni di energia da un soggetto ad un altro

- **Energy Management System (EMS):** sistema di controllo computerizzato utilizzato da un sistema di dispacciamento per monitorizzare in tempo reale le prestazioni delle componenti e delle grandezze elettriche, al fine di controllare la stabilità delle strutture di generazione e di trasmissione
- **generatore:** dispositivo, di norma elettromeccanico, che converte potenza meccanica in potenza elettrica
- **generazione:** processo di produzione dell'energia elettrica da varie fonti (combustibili fossili, salti d'acqua, vento, escursioni termiche, ecc)
- **grid:** quella parte dell'infrastruttura elettrica coincidente con la rete di trasmissione e/o la rete di distribuzione
- **guasto elettrico:** evento casuale, da ascrivere ad una condizione anomala dell'infrastruttura elettrica, di norma corrispondente ad un corto circuito
- **interruttore:** dispositivo di commutazione, situato al termine di una linea di trasmissione, capace di aprire o chiudere a comando un circuito
- **isola:** porzione dell'infrastruttura elettrica che, a fini di sicurezza, viene separata elettricamente dal resto tramite la resezione delle interconnessioni; questa viene effettuata con la disconnessione di elementi del sottosistema di trasmissione
- **outsourcing:** attribuzione all'esterno di attività dell'azienda al fine di poter concentrare lo sforzo sul nucleo fondamentale dello scopo sociale e ridurre i costi di gestione
- **relé:** dispositivo che controlla l'apertura e susseguente chiusura di un circuito da parte di un interruttore
- **rete:** sistema complesso costituito da una serie di nodi attivi interconnessi e interagenti tra loro e di mezzi trasmissivi passivi che collegano i nodi; una rete provvede alla trasmissione sincrona di flussi di oggetti materiali o immateriali al proprio interno e gode di particolari proprietà, quali la possibilità di trasmissione da un nodo ad un altro tramite percorsi diversi, la ridondanza, la propagazione dei flussi e/o delle relative oscillazioni e perturbazioni, la diminuzione dei flussi lungo il percorso a causa della resistenza opposta dai mezzi trasmissivi, i fenomeni di controreazione a rendimenti crescenti, la rispondenza a particolari leggi fisiche. Esistono reti di trasporto di

- merci e di persone, reti idrauliche, reti di telecomunicazione, reti elettriche, reti di trasmissione di dati, reti elettriche.
- **rete di distribuzione:** quella parte dell'infrastruttura elettrica che eroga l'energia agli utilizzatori finali; è costituita da linee di trasmissione a bassa tensione e da trasformatori
- **resilienza:** capacità di una struttura di resistere ad una perturbazione improvvisa e violenta
- **sbilanciamento:** condizione in cui la generazione e la pianificazione degli scambi di energia non riescono a soddisfare la domanda
- **sezionamento:** eliminazione dell'interconnessione di una linea di trasmissione dal resto dell'infrastruttura elettrica
- **sincronizzazione:** procedimento per cui due sistemi elettrici prima separati vengono connessi in modo tale che le caratteristiche elettriche (frequenza, voltaggio, angolo di fase, ecc) coincidano
- **sistema:** insieme di componenti interconnessi tesi ad un obiettivo comune
- **sistema elettrico:** un sistema interconnesso di componenti di produzione, trasmissione e distribuzione di energia elettrica
- **smussamento del carico:** procedura consistente nella deliberata eliminazione (automatica o manuale) a fini di sicurezza di richieste preordinate di energia e che si attua in presenza di condizioni anomale e impreviste
- **sottostazione:** nodo dell'infrastruttura elettrica che commuta, cambia o regola il voltaggio
- **stazione:** nodo dell'infrastruttura elettrica; le stazioni sono costituite da generatori e da sottostazioni
- **Supervisory Control and Data Acquisition (SCADA):** sistema remoto di controllo e di telemetria per misurare e monitorizzare il sistema elettrico
- **trasformatore:** dispositivo che, agendo in base a principi elettromagnetici, abbassa o alza il voltaggio della corrente elettrica

BIBLIOGRAFIA

1. AA.VV., *L'esposizione di Parigi del 1978 illustrata*, Edoardo Sonzogno Editore, 1878
2. Adam Priore, *La sicurezza dei nuovi reattori*, Le Scienze Giugno 2011
3. Anat Admati & Martin Wellwig, *The Bankers New Clothes: What's Wrong with Banking and What to Do about it*, 2013
4. Adriano Monti, *Il Golpe Borghese – Un golpe virtuale all'italiana*, Lo Scarabeo Bologna 2006
5. Alan Robock e Owen Brian Toon, *Guerra nucleare locale, Catastrofe globale*, Le Scienze Marzo 2010
6. Alberto A. Minetti e Gaspare Pavei, *La corsa verde dei veicoli ibridi*, Le Scienze Ottobre 2011
7. Alex de Sherbinin, Koko Warner, Charles Ehrhart, *I rifugiati del clima*, Le Scienze Marzo 2011
8. Amartya Sen, *La democrazia degli altri*, Mondadori 2004; *Identità e violenza*, Laterza 2006; *L'idea di giustizia*, Mondadori 2010
9. Amédée Guillemin, *Les Applications de la Phisique*, Libraierie Hashette et C,, paris 1874
10. Anderson R. N., *Shocked by the Dark*, Davis Auditorium, Columbia University, 2003
11. Andreas Schäfer, Henry D. Jacoby, John B. Heywood e Ian A. Waitz, *L'altra minaccia*: I trasporti, Le Scienze Febbraio 2011
12. Antonio Regalado, *Reinventare la foglia*, Le Scienze Gennaio 2011
13. ARUP, *UK Legislation Timeline – Emissions, Energy, Efficiency*
14. Autorità per la vigilanza sui contratti pubblici (AVCP), Relazioni annuali
15. Ben Knight, *Più chilometri con un litro, subito*, Le Scienze Giugno 2010
16. Biello David, *Biocombustibili: una promessa non mantenuta*, Le scienze Ottobre 2011
17. Bill McKibben, *Sconfiggere il mito della crescita*, Le Scienze Aprile 2010
18. Boris Biancheri, *Globalizzazione e regionalizzazione*, Atlante geopolitico Treccani 2011
19. BP Statistical Review of World Energy, June 2007, June 2010

20. Branca Giovanni, *Le machine*, ad istanza Iacopo Martucci in Piazza Navona, con licenza dei superiori, per Iacomo Mascardi, 1629
21. British Petroleum, *Energy Outlook 2030*, London January 2011 & 2012
22. Bruce Schneier, *Network Monitoring and Security*, CSI Conference 2002
23. Bruzzi Luigi, Boragno Valentina, Verità Simona, *Sostenibilità ambientale dei sistemi energetici*, Enea 2007
24. Budhraja V., Martinez C., Dyer J., Kundragunta M., *Grid of the Future White Paper*, Consortium for Electric Reliability Technology Solutions, U.S. Department of Energy 1999
25. Camillo Arcuri, *Colpo di Stato –Storia vera di una inchiesta censurata*, BUR 2004
26. Cardinale Renato Raffaele Martino, *Pace e Guerra*, Ed. Cantagalli Siena 2005; *Servire la giustizia e la pace*, Libreria editrice vaticana 2009
27. Cesare Marchetti, *World Primary Energy Substitutions*, International Institute for Systems Analysis, 2005
28. Charles A.S. Hall e John W. Day jr., *Rivedere i limiti della crescita*, Le Scienze Settembre 2009
29. Chris Mooney, *La verità sulla fratturazione idraulica*, Gennaio 2012
30. Clò A., *Dal deficit al blackout elettrico*, Energia, 30 novembre 2003
31. Collins Graham P., Biello David, Minkel Jr., Trivedi Bijal P., Ashley Steven, Choi Charles Q., Lemonick Michael, *Soluzioni radicali per l'energia*, Le Scienze Luglio 2011
32. Concilio Ecumenico Vaticano II, *Gaudium et Spes*, Paolo VI, *Populorum Progressio*, *Il Catechismo della Chiesa Cattolica*, artt. 2309-2317, Libreria Ed. Vaticana, 1992
33. Consiglio d'Europa, Comunicazione (2010) 677, Strategie Energetiche in Europa
34. Daniele Calabrese, *Privatization Myths debunked*, World Bank Working paper 139, 2/29/2008
35. David Biello, *Biocombustibili: una promessa non mantenuta*, Le Scienze, Ottobre 2011
36. David H. Freedman, *Una formula per rovinare l'economia*, Le Scienze Gennaio 2012
37. David M. Nicol, *Se l'Hacker spegne la luce*, Le Scienze Settembre 2011

38. David Rutledge, *Estimating Long-Term Coal Production with LOGI AND Probit Transform*, International Journal of coal Geology, Elsevier 2010
39. Davide Castelvecchi, *Imbrigliare il vento*, Le Scienze Maggio 2012
40. Diderot e d'Alembert, *Encyclopédie Tutte le Tavole*, Prefazione di Piergiorgio Oddifreddi, Mondadori
41. Douglas Fox, *Come scompare l'Antartide*, Le Scienze Settembre 2012
42. Economist Global Agenda, 18 giugno 2004, *Shameful revelations will haunt Bush*, www.economist.com
43. Edward Herman e Noam Chomsky, *Manufacturing Consent*, Pantheon Books, 1988
44. ENI, *World Oil and Gas Review*, 2011
45. Federal Trade Commission, *The International Petroleum Cartel*, Washington 1952
46. Ferrari Giuseppe Franco, *Servizi pubblici locali e autorità di regolazione in Europa*, Il Mulino, 2010
47. Figuier Louis, *Les Merveilles de la Science,- Machine a vapeur, Bateaux a vapeur, Locomotives et Chemins de fer, Locomobiles, Machine electrique, Paratonneres, Pile de Volta, Electro-Magnetisme*, Furne, Jouvet et Cie, Editeurs, Paris 1867
48. Figuier Louis, *Télégraphie aerienne, Electricité et Sous-marine, Cable tranatlantique, Galvanoplastie, Dorure et Argenture, Electrochimiques, Aéreostates, Ethérization*, Furne, Jouvet et Cie, Editeurs, Paris 1868
49. Figuier Louis, *Les Merveilles de la Science,-Photographie, Steréoscpe, Poudres de guerre, Artillerie ancienne et moderne, armes a feu portative, Batiments courassé, Drainage, Pisciculture*, Furne, Jouvet et Cie, Editeurs, Paris 1869
50. Figuier Louis, *Eclairage, Chauffage, Ventilation, Phares, PCloche a plounge, Moteur a gaz, Aluminium, Planète Neptune* , Furne, Jouvet et Cie, Editeurs, Paris 1870 Figuier Louis, *Eclairage, Chauffage, Ventilation, Phares, PCloche a plounge, Moteur a gaz, Aluminium, Planète Neptune* , Furne, Jouvet et Cie, Editeurs, Paris 1870
51. Flavio Parozzi, *Fukushima, anatomia di un incidente*, Le Scienze Giugno 2011
52. Gary Stick, *La scienza delle bolle*, Le Scienze Agosto 2009
53. Geoff Brumfiel, *I pezzi mancanti della fusione*, Le Scienze Agosto 2012

54. George Urbain st Marcel Bol, *La science, ses progress, ses applications*, Libraiirie Larousse
55. Gianni Flamini, *L'Italia dei colpi di Stato*, Newton & Compton 2007
56. Giuseppe Franco Ferrari e Arianna Vedaschi, *Servizi pubblici locali e autorità di regolazione in Europa*, Il Mulino 2011
57. Graham P. Collins e altri, *Soluzioni radicali per l'energia*, Le Scienze Luglio 2011
58. GRTN, *Blackout: The events of 28 sept 2003*, October 2003
59. Guido Mario Rey, Camera dei Deputati – *Economia e criminalità* – Forum Commissione parlamentare antimafia, 14-15/5/1993
60. His Royal Highness Prince Hassan bin Talai of Jordan, Professor Dr. Klaus Töpfer Member of German Council for Sustainable Development, Anders Wijkman President of GLOBE EU, CLEAN POWER FROM DESERTS, Desertec Foundation 2009
61. IEA International Energy Agency, *World Energy Outlook 2011*, Sintesi in lingua italiana
62. IEA, *Golden rules for a golden age of gas*, 2012, ripreso da Paolo Migliavacca, Una corsa a tutto gas fra le rocce, Il Sole 24 Ore 18 giugno 2012
63. Ilic M., The future Power grid, Alexander's Gas and Oil Connections, June 17 2002
64. Indeo Fabio, *India e Cina: tra rivalità strategica, competizione politica e cooperazione economica*, Progetto di ricerca CEMISS 2010, R27 CEMISS
65. Istituto della Enciclopedia Italiana, *Atlante geopolitico Treccani*, Marchesi Grafiche Editoriali S.p.A. 2011
66. James Murray e David King, *In crisi di energia*, Nature, riportato da Internazionale 935 febbraio 2012
67. Jane Braxton Little, *Energia pulita da acqua sporca*, Le Scienze Gennaio 2011
68. Jeff Tan, *Private Privatization in Infrastructure (PPI):The failure of Water privastization in Malaysia*, May 2011
69. Johannis Noggerath, Robert J. Geller, and Viacheslav K. Gusiakov – *"Fukushima: The myth of safety, the reality of geoscience"*, Bulletin of the Atomic Scientists, 2011, Dave Elliot, Open University, UK, 2011
70. John Perkins, *Confessioni di un sicario dell'economia*, BEAT 2012 (traduzione dall'originale *Confessions of an Economic Hit Man* 2004); *La storia segreta dell'impero americano*, minimumfax 2007 (traduzione dall'originale *The Secret History*

of the American Empire, Hit Men, Jackals, and the Thruth About Global Corruption, Dutton Penguin Group)
71. John Pilger, *Breaking the silence*, The Guardian Magazine, 20 Settembre 2003
72. John Pilger, *The Betrayal of Afghanistan*, Guardian Magazine, 20 settembre 2003
73. John Pilger, *Pilger Film Reveals Colin Powell said Irak was no Threat*, Daily Mirror, 30 settembre 2003
74. Jonathan A. Foley, *Limiti per un pianeta sano*, Le Scienze Aprile 2010; *Si può nutrire il mondo & proteggere il pianeta?*, Gennaio 2012
75. Jonathan D. Spence e Annping Chin, *Il secolo cinese*, Alinari Editori 1999
76. Kunzig Robert, *Uno schermo per la terra*, Le Scienze, gennaio 2009
77. Klaus S. Lackner, *Ripulire l'aria dal carbonio*, Le Scienze 2010
78. Laurent Éric, *La verità nascosta sul petrolio*, Nuovi Mondi Media, 2006
79. Lee R. Camp, *L'ultimo grande riscaldamento globale*, Le Scienze Settembre 2011
80. Leggio Augusto, *Megatrend, Rischi e Sicurezza- Per comprendere la Società di oggi con la teoria del caos*, Franco Angeli 2004; *Euro, anno 2000 e sistemi informativi - L'impatto del cambio della data e della moneta unica* – Il Sole 24 Ore, 1998; *Euro e anno 2000: Guida pratica per la conversione all'Euro e per superare i problemi del cambio data nel 2000* – Il Sole 24 Ore, 1998; *Millennium bug: Guida pratica al superamento dei problemi informatici connessi all'anno 2000* – Il Sole 24 Ore, 1999; *Globalizzazione, Nuova Economia e ICT: Conoscerle per coglierne le opportunità ed evitarne i rischi* – Franco Angeli, 2001; *Megatrend, Rischi e Sicurezza* – Franco Angeli, 2004; *Sicurezza e Futuro delle Infrastrutture elettriche*, CLUSIT 2005; *Il campo dei miracoli – Crisi finanziaria e nuovi modelli di sviluppo*, Rubettino 2011; - *Come ridurre l'impatto della corruzione e della criminalità organizzata sull'economia e sugli appalti pubblici,* Quaderni ICSA 2012
81. Lena Nei jet al., *Experience curves: a Tool for Energy Policy Assessment*, 2003
82. Lester R. Brown, I rischi di un mondo senza cibo, Le Scienze Luglio 2009
83. Link Campus, Il Triangolo della tensione: Iran-Israele-Stati Uniti: Percezioni strategiche e scenari futuri, 24 Gennaio 2013

84. Luigi Bruzzi, Valentina Boragno, Simona Verità, *Sostenibilità ambientale dei sistemi energetici*, ENEA 2007
85. Marah J. Hardt e Carl Safina, *Una nuova minaccia per la vita degli oceani*, Le Scienze Ottobre 2010
86. Mark Z. Jacobson e Mark A. Delucchi, *Energia sostenibile*, Le Scienze Dicembre 2009
87. Maugeri Leonardo, *Più petrolio dalla terra*, Le Scienze Gennaio 2008
88. Messina Piero, *Protezione incivile*, BUR Rizzoli 2010
89. Michael D. Lemonick, *L'eretica del clima*, Le Scienze 2011
90. Michael Moyer, *La falsa partenza della fusione*, Le Scienze Maggio 2010
91. Michael Moyer e Carina Stoors, *Quanto ci rimane?*, Le Scienze, Novembre 2010
92. Michael E. Webber, *Più cibo, meno energia*, Le Scienze Marzo 2012
93. Michel Chossudovsky, *La "demonizzazione" dei musulmani e la battaglia per il petrolio*, Global Research, 4 gennaio 2007
94. Miguel Gotor, *Il memoriale della Repubblica - Gli scritti di Aldo Moro dalla prigionia e l'anatomia del potere italiano*, Einaudi 2011
95. Min K., *Three Infinite Reasons*, Wikipedia
96. Ministero dei Beni culturali e Ambientali, *Due Mondi a confronto: Cristoforo Colombo e l'apertura degli spazi*, Istituto Poligrafico e Zecca dello Stato – Libreria dello Stato, 1992
97. Murray James & King David, *In crisi d'energia*, Internazionale 20 febbraio 2012
98. Nebojša Nakićenovic, *Global Energy Perspectives*, International Institute for Applied Systems Analysis Technische Universität Wien, ALPS International Symposium, 7 february 2012
99. Noam Chomsky, *Quello che Obama e Romney non dicono*, Internazionale Ottobre 2012
100. OECD Environment Directorate – International Energy Agency, *International Energy Technology Collaboration and Climate Change Mitigation*, 2004
101. Paolo Cavaliere, *L'Autorità di regolazione e controllo nell'ordinamento britannico*, nel volume di Franco Ferrari, *Servizi pubblici locali e autorità di regolazione in Europa*, Il Mulino 2010
102. Paul De Grave, *Managing a fragile Eurozone*, Vox EU May 2011

103. Paul Krugman, *Revenge of the Optimum Currency Areas*, New York Times, June 2012
104. Petrini Roberto, *Processo agli economisti*, Chiarelettere 2009
105. Pino Aprile, *Il tempo degli ulivi*, Touring Club Italiano e National Geographic
106. Pontefice Benedetto XVI, Enciclica *Charitas in Veritate*, Luglio 2009
107. Princeton University Press, *The Emperors of Banking Have no Clothes*, 2013
108. Quirin Schiermeier, *Le vere lacune dei modelli climatici*, Le Scienze Aprile 2010
109. Reinout De Bock e José Gijòn, *IMF Working paper*, 2011
110. Releaux Francesco, *Le grandi scoperte e le loro applicazioni* (12 Voll.), Unione Tipografica Editrice, Torino 1886
111. Rifkin J., *Hydrogen Economy*, Polity Press & Blackwell Publishing Ltd, 2002
112. Robert Edwards, Luisa Marellio, Fabio Monforti, *Biocombustibili e uso del suolo*, Le Scienze maggio
113. Robert Kunzig, *Uno schermo per la terra*, Le Scienze, gennaio 2009
114. Robert Mundell, *A Theory of Optimum Currency Areas*, American Economic Review 51(4) 1961
115. Robert Pitz Paal, *Concentrating Solar Power, A Road Map from Research to Market*, 2005Leslie's Frank, *Historical Register o the United States Centennial Exposition*, 1876, Frank Leslie's Publishing House New York
116. Ronald Bleier, *Israel Appropriation of Arab Water: An Obstacle to Peace*, ebleier@igc.org, Middle East Labor Bulletin 1994; Zeitun Academic Exchange, *The Golan Heights: An Ongoing Conflict*, September 2010
117. Ronald I. McKinnon, *Optimum Currency Areas*, 1963
118. Sara Simpson, *Rivoluzione blu*, Le Scienze Aprile 2011
119. Scheuer Michael, *L'arroganza dell'impero*, Marco Tropea Editore 2004
120. Simpson Sarah, *I tesori sepolti dell'Afghanistan*, Le Scienze dicembre 2011, desunti da Mineral Commodity Summaries, U.S. Internal Affairs Department e USGS
121. Sissi Bellomo, *Gas, entro 5 anni agli USA il primato della produzione*, Il Sole 24 Ore 6 giugno 2012
122. Sonia Lucarelli, *L'Unione Europea: laboratorio e attore nella politica internazionale*, Atlante geopolitico Treccani 2011

123. Sonia Morandi, Lucia de Biase, Flavio Parozzi, Alice Mayer, *L'Impatto di Fukushima*, Le Scienze Dicembre 2012
124. Stephen Cohen, L'euroargine degli USA, La Repubblica, 11 maggio 2003
125. Stiglitz Joseph e Linda Bilmes, *The Three trillion dollar War*, Penguin Books 2008
126. Stockolm International Pace Research Institute, 2009
127. Tatem Andrew J., Goets Scott J., *Guarda che terra!*, Le Scienze Giugno 2009
128. Tax Justice Network, *The price of Offshore* Revisited: Press Release 19th July 2012
129. Touring Club Italiano, *1861-2011, Italia unita e diversa*, Touring Club Italiano Editore
130. UCTE, *Interim Report of the Investigation Committee on the 28 September 2003 Blackout in Italy*, UCTE 27 October 2003
131. Ugo Farinelli, *Ricerca sull'Energia*, Collana Quaderni AIEE, Associazione Italiana degli Economisti dell'Energia, Ottobre 2013
132. United Nations Population Fund UNFPA Military Expenditure, New York 2008
133. Urbain Georges and Boll Marcel, *La Science, ses progress, ses applications*, Libraires Larousse Paris (6), 1933
134. U.S. Canada Power System Outage Task Force, *The August 14 2003 blackout One year later. Actions taken in the United States and Canada to Reduce blackout risk*, August 13 2004
135. Vacca Roberto, *Strategia duale per carburanti e Scienza stramba*, Fonti: Cesare Marchetti, D. Abbott, Roger Pielke Jr., Fred Singer, Freeman Dyson, Luigi Mariani, Thomas Gold, Lord Monckton
136. Vaclav Smil, *Energy Transitions, History, Requirements, Prospects*, Praeger 2010; *Perché non esistono soluzioni facili per sostituire petrolio e carbone*, Le Scienze Settembre 2012
137. Wald Matthev L., *Economia all'idrogeno*, Le Scienze, giugno 2004; *Le fonti rinnovabili – Quali sono e come funzionano*, Le Scienze Maggio 2009
138. Wilke Arturo e Pagliani Stefano, *Le grandi scoperte e le loro applicazioni – L'elettricità nelle arti, nelle scienze e nell'industria* (5 Voll.), Unione Tipografico-Editrice Torinese, 1897
139. www.newamericancentury.org/statementofprinciples.htm
140. Zecca Antonio, Claudio della Volpe, Luca Chiari, *Raschiare il fondo del barile*, Le Scienze Aprile 2010

141. Zeitun Academic Exchange, The Golan Heights: An Ongoing Conflict, September 2010, Wikipedia
142. www.sbilanciamoci.org, *Economia a mano armata: Libro bianco sulle spese militari 2012*, Web

Finito di stampare nell'Aprile 2014

www.ingramcontent.com/pod-product-compliance
Lightning Source LLC
Chambersburg PA
CBHW060819170526
45158CB00001B/28